高等教育机械基础课程系列教材

机 械 原 理

郭宏亮　袁修华　主编

中国铁道出版社有限公司

CHINA RAILWAY PUBLISHING HOUSE CO., LTD.

内 容 简 介

　　本书是根据教育部关于机械类及近机类本科专业教学目标及课程大纲要求编写的。全书共分11章,包括绪论、机构的组成和结构分析、平面机构的运动分析、平面机构的力分析、平面连杆机构及其设计、凸轮机构及其设计、齿轮机构及其设计、轮系及其设计、其他常用机构、机械系统动力学设计、机械系统的方案设计。书中内容条理清晰、详略得当,具有很强的实用性。

　　本书可作为普通高等学校机械类、近机类相关专业的教材,也可供相关工程技术人员参考使用。

图书在版编目(CIP)数据

机械原理/郭宏亮,袁修华主编 . —北京:中国铁道出版社
有限公司,2022.8(2024.1重印)
高等教育机械基础课程系列教材
ISBN 978-7-113-29149-5

Ⅰ.①机… Ⅱ.①郭… ②袁… Ⅲ.①机械原理-高等学校-
教材 Ⅳ.①TH111

中国版本图书馆 CIP 数据核字(2022)第 089166 号

书　　名:机械原理
作　　者:郭宏亮　袁修华

策　　划:钱　鹏　　　　　　　　编辑部电话:(010)63551926
责任编辑:钱　鹏
封面设计:高博越
责任校对:孙　玫
责任印制:樊启鹏

出版发行:中国铁道出版社有限公司(100054,北京市西城区右安门西街 8 号)
网　　址:http://www.tdpress.com/51eds/
印　　刷:三河市宏盛印务有限公司
版　　次:2022 年 8 月第 1 版　2024 年 1 月第 2 次印刷
开　　本:787 mm×1 092 mm 1/16　印张:18.25　字数:440 千
书　　号:ISBN 978-7-113-29149-5
定　　价:49.80 元

前　言

本书是根据教育部关于机械类及近机类本科专业教学目标及课程大纲要求编写的。

全书共分 11 章，其中第 1 章概括讲述了本课程研究的对象和内容，以及学习本课程的目的和方法；第 2 章至第 4 章主要讲了机构的组成和平面机构的结构分析、运动分析、力分析；第 5 章至第 9 章主要讲了机构的设计，包括平面连杆机构、凸轮机构、齿轮机构、轮系及其他常用机构等；第 10 章和第 11 章介绍了机械系统的动力学设计和方案设计。

本书力求条理清晰，图文并茂，注重理论与实践的紧密结合。在内容的取舍方面着重于讲清机械原理的基本概念、基本理论和基本方法，同时，又介绍了机械原理学科的新的发展动向。本书配有多样化的习题类型，方便学生自学，是一本具有鲜明特点的实用教材。

本书是按照授课学时数为 48 学时编写的，可供普通高等学校机械类、近机类相关专业学生选用，也可供相关工程技术人员参考使用。

本书由聊城大学郭宏亮和袁修华任主编，聊城大学赵栋杰和上海应用技术大学张珂任副主编。参与编写的老师还有聊城大学张翠华、丁玲、郭安福。具体编写分工如下：郭宏亮编写第 1~2 章，张珂和袁修华编写第 3~7 章，张翠华编写第 8 章，赵栋杰编写第 9 章，丁玲编写第 10 章，郭安福编写第 11 章。

本书由聊城大学包春江教授和青岛理工大学李长河教授主审。两位老师认真审阅了全书，提出了许多宝贵意见和建议，提高了本书的质量，向他们表示衷心的感谢。

在本书编写过程中，得到了许多专家和同行的热情支持，并参考和借鉴了许多国内外公开出版和发表的文献，在此深表感谢！

由于时间仓促，水平有限，书中难免有不足和疏漏之处，恳请广大读者批评指正。

编　者

2022 年 3 月

目　　录

第 10 章　机械系统动力学设计

第 11 章　机械系统的方案设计

第1章 绪 论

主要内容

机械原理的研究对象和研究内容;学习本课程的目的;如何进行本课程的学习;机械原理课程的发展现状。

学习目的

(1)了解机械原理课程的研究对象和内容。

(2)了解学习本课程的目的,掌握学习本课程的方法。

(3)了解机械原理学科的发展趋势。

引 例

刘仙洲教授,机械学家和机械工程教育家,中国科学史事业的开拓者,中国工程专家,中国科学院院士。

早在20世纪初,刘仙洲教授"于教学之暇,孜孜不倦,努力著述,将大学机械工程之课本一而再,再而三贡献于国人",发奋编写中文教材,出版了《普通物理》《画法几何》《机械原理》《热工学》等15种中文教材,成为我国中文版机械工程教材的创始人。

刘仙洲教授长期从事机械工程发明史的研究,并积极从事农业机械的推广和中国农业机械工程发明史的研究工作。他编订了《英汉对照机械工程名词》,统一了一些名词,如凸轮、泵、化油器等;创造了一

图1-1 刘仙洲教授

些字词,如节圆、熵、焓等,共汇集了2万多个名词,结束了机械名词的混乱状况,成为中国机械工程名词统一的开拓者。出版了专著《中国机械工程发明史》《中国农业机械方面的发明》等,系统地总结了我国古代在机械领域的发明创造,为人类科学技术史增添了新篇章。

刘仙洲教授为祖国工科大学教育事业,以及机械科学和中国机械发明史的研究奋斗终生,为后人留下了宝贵的精神和物质财富。

1.1 机械原理课程的研究对象和内容

1.1.1 机械原理课程的研究对象

机械原理课程研究的对象是机械,机械是"机器"和"机构"的总称。

机器是根据某种使用要求而设计的一种执行机械运动的装置,是具有确定运动的构件组合体,可用来变换或传递能量、物料和信息。如电动机或发电机用来变换能量,加工机械用来变换物料的状态,起重运输机械用来传递物料,计算机用来变换信息等。

机构是用来传递与变换运动和力的可动的构件组合体,如常见的齿轮机构、连杆机构、凸轮机构、螺旋机构、带和链传动机构等。

在日常生活和生产中,我们都接触过许多机器,例如缝纫机、洗衣机、复印机、各种机床、汽车、拖拉机、起重机等。各种不同的机器,具有不同的形式、构造和用途,但通过分析可以看到,这些不同的机器,就其组成来说,却都是由各种机构组合而成的。图 1-2 所示的内燃机就包含着由壳体 1、活塞 2、连杆 3 和曲轴 4 所组成的连杆机构,由小齿轮 6 和大齿轮 7 所组成的齿轮机构,以及由凸轮 5 和阀门推杆 8 所组成的凸轮机构等。

从上述分析可知,各种机器的主要组成部分都是各种机构,用以实现机器的动作要求。一部比较复杂的机器,可能包含多种类型的机构,而简单的机器,也可能只包含一种机构。所以可以说,机器是一种可用来变换或传递能量、物料与信息的机构或机构的组合。这些机构就是本课程研究的主要对象。

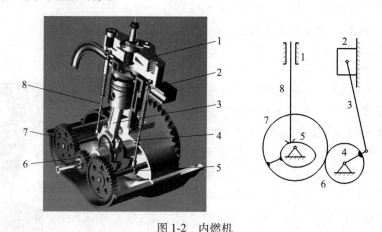

图 1-2　内燃机

1—壳体;2—活塞;3—连杆;4—曲轴;5—凸轮;6—小齿轮;7—大齿轮;8—阀门推杆

1.1.2　机械原理课程的主要研究内容

本课程研究的内容主要包括以下几个方面:

(1)机构结构分析的基本知识。首先研究机构是怎样组成的,机构的组成情况对其运动的影响,以及机构具有确定运动的条件等;其次研究机构的结构分类、机构的组成原理和方法;最后研究如何用简单的图形把机构的结构状况表示出来,以便据此对机构进行运动及动力分析,此即所谓机构运动简图的绘制问题。

(2)机构的运动分析。研究并介绍机构在给定原动件运动的条件下,求解其他构件的位移、轨迹、速度、加速度的基本原理和方法,进而考察输出构件的运动变化规律。对机构进行运动分析,将为机构受力和动力学分析提供基础,也是设计新机械、合理使用现有机械的必需步骤和重要依据。

（3）机械动力学。机械动力学研究的内容主要包括两个方面：其一是分析机器在运转过程中其各构件的受力情况，以及这些力的做功情况，以便了解机构上的动压力及其变化情况、机械的效率和动力性能等；其二是研究机器在已知外力作用下的运动、机器速度波动的调节和不平衡惯性力的平衡问题。

（4）常用机构的分析与设计。尽管机器的种类不同，但它们的主要组成机构是有限的，也可以是相同的。所以，对连杆机构、凸轮机构、齿轮机构及间歇机构等常用机构的运动及工作特性进行分析，并探索为了满足一定的运动和工作要求来设计这些机构的方法，这是十分必要的。

（5）机械系统的方案设计。概略研究机械的设计过程、机构的选型、组合、变异及机械传动系统的设计等问题，通过学习初步具有拟定简单机械运动方案的能力。

综上所述可知，本课程研究的内容可以概括为两个方面，第一是介绍对已有机械进行结构、运动和动力分析的方法，第二是探索根据运动和动力性能方面的要求设计新机械的途径。不过，此处应当指出，在本课程中对机械设计的研究，只限于根据运动和动力要求，对机构各部分的尺度关系进行综合而不涉及各个零件的强度计算、材料选择，以及其具体结构形状和工艺要求等问题。所以本课程中的机构设计又常称为机构综合。机械原理课程研究的内容可概括为机构分析与机构综合两部分。

1.2 学习本课程的目的

首先，机械原理是机械类及近机械类专业进入专业课学习前必修的一门重要的技术基础课，起着承上启下的作用。它主要在高等数学、普通物理、理论力学等理论基础课后开设，将先修课程所学理论与实际机械相结合，来探讨机械内部基本规律的基础性理论课程。通过对本课程的学习，将为学习机械设计、机床、机械制造工艺以及其他专业课程打下基础。课程所学内容是研究现有机械运动、工作性能和设计、发明新机械的知识基础。它对机械类及近机械类各专业的专业课学习、毕业设计乃至参加实际工作都有直接的和长远的意义，起着非常重要的作用。

由于机械原理研究内容的相对独立性，在工程技术中也发展为许多独立实用的分支，如机器人机构学、仿生机构学、自动控制机构学等，它们与其他学科相结合，在工程技术中发挥着重要作用。

其次，机械原理在发展国民经济方面也具有重要意义。为了提高我国的综合国力，就要在一切生产部门实现生产的机械化和自动化，这就需要创造出大量种类繁多、新颖优良的机械来装备各行各业，需要对现有设备进行革新改造和合理使用，以充分发挥其潜力。为了完成这些任务，有关机械原理的知识是必不可少的。因为，虽然任何机械的改革和创造都是设计、工艺等各种机械知识的综合运用，但机械原理的知识却是最为基本的。当我们掌握了本课程所介绍的内容之后，我们就有可能为现有机械设备的合理改进和根据需要创造新的机械提出切实可行的建议。

最后，对于工作人员来说，要想充分发挥机械设备的潜力，关键在于了解机器的性能。学习机械原理，掌握机构分析的方法，才能了解机器的性能从而更合理地使用机器。

总之,本课程所学的内容,一方面是有关的专业课程的基础,同时也是一个工科学生所应具备的关于机械的一般基础知识。

1.3 如何进行本课程的学习

由于机械原理课既不同于理论基础课,又有别于专业课,因此在学习本课程的过程中,一方面要着重搞清基本概念,理解基本原理,掌握机构分析和设计的基本方法;另一方面也要注意这些原理和方法在机械工程上实际应用的范围和条件。具体强调以下几点:

(1)回顾先修课的相关内容。机械原理作为一门技术基础课,其先修课是高等数学、物理、理论力学和工程制图等,其中,理论力学与本课程的学习关系最为密切。要适时回顾先修课中的有关内容(如刚体的平面运动、点的复合运动、动能定理、运动瞬心等),避免由于基本概念和基础理论的生疏而影响学习的深入。但同时应注意,本课程在将先修课的基本理论应用于工程实践问题时,也形成了自己的体系和方法。因此,要注意掌握本课程不同于先修课的一些方法和惯例。

(2)加强形象思维能力。从理论基础课到技术基础课,学习的内容变化了,学习方法也应有所转变,重要的一点是要在发展逻辑思维的同时,重视形象思维能力的培养。本课程中的机构大都是用简图来表示的,初学者缺乏对实际机械的感性认识,可能会觉得抽象。面对一幅机构简图,不能只看成是几段静止不动的平面线条,要想象出它们的立体形状,要把机构和运动紧密联系起来。同时,本课程较之基础课更加接近工程实际,要理解和掌握本课程的一些内容,要解决工程实际问题,要进行创造性设计,单靠逻辑思维是远远不够的,必须发展形象思维能力。

(3)注重培养解决实际问题的能力。学习知识和培养能力,二者是相辅相成的,但后者比前者更为重要。学习本课程时,应把重点放在掌握研究问题的基本思路和方法上,着重于能力培养。解决工程实际问题往往可以采用多种方法,所得结果一般也不是唯一的,这就涉及分析、对比、判断和决策的问题,而这也是一个工程技术人员所必须具备的基本素质。

(4)要善于将理论知识和工程实际相联系。本课程是一门理论性比较强的技术基础课,其研究对象和内容就是工程实际上常用的机械及其相关知识,因此学习过程中应把基本原理和方法与研究实际机构和机器密切联系起来。善于用所学知识观察和分析日常生产、生活中所遇到的各种机构和机器,要重视与本课程密切相关的实验、课程设计、机械设计大奖赛、科技创新活动等。而通过实践活动也可以丰富巩固自己的知识,培养动手和创新能力,为将来顺利就业打下坚实基础。

1.4 机械原理学科发展现状简介

当今世界正经历着一场新的技术革命,新概念、新理论、新方法、新工艺不断出现。作为向各工业部门提供装备的机械工业,也得到迅猛发展。

现代机械工业日益向高速、重载、高精度、高效率、低噪声等方向发展,对机械提出的要求也越来越苛刻。有的需要用于宇宙空间,有的要在深海作业,有的小到能沿人体血管爬行,有的又是庞然大物,有的速度数倍于声速,有的能做微米级的微位移,如此等等。处于机械工业发展前沿的机械原理学科,为了适应这种种情况,新的研究课题与日俱增,新的研究方法日新月异。

计算机在机构分析与综合中的应用越来越广泛。现代计算机技术迅猛发展,像 UG、AD-AMS、SolidWorks 等各种机械建模与分析软件越来越成熟,越来越广泛地应用于机械行业中。在优化设计、概率设计、可靠性设计等方面提出了多种便于对机械进行分析和综合的数学工具,编制了许多大型通用或专用的计算程序。

传统机构学研究取得了许多新进展。在理论上,建立了多刚体系统动力学建模、机械振动理论、键合图理论等机构动力分析和综合的通用方法;在连杆机构方面,展开了对多自由度机构、多杆机构、可控机构等复杂机构分析与综合的研究;在齿轮机构方面,发展了齿轮啮合原理,提出了许多性能优异的新型齿廓曲线,推进了对高速齿轮、精密齿轮、微型齿轮的研制,设计、制造高质量的弧齿锥齿轮和准双曲面齿轮的成套技术是目前齿轮啮合理论中最高水平的成就;在凸轮机构方面,重视对高速凸轮机构的研究,在推杆运动规律的开发、选择和组合上作了很多工作,获得了动力性能优越的凸轮机构等等。

机械学研究领域得到了极大拓展。基于纳米尺度的微机电系统及其尺度效应问题、机械传动的信息化与智能化、并联机构、仿生机构、变胞机构、机电气液综合机构等都成了当今机械学研究的热门领域。

总之,作为机械原理学科,其研究领域十分广阔,内涵非常丰富。在机械原理的各个领域,每年都有大量的内容新颖的文献资料涌现。但是,作为一门技术基础课程,根据教学要求,我们将只研究有关机械的一些最基本的原理及最常用的机构分析和综合的方法。这些内容也都是进一步研究机械原理课题所必需的知识基础。

本 章 小 结

机械原理的研究对象是机械,研究内容是机构的结构、运动、动力学、常用机构和机械系统的方案设计。本课程的学习目的是对于后续专业课的学习、对国民经济的发展和了解机械性能具有重要意义。学习本课程要掌握必要的先修课程和具备较高的形象思维能力,并善于将理论和实践结合起来。机械原理学科的发展在概念、理论、方法、工艺等方面出现了新趋势。

第2章　机构的组成和结构分析

主要内容

机构组成的基础知识;机构运动简图;机构具有确定运动的条件及平面机构的自由度计算;平面机构的组成原理、结构分类、结构分析。

学习目的

(1)掌握平面机构的基本组成要素,掌握构件、运动副、运动链、机构、约束和自由度等基本概念。

(2)掌握平面机构的机构运动简图的绘制方法。

(3)掌握平面机构的自由度计算方法,理解机构具有确定运动的条件,能正确识别和处理复合铰链、局部自由度和虚约束。

(4)了解平面机构的组成原理及结构分类,掌握平面机构的结构分析方法。

引　例

图 2-1(a)所示为惠更斯摆钟的基本结构。惠更斯摆钟是根据伽利略发现的单摆等时性原理设计的。钟的机械动力由重锤提供,擒纵器的摆动频率由单摆控制。一个与擒纵器心轴连在一起的 L 形杆伸向单摆,L 形杆的杆头分叉刚好卡住刚性的摆棍,单摆摆动时带动 L 形杆转动,从而把摆动的频率传递给擒纵器。摆钟的优越性在于,单摆的频率与推动它的初始力量无关,而只与重力和摆长有关,这样守时机构就不会受到动力机构的干扰。之后,惠更斯又发明了一种游丝—摆轮装置。游丝是一个螺旋形的弹簧,连在摆轮上,当摆轮向一个方向转动,使游丝发生形变,产生一个力拉动摆轮回转,在转过平衡位置后,游丝再一次发生形变,又产生一个反向的力,重新把摆轮拉回来。这样就能维持一种能够周期性的振动,像横摆、单摆一样,用来控制擒纵器的频率。游丝—摆轮与单摆一样独立于动力机构,其频率不受其他机械部分影响,而利用游丝—摆轮制成的钟表相对于摆钟的优点主要在于不依靠重力,因此只要设计合理,那么其在移动中仍可准确走时,也就意味着相对更加便携。后来英国人哈里森发明的第一台能够精确运行的航海钟就采用这种机构,现代闹钟如图 2-1(b)所示也采用这种机构。

机械钟包含多种机构,结构复杂,是人类智慧的结晶。

日新月异发展的科学技术,要求设计出更新更多的机械产品,并实现生产工艺的自动化。在着手设计新机构和新机器时,要了解机构的组成要素,判断所设计的机构能否运动,判断在什么条件下才具有确定的相对运动。研究机构结构分析的目的之一就在于探讨机构运动的可能性及其具有确定运动的条件。

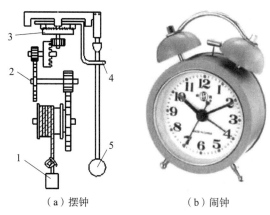

（a）摆钟　　　　　　　　（b）闹钟

图 2-1　惠更斯摆钟与闹钟

1—重锤；2—主轴；3—擒纵器；4—L 形杆；5—单摆

在设计新机构或对现有机构进行分析时，为了便于研究，在了解机构组成的基础上，需要先绘制机构运动简图。正确绘制机构运动简图是研究机构组成的目的之二。

现在已经在机器上应用的机构，其形式和具体结构是各种各样的，如果对它们逐个分析研究是十分烦琐的。因此研究机构结构的目的之三就在于了解机构的组成原理将繁多的机构加以分类，并按这种分类来建立运动分析和动力分析的一般方法。

2.1　机构的组成

2.1.1　构件

　　任何机器都是由许多零件组合而成的。如将一部机器进行拆卸，拆到不可再拆的最小单元就是零件。所以从制造工艺角度来看，零件是加工的最小单元。如图 2-2 所示的内燃机就是由气缸体、活塞、连杆体、连杆头、曲轴、齿轮等一系列零件组成的。在这些零件中，有的是作为一个独立的运动单元体而运动的，有的则常常由于结构和工艺上的需要，而与其他零件刚性地连接在一起作为一个整体而运动，例如图 2-3 中的连杆就是由连杆体、连杆头、螺栓、螺母、垫圈等零件刚性地连接在一起组成一个刚性系统，机器运动时作为一个整体而运动的。这些刚性地连接在一起的零件共同组成一个独立的运动单元体。机器中每一个独立的运动单元体称为一个构件。所以，构件是组成机构的基本要素之一，是运动的最小单元。所以从运动的观点来看，也可以说任何机

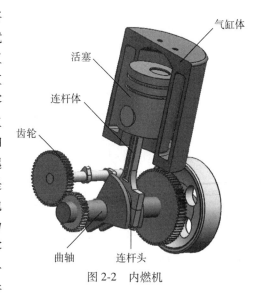

图 2-2　内燃机

器都是由若干个(两个以上)构件组合而成的。

连杆体

连杆头

螺栓螺母垫圈

图 2-3   连杆

2.1.2   运动副

当由构件组成机构时,需要以一定的方式把各个构件彼此连接起来。被连接的两构件间仍能产生某些相对运动,这种连接显然不能是刚性的。机构中这种使两个构件相互直接接触而又允许产生某些相对运动的可动的连接称为运动副,而把两构件上能够直接参加接触而构成运动副的表面称为运动副元素。例如图 2-2 所示的内燃机中气缸体与活塞的连接,它们既相互接触,同时又允许活塞相对于气缸往复移动,这种连接就是运动副。可见,运动副也是组成机构的又一基本要素,构件组成运动副后,构件的独立运动性能就受到了限制。

由理论力学可知,构件做任意复杂平面运动时,其运动可以分解为 3 个独立运动,构件做空间运动时,其运动可以分解为 6 个独立运动,我们把构件所具有的独立运动的数目称为自由度。两构件在未构成运动副之前,在空间中它们共有 6 个相对自由度,当两构件构成运动副之后,它们之间的相对运动将受到约束。运动副的自由度(以 f 表示)和约束数(以 s 表示)的关系为 $f+s=6$。两构件构成运动副后所受到的约束数最少为 1,最多为 5。运动副常根据引入约束的数目进行分类,把引入一个约束的运动副称为 I 级副,引入两个约束的运动副称为 II 级副,依次类推。

两个构件组成运动副,其接触部分不外乎是点、线或面,而构件之间允许产生的相对运动与它们的接触情况有关。运动副还常根据构成运动副的两构件的接触特性进行分类。凡两构件通过单一点或线接触而构成的运动副统称为高副(图 2-6 所示两齿轮轮齿的啮合所示的运动副)。通过面接触而构成的运动副统称为低副(如图 2-4 所示轴与轴承的配合、图 2-5 所示滑块与导轨的接触所示的运动副)。它们的运动副元素分别为圆柱面和圆孔面、棱槽面和棱柱面及两齿廓曲面。

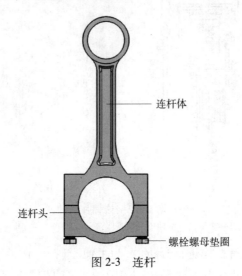

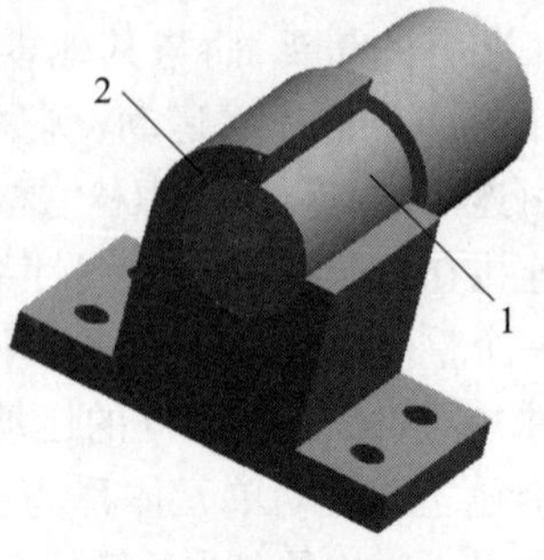

图 2-4   轴与轴承

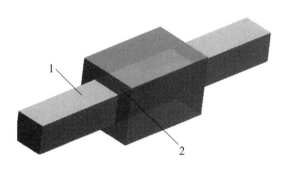

图 2-5 滑块与导轨

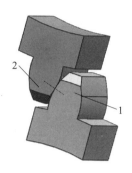

图 2-6 齿轮轮齿啮合

运动副还可根据构成运动副的两构件之间的相对运动形式的不同来进行分类。把两构件之间的相对运动为转动的运动副称为转动副或回转副,也称为铰链(图 2-4);相对运动为移动的运动副称为移动副(图 2-5);相对运动为球面运动的运动副称为球面副(图 2-7);相对运动为螺旋运动的运动副称为螺旋副(图 2-8)。

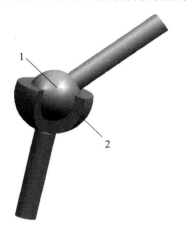

图 2-7 球面副

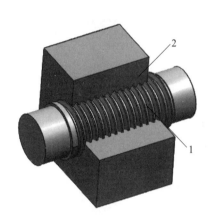

图 2-8 螺旋副

为了使运动副元素始终保持接触,运动副必须封闭。凡借助于构件的结构形状所产生的几何约束来封闭的运动副称为几何封闭或形封闭运动副(图 2-4、图 2-5),借助于重力、弹簧力、压力等来封闭的运动副称为力封闭运动副(图 2-6)。

此外,还可把构成运动副的两构件之间的相对运动为平面运动的运动副统称为平面运动副(图 2-4、图 2-5、图 2-6),两构件之间的相对运动为空间运动的运动副统称为空间运动副(图 2-7 为球面副,球 1 与球碗 2 之间的相对运动为绕 x、y、z 轴线旋转的球面运动;图 2-8 为螺旋副,螺杆 1 与螺母 2 的相对运动为螺杆轴线的移动和绕该轴线的转动)。

为了便于表示运动副和绘制机构运动简图,运动副常用简单的图形符号来表示,已制定有国家标准,见《机械制图 机构运动简图用图形符号》(GB/T 4460—2013)。表 2-1 为常用运动副的类型及其代表符号(图中画有阴影线的构件代表固定构件)。

表 2-1　常用运动副的类型及其代表符号

名称及代号		运动副模型	运动副符号	
			两运动构件构成的运动副	两构件之一为机架时的运动副
平面运动副	转动副（R）		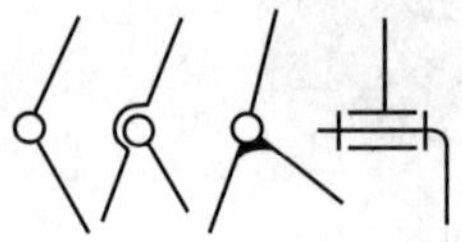	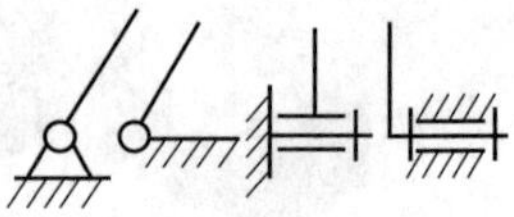
	移动副（P）		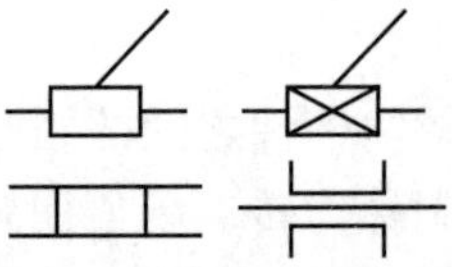	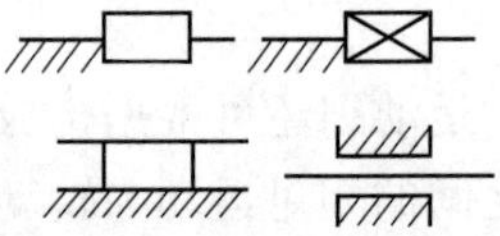
	平面高副（RP）		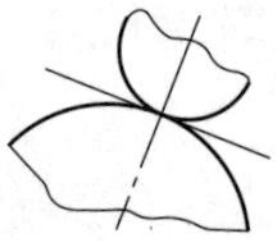	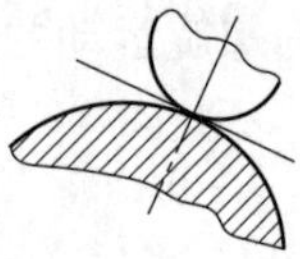
空间运动副	螺旋副（H）		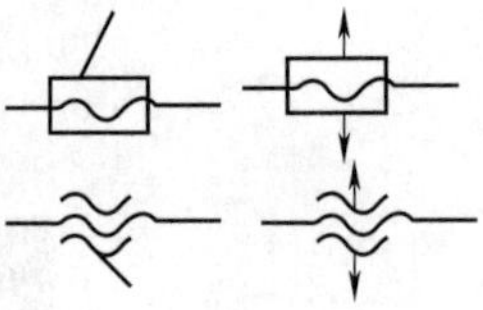	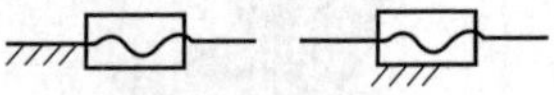
	球销副（S'）		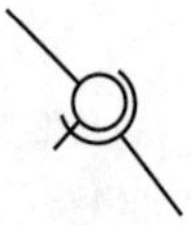	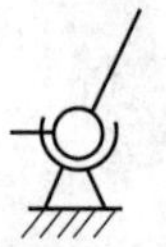
	球面副（S）			

2.1.3　运动链

两个以上构件通过运动副的连接而构成的可相对运动的系统称为运动链。如果组成运动链的各构件构成了首末封闭的系统,如图 2-9(a)(b)所示,则称其为闭式运动链或简称闭链;反之,如果组成运动链的构件未构成首末封闭的系统,如图 2-9(c)所示,则称其为开链。在普通机械中一般采用闭链,开链多用在机械手、挖掘机等多自由度的机械之中。

此外,根据运动链中各构件间的相对运动为平面运动还是空间运动,可把运动链分为平面运动链和空间运动链两类,如图 2-9(a)(b)所示为平面运动链,图 2-9(c)所示为空间运动链。

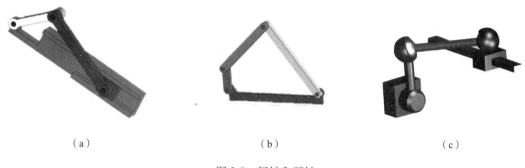

　　(a)　　　　　　　　　　　　　(b)　　　　　　　　　　　　　(c)

图 2-9　闭链和开链

2.1.4　机构

在运动链中如果将其中某一构件加以固定(或相对固定)而成为机架,则该运动链便成为机构,如图 2-10 所示,但此机构的运动尚未确定。一般情况下机架相对于地面是固定不动的,但若机架是安装在运动的机械如车、船、飞机等上时,那么机架相对于地面则可能是运动的。机构中按给定的已知运动规律独立运动的构件称为原动件,常在其上画转向箭头表示。而其余活动构件则称为从动件。从动件的运动规律取决于原动件的运动规律和机构的结构及构件的尺寸,当它的一个或几个构件具有独立运动成为原动件时,如果其余从动件随之做确定运动,此时机构的运动也就确定,便能有效地传递运动和力。

依据形成机构的运动链是平面的还是空间的,机构也可分为平面机构和空间机构两类,其中平面机构应用最为广泛。

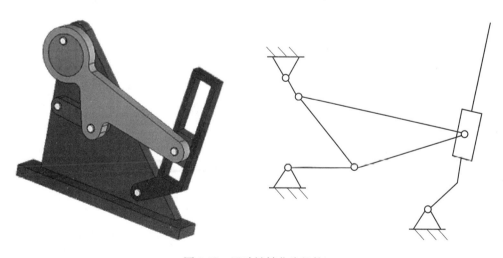

图 2-10　运动链转化为机构

2.2 机构运动简图

2.2.1 机构运动简图的定义

如上所述,由于机构各部分的运动是由其原动件的运动规律、该机构中各运动副的类型和机构的运动尺寸(确定各运动副相对位置的尺寸)来决定的。在研究机构运动时,可以不考虑那些与运动无关的因素,如构件的外形(高副机构的运动副元素除外)、断面尺寸、组成构件的零件数目及固联方式等,只要根据机构的运动尺寸,按一定的比例尺定出各运动副的位置,就可以用简单的线条和规定的运动副及常用机构运动简图的代表符号和一般构件的表示方法将机构的运动传递情况表示出来。这种用以表示机构运动特性的简化图形称为机构运动简图。《机械制图 机构运动简图用图形符号》(GB/T 4460—2013)规定了用于机构运动的图示符号,现摘录一部分列于表 2-2、表 2-3 供参阅。如果只是为了表明机构的运动状态或各构件的相互关系,也可以不按严格的比例来绘制简图,通常把这样的简图称为机构示意简图。

表 2-2 常用机构运动简图符号

名称	符号	名称	符号
在支架上的电动机	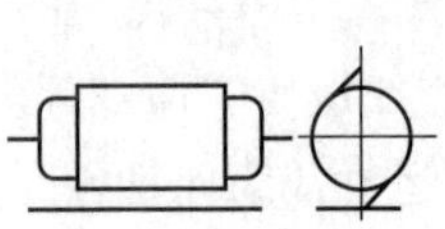	齿轮齿条传动	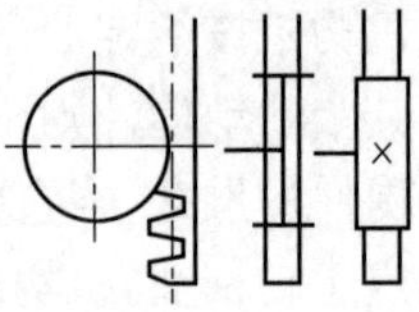
带传动	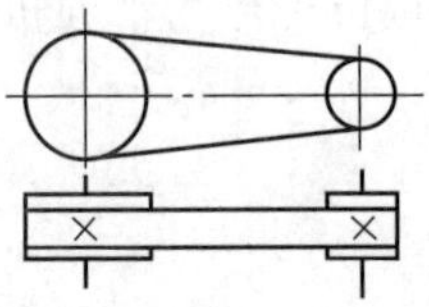	圆锥齿轮传动	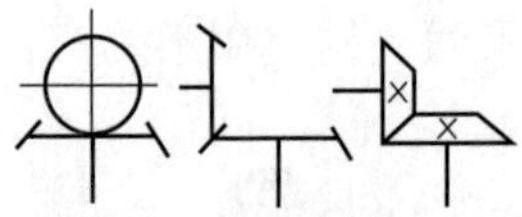
链传动	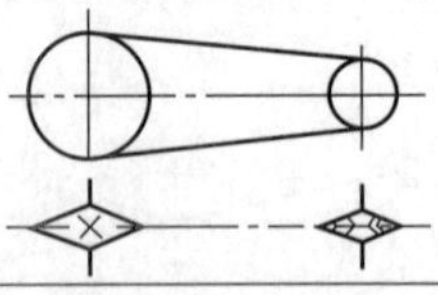	蜗轮蜗杆传动	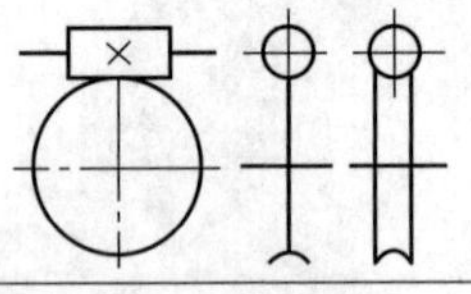
外啮合圆柱齿轮传动	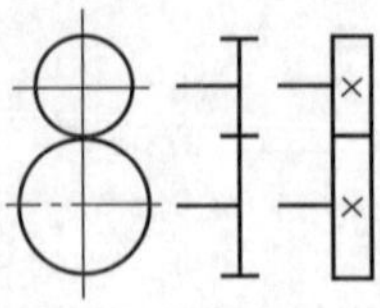	凸轮传动	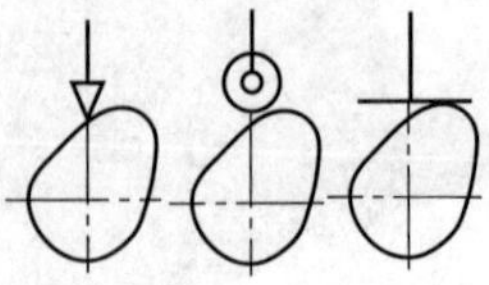
内啮合圆柱齿轮传动	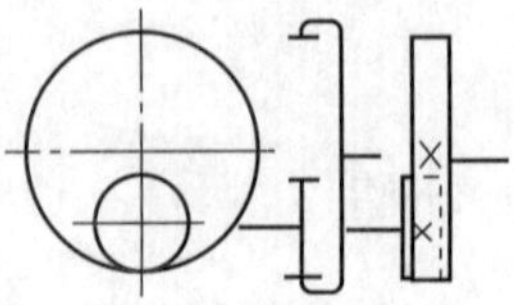	棘轮机构	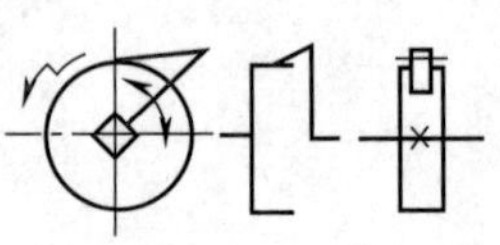

表 2-3　一般构件的表达方法

名称	符号
杆、轴类构件	
固定构件	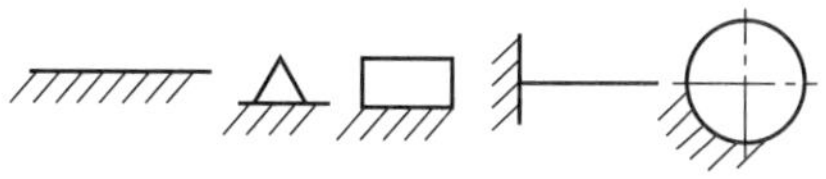
同一构件	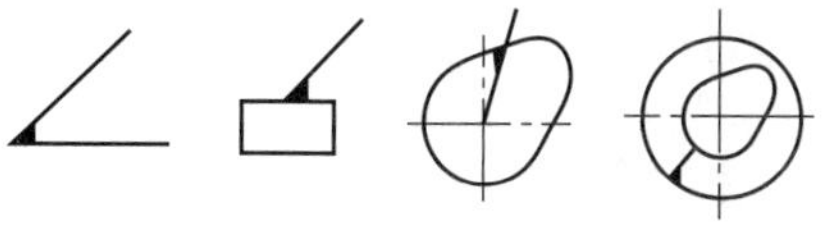
两副构件	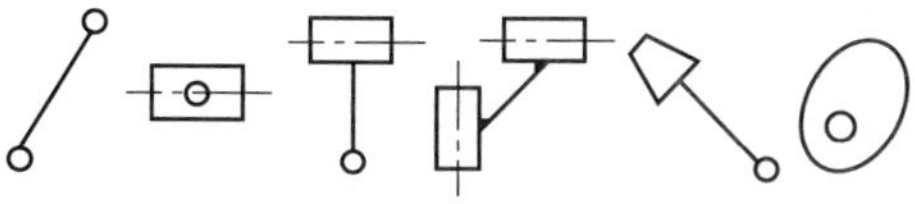
三副构件	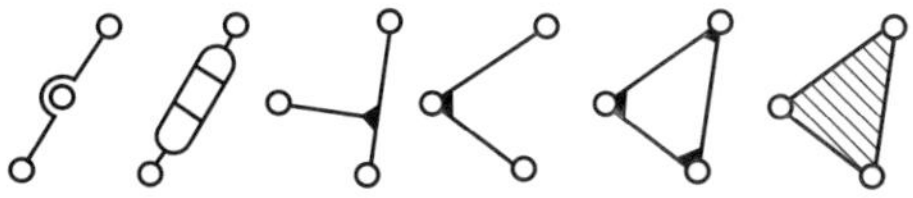

2.2.2　机构运动简图的绘制

利用机构运动简图,将使了解机械的组成及对机械进行结构、运动和动力的分析变得十分简便。在对现有机械进行分析或设计新机械时,都需要绘出其机构运动简图。绘制机构运动简图的步骤如下:

1. 分析机构的运动路线

在绘制机构运动简图时,首先要弄清楚该机械的实际构造和运动传递原理。为此,需要首先定出原动件和执行构件(即直接执行生产任务的构件或最后输出运动的构件),然后循着运动传递的路线搞清楚原动件的运动是怎样经过传动部分传递到执行构件的,从而认清该机械是由多少构件组成的,各构件之间组成了何种运动副以及它们所在的相对位置(如转动副中心的位置、移动副导路的方位和平面高副接触点的位置等),这样才能正确绘出其机构运动简图。

2. 选择合适的投影面

为了将机构运动简图表示清楚,需要合理选择视图平面,一般选择与多数构件的运动平面相平行的面为投影面,必要时也可以就机械的不同部分选择两个或两个以上的投影面,然后展开到同一平面上,或为难以表示清楚的部分另外绘制一个局部简图。总之,以能简单清楚地把机械的结构及运动传递情况正确地表示出来为原则。

3. 保证运动副之间的相对位置的准确性

在选定视图平面和机械原动件的某一适当位置后,便可选择适当的比例尺 μ_l[μ_l = 实际尺寸(m)/图示长度(mm)],根据机械的运动尺寸,定出各运动副之间的相对位置(注意保证运动副之间的相对位置的准确性),之后可用运动副的代表符号、常用机构运动简图符号和构件的表示方法将各部分画出,即可得到机构运动简图。

下面举例说明机构运动简图的绘制方法。

实例 2-1 图 2-11(a)所示为一颚式破碎机。当曲柄 1 绕轴心 O 连续回转时,动颚板 5 绕轴心 F 往复摆动,从而将矿石轧碎,试绘制此破碎机的机构运动简图。

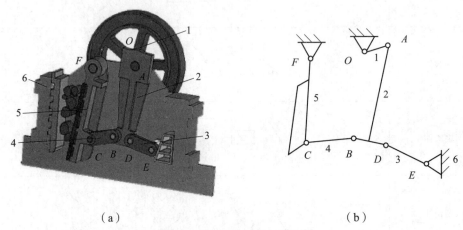

（a）   （b）

图 2-11 颚式破碎机及其简图
1—曲柄;2,3,4—构件;5—动颚板;6—机架

解:由破碎机的工作过程可知,其原动件为曲柄 1,执行构件为动颚板 5,循着运动传递的路线可以看出,此破碎机由曲柄 1,构件 2、3、4 及动颚板 5 和机架 6 组成。其中,曲柄 1 和机架 6 在 O 点构成转动副,曲柄 1 和构件 2 也构成转动副,其轴心在 A 点。而构件 2 还与构件 3、4 在 D、B 两点分别构成转动副。构件 3 还与机架 6 在 E 点构成转动副。动颚板 5 与构件 4 以及机架 6 分别在 C 点和 F 点构成转动副。

将破碎机的组成情况搞清楚后,再选定视图平面和比例尺,并根据该机构的运动尺寸定出各转动副 O、A、B、C、D、E、F 的位置,画出各转动副和构件,在原动件上标出表示运动方向的箭头,即可得其机构运动简图,如图 2-11(b)所示。

由上述绘图可知,任何一个机构随着原动件位置的改变,可以画出一系列相应位置的机构运动简图。因此,所绘制的运动简图应视为机构运动过程中的某个瞬时状态。

2.3 机构自由度的计算

2.3.1 机构具有确定运动的条件

机械是机构与机器的总称,机构是组成机器的基本组合体,是研究机器的基础。所谓机构具有确定的运动,是指当机构的原动件按给定的运动规律运动时,该机构的其余构件的运动一般也都应是完全确定的。一个机构在什么条件下才能实现确定的运动呢? 为了说明这个问题,下面先来分析几个例子。

在图 2-12(a)所示为三个构件用转动副相连接的三铰接杆组合。虽然也是构件的组合,但却是不能运动的构件组合体(桁架),因而其不能成为机构。

在图 2-12(b)所示的四个构件用转动副连接的铰链四杆机构中,若给定其一个独立的运动参数,如构件 1 的角位移规律,则不难看出,此时构件 2、3 的运动便都完全确定了。

图 2-12(c)所示的铰链五杆机构,若也只给定一个独立的运动参数,如构件 1 的角位移规律,此时构件 2、3、4 的运动并不确定。例如,当构件 1 占有位置 AB 时,构件 2、3、4 可以占有位置 $BCDE$,也可以占有位置 $BC'D'E$ 或其他位置。但是,若再在给定另一个独立的运动参数,如构件 4 的角位移规律,则不难看出,此机构各构件的运动规律便完全确定了。

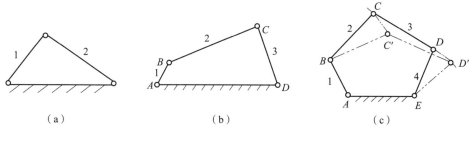

图 2-12　连杆机构

机构具有确定运动时所必须给定的独立运动参数的数目,称为机构的自由度,其数目常以 F 表示。

由上面的分析可知,铰链四杆机构的自由度为 1,则只要给定一个独立的运动参数,所有构件的运动便是完全确定的。而铰链五杆机构的自由度为 2,则必须同时给定两个独立的运动参数,所有构件的运动才是完全确定的。以此类推,为了使机构具有确定的运动,则机构的原动件数目应等于机构的自由度数,这就是机构具有确定运动的条件。当机构不满足这一条件时:如果机构的原动件数目小于机构的自由度,机构的运动将不完全确定;如果原动件数大于机构的自由度数,则将导致机构中最薄弱的环节的损坏。而如果一个构件组合体的自由度 $F=0$,则它将是一个结构,即已退化为一个构件,如图 2-12(a)所示。

如上所述,欲使机构具有确定的运动,则其原动件数目必须等于该机构自由度的数目,那么机构的自由度又该怎样计算呢? 下面讨论机构的自由度的计算问题。

2.3.2　平面机构自由度的计算

由于在平面机构中,各构件只做平面运动,所以在未用运动副与其他构件连接之前,每个自由构件具有三个自由度。而每个平面低副(转动副和移动副)各提供两个约束,每个平面高副只提供一个约束。设平面机构中共有 n 个活动构件(固定不动的机架不是活动构件),在各构件尚未用运动副连接时,它们共有 $3n$ 个自由度。而当各构件用运动副连接之后,设共有 P_L 个低副和 P_H 个高副,则它们将提供($2P_L+P_H$)个约束,即机构失去了($2P_L+P_H$)个自由度,于是该机构的自由度为

$$F=3n-(2P_L+P_H) \tag{2-1}$$

这就是一般平面机构自由度的计算公式。利用这一公式不难算得前述四杆和五杆铰链机构的自由度分别为 1 和 2,与前述分析一致。下面举例说明上式的应用。

实例 2-2 试计算图 2-11 所示颚式破碎机主体机构的自由度。

解：由机构运动简图不难看出，此机构共有 5 个活动构件（构件 1、2、3、4、5），7 个低副（即转动副 O、A、B、C、D、E、F），没有高副，根据式(2-1)可求得该机构的自由度为

$$F = 3n - (2P_L + P_H) = 3 \times 5 - (2 \times 7 + 0) = 1$$

即此机构有一个自由度。所以，当构件 1 按一定规律回转时，其余构件都具有确定的运动。

实例 2-3 图 2-13 为牛头刨床的主体结构运动简图。该机构把齿轮 2 的回转运动改变为滑枕 6 的移动。试求该机构的自由度。

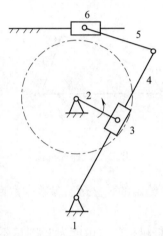

图 2-13　牛头刨床主体结构

解：由其机构运动简图不难看出，此机构共有 5 个活动构件，7 个低副，没有高副，根据式(2-1)可求得该机构的自由度为

$$F = 3n - (2P_L + P_H) = 3 \times 5 - (2 \times 7 + 0) = 1$$

在此机构中，构件 2 为原动件，故机构的运动是确定的。

2.3.3　计算平面机构自由度时应注意的事项

在计算平面机构的自由度时，还有一些应注意的事项必须正确处理，否则将会得到与实际情况不符的结果。现将应注意的主要事项简述如下。

1）复合铰链

两个以上的构件同在一处以转动副相连接，就构成了所谓的复合铰链。如图 2-14(a)所示，就是 3 个构件组成的复合铰链。从该图的俯视图 2-14(b)可以看出，这 3 个构件形成两个转动副，而不是一个转动副。同理，若有由 m 个构件组成的复合铰链时，其转动副的数目应有$(m-1)$个。在计算机构的自由度时，应注意机构中是否存在复合铰链。

实例 2-4 试计算图 2-15 所示机构的自由度。

解：此机构 A、C、D、F 四处都是由 3 个构件组成的复合铰链，各具有两个转动副，故其活动构件数 $n=7$，$P_L = 10$，$P_H = 0$。由式(2-1)得

$$F = 3n - (2P_L + P_H) = 3 \times 7 - (2 \times 10 + 0) = 1$$

该机构原动件为构件 2，所以机构具有确定的运动。

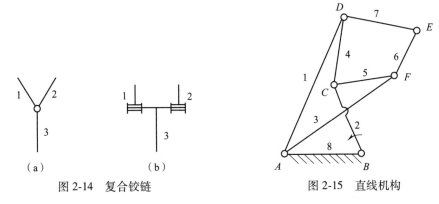

图 2-14　复合铰链　　　　　　　　图 2-15　直线机构

2）局部自由度

在有些机构中,某些构件所产生的局部运动,并不影响其他构件的运动,则称这种局部运动的自由度为局部自由度。在计算整个机构的自由度时,应从机构自由度的计算公式中将局部自由度去除不计。例如,在图 2-16(a)所示的滚子推杆凸轮机构中,为了减少高副元素的磨损,在推杆 3 和凸轮 1 之间装了一个滚子,滚子 2 绕其自身的转动并不影响其他构件的运动,因而他只是一种局部自由度。该机构实际由 4 个构件组成,其中活动构件数 $n=3$,3 个低副,1 个高副,如设机构的局部自由度数目为 F',则机构的实际自由度应为

$$F=3n-(2P_L+P_H)-F' \tag{2-2}$$

对于图 2-16(a)所示的凸轮机构,其自由度为

$$F=3n-(2P_L+P_H)-F'=3\times3-(2\times3+1)-1=1$$

结果与实际情况相符。在计算机构自由度时,去除局部自由度,也可以把滚子 2 与推杆 3 看作为一个构件,如图 2-16(b)所示。此时机构的活动构件数 $n=2$, 2 个低副,1 个高副,由式(2-1)得

$$F=3n-(2P_L+P_H)=3\times2-(2\times2+1)=1$$

与根据式(2-2)所计算的结果一致。

这里需要说明的是,局部自由度虽然不影响整个机构的运动规律,但可以改善构件之间的工作状况,如滚子可使高副接触处的滑动摩擦变成滚动摩擦,以减少磨损。所以,在实际机械中常有局部自由度出现。

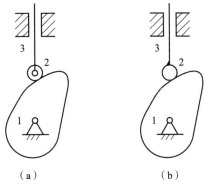

（a）　　　　　　　（b）

图 2-16　凸轮机构的局部自由度

3）虚约束

在机构中,有些运动副带入的约束与其他约束相重复而不起限制运动作用,把这类约束称为虚约束。在计算机构的自由度时,应从机构的约束数中减去虚约束数。例如,在图2-17(a)所示的平行四边形机构中,连杆3做平移运动,BC杆上各点的轨迹均为圆心在AD线上而半径等于AB的圆弧。为了保证连杆运动的连续性,如图2-17(b)所示,在机构中增加了一个与构件AB平行且等长的构件5和两个转动副M、N,显然这对该机构的运动并不产生任何影响。但此时如按式(2-2)计算机构的自由度,则变为

$$F = 3n - (2P_L + P_H) - F' = 3×4 - (2×6+0) - 0 = 0$$

这是因为增加1个活动构件(引入了3个自由度)和2个转动副(引入了4个约束)等于多引入了1个约束,而这个约束对机构的运动只起重复的约束作用(即转动副M连接前后连杆上M点的运动轨迹是一样的),因而是1个虚约束。设机构的虚约束数为P',则机构的自由度为

$$F = 3n - (2P_L + P_H - P') - F' \tag{2-3}$$

故图2-17(b)所示机构的自由度为

$$F = 3n - (2P_L + P_H - P') - F' = 3×4 - (2×6+0-1) - 0 = 1$$

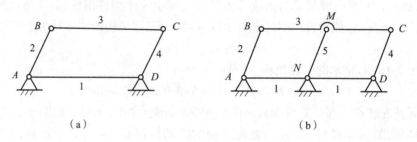

(a)   (b)

图2-17　平行四边形机构的虚约束

虚约束对机构运动虽不起独立约束作用,但可以增加构件的刚性或改善机构受力状况或考虑机构在特殊位置的运动等,所以实际机械中虚约束随处可见。虚约束都是在特定的几何条件下形成的,有虚约束的机构,其相关尺寸的制造精度要求高,增大了制造成本。如果机构中的虚约束数越多,要求精度高的尺寸参数就越多,制造难度也就越大。如果加工安装误差太大,不能保证这些特定的几何条件,虚约束就会成为实际约束,使机构不能运动。因此在设计时,应避免不必要的虚约束。机构中的虚约束常发生在下列情况:

(1)当两构件组成多个移动副,且其导路互相平行或重合时,则只有一个移动副起约束作用,其余都是虚约束。如图2-18所示的移动副E、E'。

(2)当两构件构成多个转动副,且其回转轴线互相重合时,则只有一个转动副起作用,其余转动副都是虚约束。如图2-19所示的转动副A、A'。

(3)若两构件在多处接触构成平面高副,且各接触点处的公法线彼此重合,则只算作一个高副起作用,其余都是虚约束,如图2-20(a)所示B、B'。若两构件在多处接触构成平面高副,且各接触点处的公法线彼此不重合,如图2-20(b)(c)所示,就构成了复合高副,将提供各2个约束,它相当于一个低副[图2-20(b)为转动副,图2-20(c)为移动副]。

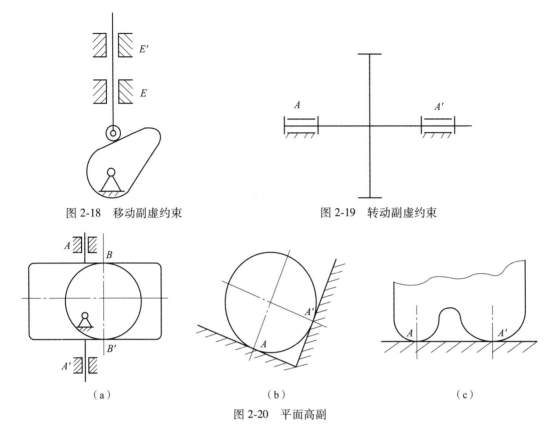

图 2-18 移动副虚约束   图 2-19 转动副虚约束

（a）   （b）   （c）

图 2-20 平面高副

（4）机构中,如果用转动副连接的是两构件上运动轨迹相重合的点,则该连接将带入一个虚约束。如图 2-17（b）所示就属于这种情况。又如,在图 2-21 所示的椭圆机构中,$\angle CAD = 90°$,$BC = BD$,构件 CD 线上各点的运动轨迹均为椭圆。该机构中转动副 C 所连接的 C_2 与 C_3 两点的轨迹就是重合的,均沿 Y 轴做直线运动,故将带入一个虚约束。若分析转动副 D,也可得出类似的结论。

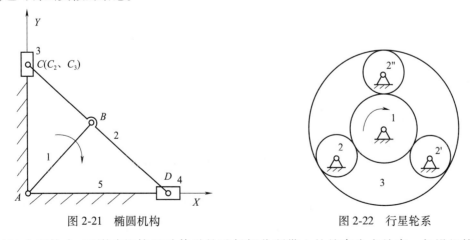

图 2-21 椭圆机构   图 2-22 行星轮系

（5）在机构中,不影响机构运动传递的重复部分所带入的约束为虚约束。如设机构重复部分中的构件数为 n',低副数为 P_L',低副数为 P_H',重复部分所带入的虚约束数 P' 为

$$P' = 2P_L' + P_H' - 3n' \qquad (2\text{-}4)$$

例如在图 2-22 所示的轮系中,为了改善受力情况,在主动齿轮 1 和内齿轮 3 之间采用了三个完全相同的齿轮 2、2′及 2″,而实际上,从机构运动传递的角度来说,仅有一个齿轮就可以了,其余两个齿轮并不影响机构的运动传递,故它们带入的两个虚约束,即

$$P' = 2P_L' + P_H' - 3n' = 2\times2 + 4 - 3\times2 = 2$$

实例 2-5 试计算图 2-23 所示某包装机送纸机构的自由度,并判断该机构是否具有确定的运动。

解:由图 2-23 所示可知,此机构中,$n=9$,$P_L=11$(复合铰链 D 包含有两个转动副),$P_H=3$。C、H 两处滚子的转动为局部自由度,即 $F'=2$,且不难分析机构在运动过程中 F、I 两点间的距离始终保持不变,因而用双转动副杆 8 连接此两点将引入 1 个虚约束,即 $P'=1$,故由式 (2-3) 可得

$$F = 3n - (2P_L + P_H - P') - F' = 3\times9 - (2\times11 + 3 - 1) - 2 = 1$$

由于此机构的自由度数与原动件相等,故该机构具有确定的运动。

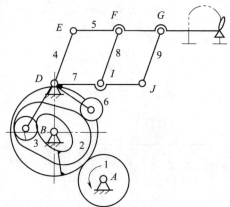

图 2-23　包装机送纸机构

知识链接

对于空间机构自由度的计算,相对平面机构自由度的计算来说要比较复杂。因为空间机构中各自由构件的自由度为 6,所具有的运动副的类型可从 Ⅰ 级副到 Ⅴ 级副,其所提供的约束数目分别为 1 到 5。设一空间机构共有 n 个活动构件,P_1 为 Ⅰ 级副,P_2 为 Ⅱ 级副,P_3 为 Ⅲ 级副,P_4 为 Ⅳ 级副,P_5 为 Ⅴ 级副,则空间机构的自由度为

$$F = 6n - (5P_5 + 4P_4 + 3P_3 + 2P_2 + P_1)$$

2.4　平面机构的组成原理和结构分析

2.4.1　平面机构的组成原理

任何机构都包含机架、原动件和从动件系统三个部分。因为机构具有确定运动的条件是其原动件数应等于机构所具有的自由度数,而每个原动件具有一个自由度。因此,如将机构的机架及与机架相连的原动件从机构中拆分开来,则由其余构件构成的从动件系统必然是一个自由度为零的构件组。而这个自由度为零的构件组有时还可以再拆分成更简单的自由度为零的构件组。把最后不能再拆分的最简单的自由度为零的构件组称为基本杆组或阿苏尔杆组(Assur group),简称杆组。根据上面的分析可知,任何机构都可以看作是由若干个基本杆组依次连接到原动件和机架上而构成的,这就是机构的组成原理。

根据上述原理,当对现有机构进行运动分析或动力分析时,可将机构分解为机架和原动

件及若干个基本杆组,然后对相同的基本杆组以相同的方法进行分析。反之,当设计一个新机构的机构运动简图时,可先选定一个机架,并将数目等于机构自由度数的原动件用运动副连于机架上,然后将一个个基本杆组依次连接于机架和原动件上,从而构成了一个新机构。

2.4.2　平面机构的结构分类

机构的结构分类是根据机构中基本杆组的不同组成形态进行的。组成平面机构的基本杆组根据式(2-1)应符合条件

$$3n-(2P_{\mathrm{L}}+P_{\mathrm{H}})=0 \tag{2-5}$$

式中,n 为基本杆组中的构件数;P_{L} 及 P_{H} 分别为基本杆组中的低副和高副。又如图 2-24(a)所示,去除机架和原动件,在基本杆组中的运动副全部为低副,则式(2-5)变为

$$3n-2P_{\mathrm{L}}=0 \text{ 或 } n/2=P_{\mathrm{L}}/3 \tag{2-6}$$

由于构件数和运动副数目必须是整数,故 n 应是 2 的倍数,而 P_{L} 应是 3 的倍数,它们的组合有 $n=2,P_{\mathrm{L}}=3;n=4,P_{\mathrm{L}}=6;$ 等。可见,最简单的基本杆组是由两个构件和三个低副构成的,把这种基本杆组称为 Ⅱ 级组,如图 2-24(b)(c)所示。Ⅱ 级组是机构中应用最多的基本杆组,绝大多数的机构都是由 Ⅱ 级组构成的。如图 2-25 所示 R 表示转动副,P 表示移动副,Ⅱ 级组有五种不同的类型。

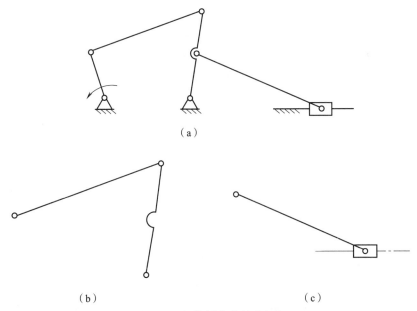

（a）

（b）　　　　　　　　　　（c）

图 2-24　机构拆分成基本杆组

在少数结构比较复杂的机构中,除了 Ⅱ 级组外,可能还有其他较高级的基本杆组。如图 2-26 所示的两种结构形式均由 4 个构件和 6 个低副所组成,而且都有 1 个包含 3 个低副的构件,此种基本杆组称为 Ⅲ 级组。如图 2-27 所示的包含 4 个构件组成的四边形的杆组称为 Ⅳ 级组。杆组的级别越高,其运动分析和力分析的方法越复杂。鉴于 Ⅳ 级组及更高级的基本杆组在实际机构中很少遇到,此处仅讨论 Ⅱ 级组和 Ⅲ 级组。

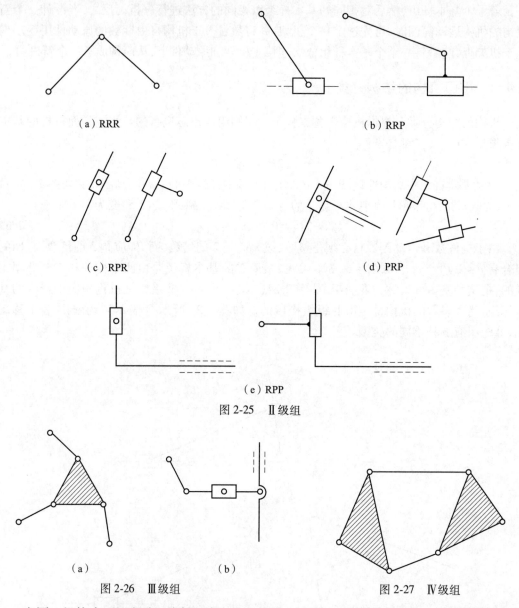

（a）RRR　　　　　　　　　　　　　　（b）RRP

（c）RPR　　　　　　　　　　　　　　（d）PRP

（e）RPP

图 2-25　Ⅱ级组

（a）　　　　　　　　　　（b）

图 2-26　Ⅲ级组　　　　　　　　　　　图 2-27　Ⅳ级组

在同一机构中可以包含不同级别的基本杆组。机构的级别是由杆组的最高级别确定的。把由最高级别为Ⅱ级组的基本杆组构成的机构称为Ⅱ级机构；把由最高级别为Ⅲ级组的基本杆组构成的机构称为Ⅲ级机构；而把只由机架和原动件构成的机构（如杠杆机构、斜面机构等）称为Ⅰ级机构。

2.4.3　平面机构的结构分析

机构结构分析的目的是了解机构的组成，将已知机构分解为原动件、机架、杆组，并确定机构的级别。它与杆组扩展形成机构的过程相反，一般是从远离原动件的构件开始拆杆组。

在对机构进行结构分析时，首先应正确计算机构的自由度（注意除去机构中的虚约束和局部自由度),并确定原动件。然后,从远离原动件的构件开始拆杆组。先试拆Ⅱ级组,若不可能,再依次试拆Ⅲ级组。每拆出一个杆组后,留下的部分仍应是一个与原机构有相同自由度的机构,第二次拆组时仍须从最简单的Ⅱ级组开始试拆,而且直至全部杆组拆出只剩下原动件和机架为止,杆组的增减不应改变机构的自由度。最后确定机构的级别。例如,对图 2-28(a)所示破碎机进行结构分析时,取构件 1 为原动件,可依次拆出构件 5 与 4 和构件 2 与 3 两个Ⅱ级杆组,如图 2-28(b)所示,最后剩下原动件 1 和机架 6。由于拆出的最高级别的杆组是Ⅱ级杆组,所以此机构为Ⅱ级机构。如果取原动件为构件 5,则这时只可拆下一个由构件 1、3和 4 组成的Ⅲ级杆组,最后剩下原动件 5 和机架 6,此时机构将成为Ⅲ级机构。由此可见,同一机构中因所取的原动件不同,有可能成为不同级别的机构。但当机构的原动件确定后,杆组的拆法和机构的级别即为一定。

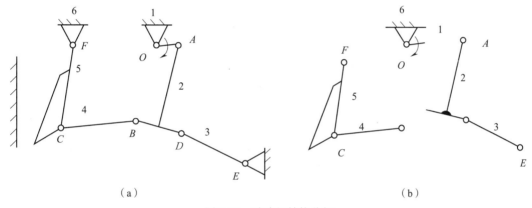

图 2-28 破碎机结构分析

上面所介绍的是假设机构中的运动副全部为低副的情况。如果机构中含有高副,则为了分析研究方便,可以用高副低代的方法先将机构中的高副变为低副,然后再按上述方法进行结构分析和分类。

知识链接

平面机构中的高副低代

为了表明平面高副与平面低副的内在联系,使平面低副机构结构分析和运动分析的方法适用于所有平面机构,可以将机构中的高副根据一定的条件虚拟地以低副加以代替,这种在平面机构中用低副代替高副的方法,简称为高副低代。

进行高副低代必须满足的条件:代替前后机构的自由度完全相同;代替前后机构的瞬时速度和瞬时加速度完全相同。

在对平面机构进行高副低代时,为了满足高副低代的条件,只要用一个虚拟的构件分别与两高副构件在接触点的曲率中心处以转动副相连即可。

由于平面机构中一个高副仅提供一个约束,而一个低副却提供两个约束,所以不能用一个低副直接来代替一个高副。那么如何进行高副低代呢?下面用具体例子来说明这个问题。

如图 2-29 所示,构件 1、2 分别绕 A、B 点转动,两圆的几何中心分别为 K_1、K_2,它们在接触点 C 构成一高副机构,其高副元素均为圆弧。由图 2-29 可见,当机构运动时,距离 AK_1、

BK_2、$K_1K_2(r_1+r_2)$ 均保持不变,因而如果设想一个虚拟的构件分别与构件 1、2 在 K_1、K_2 点以转动副相连来代替由该两圆弧所构成的高副,显然这样的代替对机构的自由度和运动都没发生任何改变,即满足了高副低代的两个条件。

又如图 2-30 所示的高副机构,其高副元素为任意曲线轮廓,可以过接触点 C 作其公法线,在其公法线上找到两轮廓曲线在接触点 C 处的曲率中心 K_1、K_2。在对此机构进行高副低代时,同样可以用一个虚拟的构件分别与构件 1、2 在 K_1、K_2 点以转动副相连,也同样满足了高副低代的两个条件。所不同的是,轮廓各处曲率中心的位置是不同的,当机构运动时,随着接触点的改变,K_1、K_2 点相对于构件 1、2 的位置也发生改变,ρ_1 和 ρ_2 也发生变化。所以这种代替只是瞬时代替,其替代机构的尺寸将随机构运动的位置不同而不同。

由以上分析可以得出结论,在对平面机构进行高副低代时,为了满足高副低代的条件,只要用一个虚拟的构件分别与两高副构件在接触点的曲率中心处以转动副相连即可。

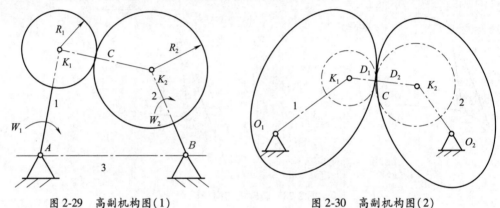

图 2-29　高副机构图(1)　　　　　　图 2-30　高副机构图(2)

如果高副元素之一为直线,如图 2-31 所示,那么因直线的曲率中心趋于无穷远,所以高副低代时虚拟构件这一端的转动副将演化为移动副。如果两接触高副元素之一为一点,如图 2-32 所示,那么因点的曲率半径等于零,所以曲率中心与该点重合,其替代机构如图 2-32 所示。

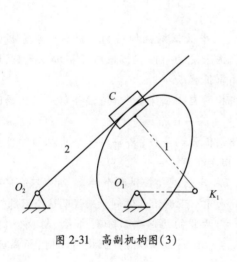 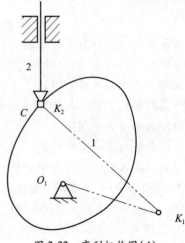

图 2-31　高副机构图(3)　　　　　　图 2-32　高副机构图(4)

特别提示

机构创新设计应遵循的原则:利用机构组成原理进行机构创新时,在满足相同工作要求的条件下,机构的结构越简单、杆组的级别越低、构件数和运动副数越少越好。

实例 2-6 试计算图 2-33 所示机构的自由度,判断该机构是否具有确定的运动,并分析此机构的组成情况。画箭头的构件为原动件。已知:$DE=FG=HI$,且相互平行;$DF=EG$,且相互平行;$DH=EI$,且相互平行。

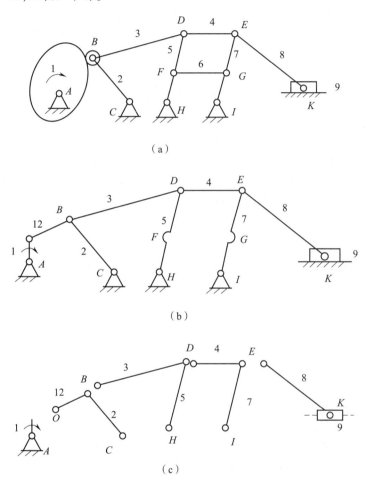

（a）

（b）

（c）

图 2-33 机构的自由度

解:(1)自由度计算

由图 2-33(a)所示可知,机构中同时存在局部自由度、复合铰链、虚约束,D 和 E 处为复合铰链;滚子绕其自身几何中心 B 转动的自由度为局部自由度;由于 $DFHIGE$ 的特殊几何关系,构成 FG 的存在只是为了改善平行四杆机构 $DHIE$ 的受力状况,对整个机构的运动不起约束作用,故 FG 杆及其两端的转动副所引入的约束为虚约束,由式(2-1)得

$$F=3n-(2P_L+P_H)=3\times8-(2\times11+1)=1$$

若将凸轮与滚子组成的高副以一个虚拟构件 12 和两个转动副作高副低代,如图 2-33(b)所示,机构自由度为

$$F = 3n - (2P_L + P_H) = 3 \times 9 - (2 \times 13 + 0) = 1$$

以上两种方法计算自由度所得结果相同,说明高副低代不会影响机构自由度。由于此机构的自由度数与原动件相等,故该机构具有确定的运动。

(2)分析机构的组成情况

对图 2-33(b)作结构分析,从传动关系上由原动件的构件 9 开始拆杆组,先拆一个由构件 8、9 及转动副 E、K 和一个移动副组成的 II 级杆组,剩余部分仍为完整的机构;再依次拆下 3 个 II 级杆组:构件 4、7 及转动副 I、E、D;构件 3、5 及转动副 H、D、B;构件 12、2 及转动副 C、B、O;最后剩下原动件 1 和机架组成的 I 级机构,如图 2-33(c)所示。此机构是由 4 个 II 级杆组和 1 个 I 级机构组成,所以是一个 II 级机构。

本 章 小 结

机构是由构件通过运动副连接而成的。

利用机构运动简图,将使了解机械的组成及对机械进行结构、运动和动力的分析变得十分简便。在对现有机械进行分析或设计新机械时,都需要绘出其机构运动简图。

机构具有确定运动的条件是原动件数目必须等于该机构自由度的数目。在进行机构自由度计算时,特别要弄清楚三个需要注意的事项,即复合铰链、局部自由度和虚约束。

任何机构都可以看作是由若干个基本杆组依次连接于原动件和机架上而构成的,这就是机构的组成原理。常见的基本杆组包括 II 级组和 III 级组。基本杆组法是进行机构结构分析的基本方法。

习 题

1. 判断题

(1)机构能够运动的基本条件是其自由度必须大于零。　　　　　　　　　　（　　）

(2)在平面机构中,一个高副引入两个约束。　　　　　　　　　　　　　　（　　）

(3)移动副和转动副所引入的约束数目相等。　　　　　　　　　　　　　　（　　）

(4)一切自由度不为一的机构都不可能有确定的运动。　　　　　　　　　　（　　）

(5)一个做平面运动的自由构件有六个自由度。　　　　　　　　　　　　　（　　）

2. 选择题

(1)两构件构成运动副的主要特征是(　　　　)。

A. 两构件以点线面相接触　　　　B. 两构件能做相对运动

C. 两构件相连接　　　　　　　　D. 两构件既连接又能做一定的相对运动

(2)机构的运动简图与(　　　)无关。

A. 构件数目　　　　　　　　　　B. 运动副的类型

C. 运动副的相对位置　　　　　　D. 构件和运动副的结构

(3)有一构件的实际长度 $L = 0.5$ m,画在机构运动简图中的长度为 20 mm,则画此机构运动简图时所取的长度比例尺 μ_l 是( )。

    A. 25   B. 25 mm/m   C. 1 : 25   D. 0.025 m/mm

(4) 用一个平面低副连接两个做平面运动的构件所形成的运动链共有( )个自由度。

    A. 3   B. 4   C. 5   D. 6

(5) 在机构中,某些不影响机构运动传递的重复部分所带入的约束为( )。

    A. 虚约束   B. 局部自由度   C. 复合铰链   D. 真约束

(6) 机构具有确定运动的条件是( )。

    A. 机构的自由度数 $\geqslant 0$

    B. 机构的构件数 $\geqslant 4$

    C. 原动件数>1

    D. 机构的自由度数>0,并且自由度数等于原动件数

(7) 如图 2-34 所示的三种机构运动简图中,运动不确定是( )。

    A. (a)和(b)   B. (b)和(c)   C. (a)和(c)   D. (a)、(b)和(c)

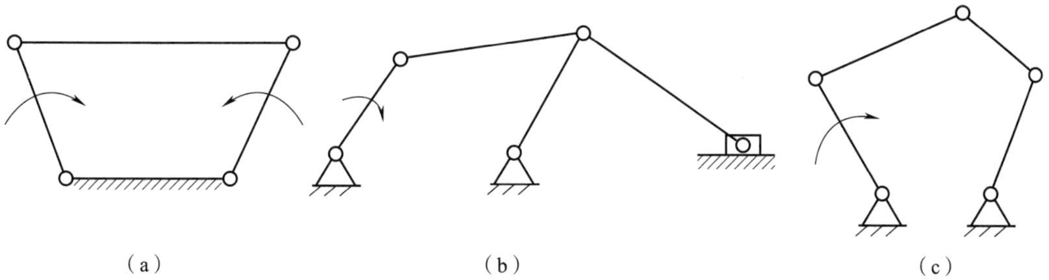

(a)   (b)   (c)

图 2-34

(8) Ⅲ级杆组应由( )组成。

    A. 三个构件和六个低副   B. 四个构件和六个低副

    C. 二个构件和三个低副   D. 机架和原动件

(9) 有两个平面机构的自由度都等于1,现用一个有两铰链的运动构件将它们串成一个平面机构,这时自由度等于( )。

    A. 0   B. 1   C. 2   D. 3

(10) 内燃机中的连杆属于( )。

    A. 机器   B. 机构   C. 构件   D. 零件

3. 简答题

(1) 何谓构件?何谓运动副及运动副元素?运动副是如何进行分类的?

(2) 机构运动简图有何用途?它能表示出原机构哪些方面的特征?

(3) 何谓机构运动简图?它与机构示意图的区别是什么?

(4) 机构具有确定运动的条件是什么?当机构的原动件数少于或多于机构的自由度时,机构的运动将发生什么情况?

(5) 在计算平面机构的自由度时,何为复合铰链、局部自由度和虚约束?在计算自由

时如何处理?

(6)既然虚约束对于机构的运动实际上不起约束作用,那么在实际机构中为什么又常常存在虚约束?

(7)在图 2-21 所示的机构中,在铰链 C、B、D 处,被连接的两构件上连接点的轨迹都是重合的,那么能说该机构有三个虚约束吗?为什么?

(8)请说出自己身上腿部的髋关节、膝关节和踝关节分别可视为何种运动副?

(9)何谓机构的组成原理?何谓基本杆组?它具有什么特性?

(10)如何确定基本杆组的级别及机构的级别?

4. 计算题

(1)图 2-35 所示为一简易冲床的初拟设计方案。设计者的思路是:动力由齿轮输入,使轴 A 连续回转,而固定在轴 A 上的凸轮 2 与杠杆 3 组成的凸轮机构,将使冲头 4 上下运动以达到冲压的目的。试绘出其机构运动简图,分析其是否能实现设计意图,并提出修改方案。

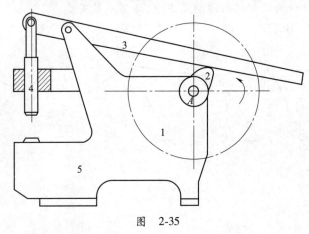

图 2-35

(2)在图 2-36 所示偏心轮机构中,1 为机架,2 为偏心轮,3 为滑块,4 为摆轮。试绘制该机构的运动简图,并计算其自由度。

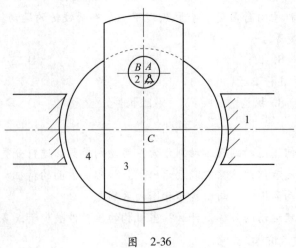

图 2-36

（3）图 2-37 所示为冲床刀架机构，当偏心轮 1 绕固定中心 A 转动时，构件 2 绕活动中心 C 摆动，同时带动刀架 3 上下移动。B 点为偏心轮的几何中心，构件 4 为机架。试绘制该机构的机构运动简图，并计算其自由度。

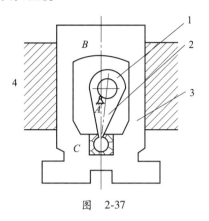

图　2-37

（4）试计算图 2-38 所示的各机构自由度，并明确指出复合铰链、局部自由度和虚约束。

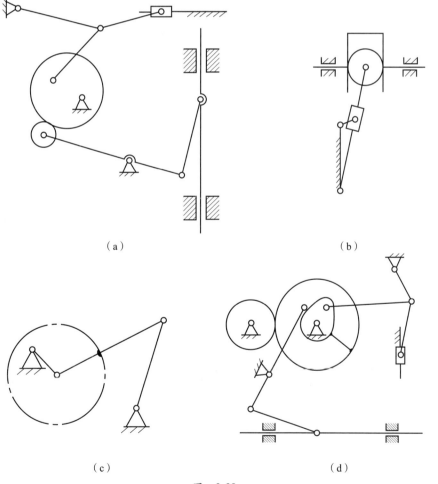

图　2-38

（5）图2-39所示为牛头刨床设计方案草图。设计思路为：动力由曲柄1输入，通过滑块2使摆动导杆3做往复摆动，并带动滑枕4做往复移动，以达到刨削加工目的。试问图2-39所示的构件组合是否能达到此目的？如果不能，该如何修改？（试提出四种修改方案）。

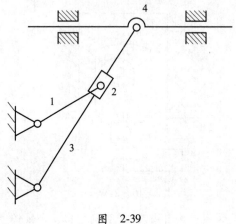

图 2-39

第3章 平面机构的运动分析

主要内容

用速度瞬心法做机构的速度分析;用矢量方程图解法做机构的速度和加速度分析;用解析法做机构的运动分析。

学习目的

(1)理解速度瞬心的概念,并能运用瞬心法进行机构的速度分析。
(2)能运用矢量方程图解法对平面机构进行速度和加速度分析。
(3)了解用解析法对平面机构进行运动分析。

引 例

英国工程师纽科门发明的常压蒸汽机称为纽科门蒸汽机,是瓦特蒸汽机的前身。它耗煤量大、效率低。瓦特运用科学理论,逐渐发现了这种蒸汽机的问题所在。从 1765 年—1790 年,他进行了一系列发明,使蒸汽机的效率提高到原来纽科门蒸汽机的 3 倍多,最终发明出了现代意义上的蒸汽机,如图 3-1 所示。

纽科门蒸汽机的主要缺陷之一在于,每一冲程都要用冷水将气缸冷却一次,从而耗费了大量热量,使绝大部分蒸气没有被有效利用。如果把蒸汽压至气缸外面的另一个容器中去冷却,那么气缸在整个循环过程中就可以保持始终是热的。避免了把气缸一会儿加热,一会儿冷却,在燃煤节约方面效果十分可观。1769 年,瓦特研制出了第一台带有冷凝器的蒸汽机,提高了热效率,从而获得第一项专利。纽科门蒸汽机的主要缺陷之二是活塞只能做往返的直线运动。1781 年,瓦特研制出了一套被称为"太阳和行星"的齿轮联动装置,终于把活塞的往返的直线运

图 3-1 瓦特蒸汽机

动转变为齿轮的旋转运动。为了使齿轮轴增加惯性,转动更加均匀,瓦特还在轮轴上加装了一个飞轮。由于对传统机构的这一重大革新,瓦特的这种蒸汽机才真正成了能带动大部分工作机械的动力机。瓦特以发明带有齿轮和拉杆的机械联动装置获得第二个专利。纽科门蒸汽机的主要缺陷之三在于,蒸汽都是单项运动,从一端进入,另一端出来。如果让蒸汽能够从两端进入和排出,就可以让蒸汽既能推动活塞向上运动,又能推动活塞向下运动,效率

就可以提高一倍。1782年,瓦特试制出了一种带有双向装置的新气缸,由此获得了他的第三项专利。通过这三次技术飞跃,纽科门蒸汽机完全演变为了瓦特蒸汽机。

蒸汽机推动了机械工业和社会的发展,有很大的历史作用。随着它的发展而建立的热力学和机构学为汽轮机和内燃机的发展奠定了基础;蒸汽机所采用的气缸、活塞、飞轮、飞锤调速器、阀门和密封件等,均是构成多种现代机械的基本元件。

在分析或设计机械时,为了确定某一构件的行程或确定机壳的轮廓,以及为了避免各构件互相碰撞等,必须确定机构某些点的运动轨迹。对于高速机械和重型机械,构件的惯性力往往极大,因此在进行强度计算或分析工作性能时,绝不能不考虑这些惯性力的影响。为了确定惯性力,则必须先进行机构的加速度分析。因此,进行机构的运动分析是十分必要的。

机构运动分析的方法很多,主要有图解法和解析法。当需要简捷直观地了解机构的某个或某几个位置的运动特性时,采用图解法比较方便,而且精度也能满足实际问题的要求。而当需要精确地知道机构在整个运动循环过程中的运动特性时,采用解析法并借助计算机,不仅可获得很高的计算精度及一系列位置的分析结果,并能绘出机构相应的运动线图,同时还可把机构分析和机构综合问题联系起来,以便于机构的优化设计。本章将对上述两种方法分别加以介绍,且仅限于研究平面机构的运动分析。在讨论中,不考虑引起机构运动的外力、构件弹性变形和运动副间隙对机构运动的影响,而仅仅研究在已知原动构件的运动规律时,如何确定机构其余构件上各点的轨迹、位移、速度和加速度,以及机构其余构件的位置、角位移、角速度和角加速度等运动参数。

3.1 用速度瞬心法作机构的速度分析

机构速度分析的图解法有速度瞬心法和矢量方程图解法两种。在仅需对机构做速度分析时,采用速度瞬心法往往十分方便,故下面对其加以介绍。

3.1.1 速度瞬心及其位置的确定

1. 速度瞬心

由理论力学可知,彼此做一般平面运动的两构件,任一瞬时都可以看作绕某一相对静止的重合点做相对运动,该点称为瞬时速度中心,简称瞬心。由此可见,瞬心即彼此做一般平面运动的两构件上的瞬时等速重合点或瞬时相对速度为零的重合点,因此又可称为瞬时同速重合点。若该重合点的绝对速度为零,则称之为绝对瞬心,否则称之为相对瞬心。常用符号 P_{ij} 表示构件 i 和构件 j 间的瞬心。

如图3-2所示,若 P_{12} 表示构件1、2的瞬心,则 P_{12} 既是构件1上的一点(P_1),又是构件2上的一点(P_2),且满足 $v_{P_1}=v_{P_2}$,即 P_1 点相对于 P_2 点的相对速度 $v_{P_1P_2}=0$。由于该瞬时两构件绕 P_{12} 做相对运动,故两构件上任一重合点的相对速度必须垂直于该重合点距瞬心 P_{12} 的矢径[例如,图3-2中重合点 $A_2(A_1)$ 有:$v_{A_1A_2}\perp\overline{P_{12}A_2}$,$v_{A_2A_1}=\omega_{21}\overline{P_{12}A_2}$]。

因为机构中每两个构件就有一个瞬心,所以由 n 个构件组成的机构,其总瞬心数为 N,根据排列组合的知识可知应有

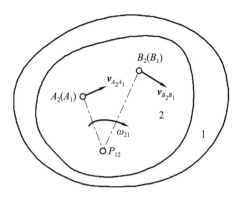

图 3-2　两构件的速度瞬心

$$N = \frac{n(n-1)}{2} \tag{3-1}$$

☞ 特别提示

速度瞬心具有瞬时性,不同时刻其位置可能不同。

2. 机构中瞬心位置的确定

如上所述,机构中每两个构件之间就有一个瞬心,如果两个构件是通过运动副而直接连接在一起,那么其瞬心位置可以很容易地通过直接观察加以确定。而如果两构件并非直接连接,则它们的瞬心的位置需要借助于所谓"三心定理"来确定,现分别介绍如下。

1)根据瞬心的概念确定瞬心的位置(概念法)

概念法用来确定通过运动副直接相连的两构件的瞬心。

(1)以转动副连接的两构件的瞬心如图 3-3(a)(b)所示,当两构件 1、2 以转动副连接时,则转动副的中心即为其瞬心 P_{12}。在图 3-3(a)(b)中的 P_{12} 分别为绝对瞬心和相对瞬心。

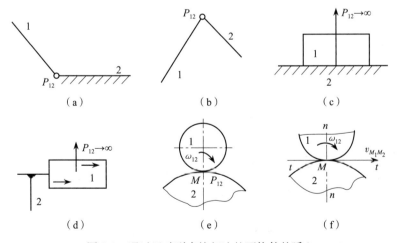

图 3-3　通过运动副直接相连的两构件的瞬心

(2)以移动副连接的两构件的瞬心如图 3-3(c)(d)所示,当两构件以移动副连接时,构件 1 相对于构件 2 移动的速度系平行于导路方向,因此瞬心 P_{12} 应位于移动副导路方向之垂线上的无穷远处。在图 3-3(c)(d)中的 P_{12} 分别为绝对瞬心和相对瞬心。

(3)以平面高副连接的两构件的瞬心如图 3-3(e)(f)所示,当两构件以平面高副连接时,如果高副两元素之间为纯滚动时(ω_{12} 为相对滚动的角速度),则两元素的接触点 M 即为两构件的瞬心 P_{12},如图 3-3(e)所示。如果高副两元素之间既做相对滚动,又有相对滑动($v_{M_1M_2}$ 为两元素接触点间的相对滑动速度),则不能直接定出两构件的瞬心 P_{12} 的位置,如图 3-3(f)所示。但是,因为构成高副的两构件必须保持接触,而且两构件在接触点 M 处的相对滑动速度必定沿着高副接触点处的公切线 tt 方向,由此可知,两构件的瞬心 P_{12} 必位于高副两元素在接触点处的公法线 nn 上。

2)利用三心定理确定瞬心的位置(三心定理法)

对于不通过运动副直接相连的两构件间的瞬心位置,可借助三心定理来确定。所谓三心定理,即彼此做平面运动的三个构件有三个速度瞬心,它们位于同一条直线上。因为只有三个瞬心位于同一直线上,才有可能满足瞬心为等速重合点的条件。

在图 3-4 所示的平面铰链四杆机构中,根据式(3-1)可知机构共有 6 个瞬心,其中 P_{12}、P_{23}、P_{34}、P_{14} 的位置可直观地加以确定,而其余两瞬心 P_{13}、P_{24} 则不能直观地予以确定。但根据三心定理,对于构件 1、2、3 来说,P_{13} 必在 P_{12} 及 P_{23} 的连线上,而对于构件 1、4、3 来说,P_{13} 又应在 P_{14} 及 P_{34} 的连线上,故上述两线的交点即为瞬心 P_{13}。同理,可求得瞬心 P_{24}。

又如图 3-5 所示平面高副机构(凸轮机构),根据式(3-1)可知该机构的总瞬心数为 3。P_{12} 在转动副的中心,P_{13} 在垂直导路的无穷远处。过高副两元素的接触点 K 作公法线 nn,P_{23} 应在公法线 nn 上。根据三心定理,过 P_{12} 作导路的垂线,其与 nn 的交点即 P_{23}。

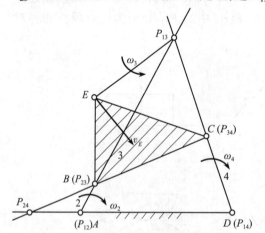

图 3-4 平面铰链四杆机构的速度瞬心

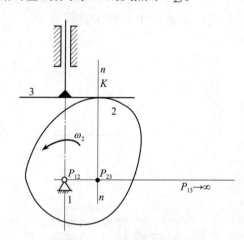

图 3-5 平面高副机构的速度瞬心

3.1.2 利用速度瞬心法进行机构的速度分析

下面举例说明根据速度瞬心的概念对机构进行速度分析的方法。

设已知图 3-4 所示机构各构件的尺寸,原动件 2 的角速度 ω_2,试求在图示位置时从动

4 的角速度 ω_4 和连杆 3 上点 E 的速度 v_E。

因为已确定的瞬心 P_{24} 为构件 2、4 的等速重合点,故有:

$$\omega_2\overline{P_{12}P_{24}}\mu_l=\omega_4\overline{P_{14}P_{24}}\mu_l$$

式中,μ_l 为机构的尺寸比例尺,它是构件的真实长度与图示长度之比,单位为 m/mm 或 mm/mm。

由上式可得

$$\omega_4=\omega_2\overline{P_{12}P_{24}}/\overline{P_{14}P_{24}}(\text{顺时针})$$

或

$$\omega_2/\omega_4=\overline{P_{14}P_{24}}/\overline{P_{12}P_{24}}$$

式中,ω_2/ω_4 为机构中原动件 2 与从动件 4 的瞬时角速度之比,称为机构的传动比或传递函数。由上式可见,该传动比等于这两构件的绝对瞬心至相对瞬心距离的反比。

👉 **特别提示**

相对瞬心 P_{24} 在两绝对瞬心 P_{12}、P_{14} 的延长线上时,ω_4 与 ω_2 同向;P_{24} 在 P_{12}、P_{14} 之间时,ω_4 与 ω_2 反向。

又因瞬心 P_{13} 为连杆 3 在图标位置的瞬时传动中心,故:

$$v_B=\omega_3\overline{P_{13}B}\mu_l=\omega_2\overline{P_{12}B}\mu_l$$

由此可得

$$\omega_3=\omega_2\overline{P_{12}B}/\overline{P_{13}B}$$

$$v_E=\omega_3\overline{P_{13}E}\mu_l(\text{方向垂直于}\,P_{13}E,\text{指向与}\,\omega_3\,\text{一致})$$

对于图 3-5 所示的凸轮机构,设已知各构件的尺寸及凸轮的角速度 ω_2,需求从动件 3 的移动速度 v。

该机构中,活动构件 2、3 分别与机架 1 的瞬心 P_{12}、P_{13} 为绝对瞬心,因为机架是静止的,P_{12}、P_{13} 处的绝对速度为零。两活动构件 2、3 的瞬心 P_{23} 为相对瞬心,即构件 2 和构件 3 在重合点 P_{23} 有相等的速度,故可得

$$v=v_{P_{23}}=\omega_2\overline{P_{12}P_{23}}\mu_l(\text{方向垂直向上})$$

通过上述例子可见,利用瞬心法对平面机构、特别是平面高副机构进行速度分析是十分方便的,但对构件数目繁多的复杂机构,由于瞬心数目很多,求解时就比较复杂,且作图时某些瞬心的位置往往会落在图纸范围之外,这将给求解带来困难。同时,速度瞬心法不能用于机构的加速度分析。

🔲 **知识链接**

两个做确定相对运动的构件在每一瞬时都有一个瞬心,分别将这两个构件上所有过瞬心的各点连成曲线即得到两条瞬心线。如图 3-6 所示,曲线 $\alpha\alpha$ 和 $\beta\beta$ 就是瞬心 P_{13} 分别在构件 3 与构件 1 上形成的两条瞬心线。因构件 1 为固定机架,该瞬心线 $\beta\beta$ 又称为定瞬心线,构件 3 为运动连杆,故瞬心线 $\alpha\alpha$ 又称为动瞬心线。由瞬心的定义可知,机构在运动时,动瞬心线将沿着定瞬心线做无滑动的纯滚动。由此可见,就实现连杆 3 的一般平面运动而言,原铰链四杆机构完全可以用这两瞬心线为高副元素的两构件的高副机构替代。因此,利用瞬心线可进行高副机构与低副机构之间的运动等效变换。

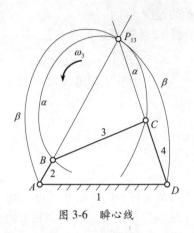

图 3-6 瞬心线

3.2 用矢量方程图解法作机构的速度与加速度分析

矢量方程图解法又称相对运动图解法,其所依据的基本原理是理论力学中的运动合成原理。在对机构进行速度和加速度分析时,首先要根据运动合成原理列出机构运动的矢量方程,然后再按方程作图求解。下面就在机构运动分析中常遇到的两种不同的情况,说明矢量方程图解法的具体做法。

3.2.1 利用同一构件上两点间的运动矢量方程图解分析

在图 3-7(a)所示的平面四杆机构中,设已知各构件尺寸及原动件 1 的运动规律,即已知 B 点的速度 $\boldsymbol{v}_B$ 和加速度 $\boldsymbol{a}_B$。现要求连杆 2(BEC 整体看作连杆 2)的角速度 ω_2 及角加速度 α_2 和连杆 2 上 C 点的速度 $\boldsymbol{v}_C$ 及加速度 $\boldsymbol{a}_C$。现将用矢量方程图解法求解的基本原理和做法介绍如下:

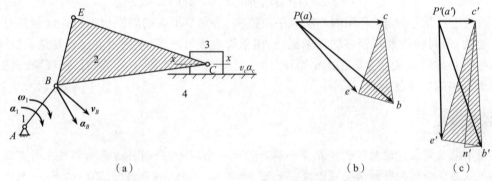

(a)   (b)   (c)

图 3-7 同一构件上两点间运动矢量图解分析

1. 列出机构的运动矢量方程

为了求 ω_2 及 α_2,需先求出 C 点的速度 $\boldsymbol{v}_C$ 及加速度 $\boldsymbol{a}_C$。由运动合成原理可知,连杆 2 上 C 点的运动可认为是随基点 B 做平动与绕基点 B 做相对转动的合成,故有:

$$\boldsymbol{v}_C = \boldsymbol{v}_B + \boldsymbol{v}_{CB} \tag{3-2}$$

$$\boldsymbol{a}_C = \boldsymbol{a}_B + \boldsymbol{a}_{CB}^{\mathrm{n}} + \boldsymbol{a}_{CB}^{\mathrm{t}} \tag{3-3}$$

式中,$\boldsymbol{v}_{CB}$、$\boldsymbol{a}_{CB}^{\mathrm{n}}$、$\boldsymbol{a}_{CB}^{\mathrm{t}}$ 分别为 C 点相对于 B 点的相对速度、相对法向加速度和相对切向加速度。它们的大小和方向分别为:$v_{CB} = \omega_2 l_{BC}$(l_{BC} 为 B、C 两点之间的实际距离),方向与 BC 连线垂直,指向与 ω_2 的转向一致;$a_{CB}^{\mathrm{n}} = \omega_2^2 l_{BC}$,方向沿 CB,并由 C 点指向 B 点;$a_{CB}^{\mathrm{t}} = \alpha_2 l_{CB}$,方向与 BC 垂直,指向与 α_2 的转向一致。

由于 B 点的速度 $\boldsymbol{v}_B$ 和加速度 $\boldsymbol{a}_B$ 已知,$\boldsymbol{v}_{CB}$、$\boldsymbol{v}_C$ 和 $\boldsymbol{a}_{CB}^{\mathrm{t}}$、$\boldsymbol{a}_C$ 的方向为已知,仅大小未知,而 $\boldsymbol{a}_{CB}^{\mathrm{n}}$ 在对机构做速度分析之后也为已知。故式(3-2)和式(3-3)中各仅有两个未知数,可用作图法求解。

2. 选取适当比例尺按方程作图求解

在用图解法作机构的运动分析时,不仅要选取适当的尺寸比例尺 μ_l(单位:m/mm),按给定的原动件位置准确作出机构的运动简图,而且还必须选取适当的速度比例尺 μ_v[即图中每单位长度所代表的速度大小,单位:$(\mathrm{m \cdot s^{-1}})$/mm] 和加速度比例尺 μ_a[单位:$(\mathrm{m \cdot s^{-2}})$/mm],并依次分别按所列出的矢量方程对机构的速度及加速度作图求解。具体作图求解过程如下。

速度分析如图 3-7(b)所示,由任一点 P 作代表 $\boldsymbol{v}_B$ 的矢量 $\overrightarrow{Pb}$($/\!/v_B$,且 $\overline{Pb} = v_B/\mu_v$);再分别过 b 点和 P 点作代表的 $\boldsymbol{v}_{CB}$ 的方向线 bc($\perp BC$)和代表的 $\boldsymbol{v}_C$ 的方向线 Pc($/\!/xx$),两者交于 c 点,则 $\boldsymbol{v}_C = \mu_v \overrightarrow{Pc}$,$\boldsymbol{v}_{CB} = \mu_v \overrightarrow{bc}$。连杆 2 的角速度 $\omega_2 = v_{CB}/l_{BC} = \mu_v \overline{cb}/(\mu_l \overline{BC})$,其方向可如下确定:将代表 $\boldsymbol{v}_{CB}$ 的矢量 $\overrightarrow{bc}$ 平移至机构图上的 C 点,其绕 B 点的转向即为 ω_2 的方向(逆时针)。

加速度分析如图 3-7(c)所示,从任一点 P' 作代表 $\boldsymbol{a}_B$ 的矢量 $\overrightarrow{P'b'}$($/\!/a_B$,且 $\overline{P'b'} = a_B/\mu_a$);过 b' 点作代表 $\boldsymbol{a}_{CB}^{\mathrm{n}}$ 的矢量 $\overrightarrow{b'n'}$($/\!/BC$,方向由 C 指向 B,且 $\overline{b'n'} = a_B/\mu_a$);再过 n' 作代表 a_{CB}^{t} 的方向线 $n'c'$($\perp BC$);最后过 P' 作代表 $\boldsymbol{a}_C$ 的方向线($/\!/xx$),其与方向线 $n'c'$ 交于 c' 点,则得 $\boldsymbol{a}_C = \mu_a \overrightarrow{P'c'}$。连杆 2 的角加速度 $\alpha_2 = a_{CB}^{\mathrm{t}}/l_{BC} = \mu_a \overline{n'c'}/(\mu_l \overline{BC})$,其方向可如下确定:将代表 $\boldsymbol{a}_{CB}^{\mathrm{t}}$ 的矢量 $\overrightarrow{n'c'}$ 平移至机构图上的 C 点,其绕 B 点的转向即为 α_2 的方向(逆时针)。

图 3-7(b)(c)所示图形分别称为机构的速度多边形(或速度图)和加速度多边形(或加速度图),P 和 P' 点分别称为机构的速度多边形的极点和加速度多边形的极点。在速度多边形和加速度多边形中,由极点向外放射的矢量,代表构件上相应点的绝对速度或绝对加速度,例如 $\overrightarrow{bc}$ 和 $\overrightarrow{b'c'}$ 分别代表 $\boldsymbol{v}_{CB}$ 和 $\boldsymbol{a}_{CB}$,它们的方向分别是由 b 指向 c 和由 b' 指向 c'。而相对加速度又可分解为法向加速度和切向加速度。

现在再来研究连杆 2 上任一点 E 的速度 $\boldsymbol{v}_E$ 和加速度 $\boldsymbol{a}_E$ 的图解问题。因连杆 2 上 B、C 两点的速度为已知,故 E 点的速度 $\boldsymbol{v}_E$ 可利用 E 与 B、C 之间的速度关系,列出矢量方程 $\boldsymbol{v}_E = \boldsymbol{v}_B + \boldsymbol{v}_{EB} = \boldsymbol{v}_C + \boldsymbol{v}_{EC}$,再进行作图求解。如图 3-7(b)所示,分别过点 b、c 作 $\boldsymbol{v}_{EB}$ 的方向线 be($\perp BE$)和 $\boldsymbol{v}_{EC}$ 的方向线 ce($\perp CE$),两者相交于 e 点,则 $\overrightarrow{Pe}$ 代表 $\boldsymbol{v}_E$。由于 $\triangle bce$ 与 $\triangle BCE$ 的对应边相互垂直,故两者相似,且其角标字母的顺序方向也一致。所以,将速度图形 bce 称为构件图形 BCE 的速度影像。

由此可知,当已知一构件上两点的速度时,则该构件上其他任一点的速度便可利用速度影像原理求出。如图 3-7(b)所示,当 bc 作出后,以 bc 为边作△bce ∽ △BCE,且两者角标字母的顺序方向一致,即可求得 e 点和 v_E,而不需再列矢量方程求解。

在加速度关系中也存在和速度影像原理一致的加速度影像原理。因此,欲求 E 点的加速度a_E,可以 b'c' 为边作△b'c'e' ∽ △B'C'E'[图 3-7(c)],且其角标字母的顺序方向一致,即可求得 e' 点和a_E。

这里需要强调说明的是,速度影像和加速度影像原理只适用于构件(即构件的速度图及加速度图与其几何形状是相似的),而不适用于整个机构。不难看出,图 3-7(a)(b)(c)三图总体上并不相似。

3.2.2 利用两构件重合点间的运动矢量方程图解分析

与前一种情况不同,此处所研究的是以移动副相连的两转动构件上的重合点间的速度及加速度之间的关系,因而所列出的机构的运动矢量方程也有所不同,但作法却基本相似。下面举例加以说明。

实例 3-1 图 3-8(a)所示为一平面四杆机构。设已知各构件的尺寸为:$l_{AB}=24$ mm,$l_{AD}=78$ mm,$l_{CD}=48$ mm,$\gamma=100°$;并知原动件 1 以等角速度 $\omega_1=10$ rad/s 沿逆时针方向回转。试用图解法求机构在 $\varphi_1=60°$ 时构件 2、3 的角速度和角加速度。

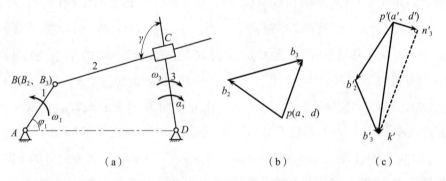

图 3-8 两构件重合点间运动矢量图解分析

解:(1)作机构运动简图

选取尺寸比例尺 $\mu_l=0.001$ m/mm,按 $\varphi_1=60°$ 准确作出机构运动简图[图 3-8(a)]。

(2)作速度分析

根据已知条件,速度分析应由 B 点开始,并取重合点 B_3 及 B_2 进行求解。

☞ **特别提示**

取 B_2、B_3 为重合点进行运动分析,是因为 B_2 的速度和加速度很容易求得,求解最简便。以其他点为重合点来求解,就很麻烦。

已知 B_2 点的速度:
$$v_{B_2}=v_{B_1}=\omega_1 l_{AB}=10×0.024 \text{ m/s}$$
其方向垂直于 AB,指向与 ω_1 的转向一致。

为求 ω_3,需先求得构件 3 上任一点的速度。因构件 3 与构件 2 组成移动副,故可由两构

件上重合点间的速度关系来求解。由运动合成原理可知,重合点 B_3 及 B_2 有:

$$\boldsymbol{v}_{B_3} = \boldsymbol{v}_{B_2} + \boldsymbol{v}_{B_3B_2} \tag{3-4}$$

方向：$\perp BD$　$\perp AB$　$//BC$

大小：　?　　√　　?

式中仅有两个未知量,故可用作图法求解。取速度比例尺 $\mu_v = 0.01(\text{m/s})/\text{mm}$,并取点 p 作为速度图极点,作其速度图如图 3-8(b)所示,于是得

$$\omega_3 = v_{B_3}/l_{BD} = \mu_v \overline{pb_3}/(\mu_l \overline{BD}) = 0.01 \times 27/(0.001 \times 69)\,\text{rad/s} = 3.91\,\text{rad/s （顺时针）}$$

而 $\omega_2 = \omega_3$。

☞ **特别提示**

构件 2 和构件 3 之间的相对运动关系只有相对平动,没有相对转动,故 $\omega_2 = \omega_3$。

（3）作加速度分析

加速度分析的步骤与速度分析相同,也应从 B 点开始,且已知 B 点仅有法向加速度,即

$$a_{B_2} = a_{B_1} = a_{B_2}^n = \omega^2 l_{AB} = 10^2 \times 0.024\,\text{m/s}^2$$

其方向沿 AB,并由 B 指向 A。

点 B_3 的加速度 $\boldsymbol{a}_{B_3}$ 由两构件上重合点间的加速度关系可知,有:

$$\boldsymbol{a}_{B_3} = \boldsymbol{a}_{B_3D}^n + \boldsymbol{a}_{B_3D}^t = \boldsymbol{a}_{B_2} + \boldsymbol{a}_{B_3B_2}^k + \boldsymbol{a}_{B_3B_2}^r \tag{3-5}$$

方向：$B \to D$　$\perp BD$　$B \to A$　$\perp BC$　$//BC$

大小：　√　　?　　√　　√　　?

式中 $\boldsymbol{a}_{B_3B_2}^k$ 为 B_3 点相对于 B_2 点的科氏加速度,其大小为 $a_{B_3B_2}^k = 2\omega_2 v_{B_3B_2} = 2\omega_2 \mu_v \overline{b_2b_3} = 2 \times 3.91 \times 0.01 \times 32\,\text{m/s}^2 = 2.5\,\text{m/s}^2$,其方向为将相对速度 v_{B3B2} 沿牵连构件 2 的角速度 ω_2 的方向转过 $90°$ 之后的方向。而 $\boldsymbol{a}_{B_3D}^n$ 的大小为 $a_{B_3}^n = \omega_3^2 l_{BD} = \omega_3^2 \mu_l \overline{BD} = 3.91^2 \times 0.001 \times 69\,\text{m/s}^2 = 1.05\,\text{m/s}^2$。

式(3-5)仅有两个未知量,故可用图解法求得。选取加速度比例尺 $v_a = 0.1(\text{m/s}^2)/\text{mm}$,并取 p' 点为加速度图极点,按式(3-5)依次作其加速度图如图 3-8(c)所示,于是得

$$\alpha_3 = a_{B_3D}^t/l_{BD} = \mu_a \overline{n'_3 b'_3}/\mu_l \overline{BD} = 0.1 \times 43/(0.001 \times 69)\,\text{rad/s}^2 = 62.3\,\text{rad/s}^2（逆时针）$$

而 $\alpha_2 = \alpha_3$。

对于含高副的机构,为了简化其运动分析,常将其高副用低副代替后再作运动分析。但必须注意,此替代机构为瞬时替代,因此对机构不同位置进行运动分析,均需做出相应的瞬时替代机构。有关高副低代的问题可参考相关文献。

知识链接

对某些结构比较复杂的机构,如果单纯运用瞬心法或矢量方程图解法对其进行速度分析显得比较复杂和困难,但是如果综合运用上述两种方法进行求解,则往往比较简单。

（1）图 3-9(a)所示为一齿轮—连杆组合机构,其中,主动齿轮 2 以角速度 ω_2 绕固定轴线 O 顺时针转动,从而使齿轮 3 在固定不动的内齿轮 1 上滚动,在齿轮 3 上的 B 点用铰链与连杆 5 连接。设已知各构件尺寸,求图示处瞬时 ω_6 为多少?

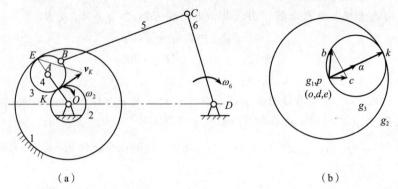

（a）   （b）

图 3-9　齿轮—连杆组合机构的速度分析

解：由图可见，欲求 ω_6 需先求出 v_B。又由瞬心的定义知，E 点为齿轮 1、3 的绝对瞬心 P_{13}，K 点为齿轮 2、3 的相对瞬心 P_{23}。而 $v_K = \omega_2 l_{OK}$，v_K 垂直于 OK，指向与 ω_2 的转向一致。

因齿轮 3 上 E、K 两点的速度已知，可用速度影像原理求得 v_B，再由矢量方程

$$v_C = v_B + v_{CB}$$

求得 v_C，则：

$$\omega_6 = v_C/l_{CD} = \mu_v \overline{pc}/l_{CD}（顺时针）$$

齿轮 1、2、3 的速度影像见图 3-9（b）。由于齿轮 1 固定不动，其上各点的速度均为零，故它的速度影像缩为在极点 p 处的一点（即点圆 g_1）；对于齿轮 3 来说，由于 $\overline{KE}$ 为其直径，故作以 $\overline{ek}$ 为直径的圆 g_3 即为其影像；同理，以 p 为圆心，以 $\overline{pk}$ 为半径的圆 g_2 则为齿轮 2 的影像。比较图 3-9（a）（b），可以明显看出整个机构与速度图无影像关系。

（2）图 3-10（a）所示为一摇动筛的机构运动简图，该机构为一种结构比较复杂的六杆机构。设已知各构件尺寸及原动件 2 的角速度 ω_2，需做出机构在图示位置时的速度多边形。

解：根据题设，求解的关键应先求出 v_C，而为此可列出下列一系列矢量方程：$v_C = v_B + v_{CB}$，$v_C = v_D + v_{CD}$，$v_C = v_E + v_{CE}$。在这些方程中，无论哪一个或它们的联立式的未知数均超过两个，故无法用图解法求解。为了解决此困难，可利用瞬心 P_{14} 先定出 v_C 的方向。根据三心定理，构件 4 的绝对瞬心 P_{14} 应位于 GD 和 EF 两延长线的交点处。而 v_C 的方向应垂直于 $P_{14}C$。v_C 的方向定出后，其余的求解过程就很简单了，作出的速度多边形如图 3-10（b）所示。

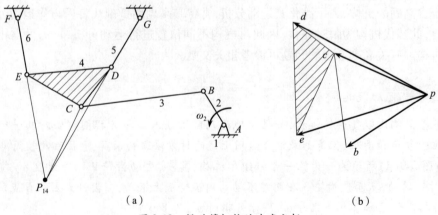

（a）   （b）

图 3-10　摇动筛机构的速度分析

3.3　用解析法作机构的运动分析

用解析法进行机构的运动分析,应首先建立机构的位置方程式,然后将位置方程式对时间求一次和二次导数,即可求得机构的速度和加速度方程,进而解出所需位移、速度及加速度,完成机构的运动分析。由于在建立和推导机构的位置、速度和加速度方程时所采用的数学工具不同,所以解析法有很多种。复数矢量法和矩阵法是两种比较容易掌握且便于应用计算机计算求解的方法。复数矢量法不仅可对任何机构包括较复杂的连杆机构进行运动分析和动力分析,而且可用来进行机构的综合,并可利用计算器或计算机进行求解。而矩阵法则可方便地运用标准计算程序或方程求解器等软件包来求解,但需借助于计算机。这两种方法对机构作运动分析时,均需先列出机构的封闭矢量方程式,故对此先加以介绍。

🖐 **特别提示**

用复数符号表示平面矢量,如 $R=R\angle\theta$,它既可写成极坐标形式 $Re^{i\theta}$,又可写成直角坐标形式 $R\cos\theta+iR\sin\theta$。可利用欧拉公式 $e^{\pm i\theta}=\cos\theta\pm i\sin\theta$ 方便地在上述两种表示形式之间进行变换。此外,它的导数就是其自身,即 $de^{i\theta}/d\theta=ie^{i\theta}$,故对其微分或积分运算十分便利。

3.3.1　机构的封闭矢量位置方程式

在用矢量法建立机构的位置方程时,需将构件用矢量来表示,并作出机构的封闭矢量多边形。如图 3-11 所示,先建立一直角坐标系。设构件 1 的长度为 l_1,其方位角为 θ_1,l_1 为构件 1 的杆矢量,即 $l_1=\overrightarrow{AB}$。机构中其余构件均可表示为相应的杆矢量,这样就形成由各杆矢量组成的一个封闭矢量多边形,即 ABCDA。在这个封闭矢量多边形中,其各矢量之和必等于零,即

$$l_1+l_2-l_3-l_4=0 \qquad\qquad (3-6)$$

式(3-6)为图 3-11 所示四杆机构的封闭矢量位置方程式。对于一个特定的四杆机构,其各构件的长度和原动件 1 的运动规律,即 θ_1 为已知,而 $\theta_4=0$,故由此矢量方程可求得两个未知方位角 θ_2 及 θ_3。

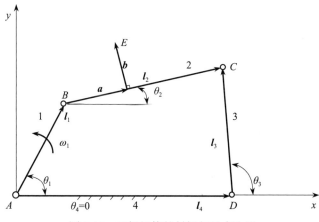

图 3-11　四杆机构的封闭矢量多边形

各杆矢量的方向可自由确定,但各杆矢量的方位角 θ 均应由 x 轴开始,并以沿逆时针方向计量为正。

由上述分析可知,对于一个四杆机构,只需做出一个封闭矢量多边形即可求解。而对四杆以上的多杆机构,则需要做出一个以上的封闭矢量多边形才能求解。

3.3.2 复数矢量法

现在以图 3-11 所示的四杆机构为例来说明利用复数矢量法作平面机构运动分析的方法。

设已知各构件的尺寸及原动件 1 的方位角 θ_1 和等角速度 ω_1,需要对其位置、速度和加速度进行分析。

如前所述,为了对机构进行运动分析,先要建立坐标系,并将各构件表示为杆矢量。

1. 位置分析

将机构封闭矢量方程式(3-6)改写并表示为复数矢量形式:

$$l_1 e^{i\theta_1} + l_2 e^{i\theta_2} = l_4 + l_3 e^{i\theta_3} \tag{3-7}$$

应用欧拉公式 $e^{i\theta} = \cos\theta + i\sin\theta$ 将式(3-7)的实部和虚部分离,得

$$\begin{cases} l_1\cos\theta_1 + l_2\cos\theta_2 = l_4 + l_3\cos\theta_3 \\ l_1\sin\theta_1 + l_2\sin\theta_2 = l_3\sin\theta_3 \end{cases} \tag{3-8}$$

由此方程组可求得未知方位角 θ_2、θ_3。

当要求解 θ_3 时,应将 θ_2 消去,为此可先将式(3-8)两分式左端含 θ_1 的项移到等式右端,然后分别将两端平方并相加,可得

$$l_2^2 = l_3^2 + l_4^2 + l_1^2 - 2l_3l_4\cos\theta_3 - 2l_1l_3\cos(\theta_3-\theta_1) - 2l_1l_4\cos\theta_1$$

经整理并可简化为

$$A\sin\theta_3 + B\cos\theta_3 + C = 0 \tag{3-9}$$

式中,$A = 2l_1l_3\sin\theta_1$;$B = 2l_3(l_1\cos\theta_1 - l_4)$;$C = l_2^2 - l_1^2 - l_3^2 - l_4^2 + 2l_1l_4\cos\theta_1$,解之可得

$$\tan(\theta_3/2) = (A \pm \sqrt{A^2+B^2-C^2})/(B-C) \tag{3-10}$$

在求得了 θ_3 之后,可利用式(3-8)求得 θ_2。式(3-10)有两个解,可根据机构的初始安装情况和机构运动的连续性来确定式中"±"号的选取。

2. 速度分析

将式(3-7)对时间 t 求导,可得

$$il_1\theta_1 e^{i\theta_1} + il_2\theta_2 e^{i\theta_2} = il_3\theta_3 e^{i\theta_3}$$

即

$$l_1\omega_1 e^{i\theta_1} + l_2\omega_2 e^{i\theta_2} = l_3\omega_3 e^{i\theta_3} \tag{3-11}$$

式(3-11)为 $\boldsymbol{v}_B + \boldsymbol{v}_{CB} = \boldsymbol{v}_C$ 的复数矢量表达式。将式(3-11)的实部和虚部分离,有:

$$l_1\omega_1\cos\theta_1 + l_2\omega_2\cos\theta_2 = l_3\omega_3\cos\theta_3$$
$$l_1\omega_1\sin\theta_1 + l_2\omega_2\sin\theta_2 = l_3\omega_3\sin\theta_3$$

联解上两式可求得两个未知角速度 ω_2、ω_3,即

$$\omega_3 = \omega_1 l_1\sin(\theta_1-\theta_2)/[l_3\sin(\theta_3-\theta_2)] \tag{3-12}$$

$$\omega_2 = -\omega_1 l_1 \sin(\theta_1 - \theta_3) / [l_2 \sin(\theta_2 - \theta_3)] \tag{3-13}$$

3. 加速度分析

将式(3-11)对时间 t 求导,可得

$$\mathrm{i}l_1\omega_1^2 \mathrm{e}^{\mathrm{i}\theta_1} + l_2\alpha_2 \mathrm{e}^{\mathrm{i}\theta_2} + \mathrm{i}l_2\omega_2^2 \mathrm{e}^{\mathrm{i}\theta_2} = l_3\alpha_3 \mathrm{e}^{\mathrm{i}\theta_3} + \mathrm{i}l_3\omega_3^2 \mathrm{e}^{\mathrm{i}\theta_3} \tag{3-14}$$

式(3-14)为 $\boldsymbol{a}_B + \boldsymbol{a}_{CB}^t + \boldsymbol{a}_{CB}^n = \boldsymbol{a}_C^t + \boldsymbol{a}_C^n$ 的复数矢量表达式。将式(3-14)的实部和虚部分离,有:

$$l_1\omega_1^2\cos\theta_1 + l_2\alpha_2\sin\theta_2 + l_2\omega_2^2\cos\theta_2 = l_3\alpha_3\sin\theta_3 + l_3\omega_3^2\cos\theta_3$$

$$-l_1\omega_1^2\sin\theta_1 + l_2\alpha_2\cos\theta_2 - l_2\omega_2^2\sin\theta_2 = l_3\alpha_3\cos\theta_3 - l_3\omega_3^2\sin\theta_3$$

联解上两式即可求得两个未知的角加速度 α_2、α_3,即

$$\alpha_3 = \frac{\omega_1^2 l_1 \cos(\theta_1 - \theta_2) + \omega_2^2 l_2 - \omega_3^2 l_3 \cos(\theta_3 - \theta_2)}{l_3 \sin(\theta_3 - \theta_2)} \tag{3-15}$$

$$\alpha_2 = \frac{-\omega_1^2 l_1 \cos(\theta_1 - \theta_3) - \omega_2^2 l_2 \cos(\theta_2 - \theta_3) + \omega_3^2 l_3}{l_3 \sin(\theta_2 - \theta_3)} \tag{3-16}$$

现在讨论图 3-11 所示四杆机构中连杆 2 上任一点 E 的速度和加速度的求解方法。当机构中所有构件的角位移、角速度和角加速度求出后,则该机构中任何构件上的任意点的速度及加速度就很容易求得。设连杆上任一点 E 在其上的位置矢量为 $\boldsymbol{a}$ 及 $\boldsymbol{b}$,E 点在坐标系 Axy 中的绝对位置矢量为 $\boldsymbol{l}_E = \overrightarrow{AE}$,则

$$\boldsymbol{l}_E = \boldsymbol{l}_1 + \boldsymbol{a} + \boldsymbol{b}$$

即

$$\boldsymbol{l}_E = l_1 \mathrm{e}^{\mathrm{i}\theta_1} + a\mathrm{e}^{\mathrm{i}\theta_2} + b\mathrm{e}^{\mathrm{i}(\theta_2 + 90°)} \tag{3-17}$$

将式(3-17)对时间 t 分别求一次和二次导数,并经变换整理可得 $\boldsymbol{v}_E$ 和 $\boldsymbol{a}_E$ 的矢量表达式,即

$$\boldsymbol{v}_E = -[\omega_1 l_1 \sin\theta_1 + \omega_2(a\sin\theta_2 + b\cos\theta_2)] + \mathrm{i}[\omega_1 l_1 \cos\theta_1 + \omega_2(a\cos\theta_2 - b\sin\theta_2)] \tag{3-18}$$

$$\boldsymbol{a}_E = -[\omega_1^2 l_1 \cos\theta_1 + \alpha_2(a\sin\theta_2 + b\cos\theta_2) + \omega_2^2(a\cos\theta_2 - b\sin\theta_2)]$$
$$+ \mathrm{i}[-\omega_1^2 l_1 \sin\theta_1 + \alpha_2(a\cos\theta_2 - b\sin\theta_2) - \omega_2^2(a\sin\theta_2 + b\cos\theta_2)] \tag{3-19}$$

实例 3-2 试用复数矢量法求实例 3-1 所给四杆机构中各从动件的方位角、角速度和角加速度。

解:先建立一直角坐标系,并标出各杆矢量及方位角,如图 3-12 所示。由机构的结构可知,$\theta_2 = \theta_3 + \gamma$。故此机构有两个未知量 s_2 及 θ_3,其中,$s_2 = \overline{CB}$ 为一个变量。

(1)位置分析

由矢量封闭图形 $ABCD$ 可得封闭矢量方程为

$$\boldsymbol{s}_2 + \boldsymbol{l}_3 + \boldsymbol{l}_4 = \boldsymbol{l}_1 \tag{a}$$

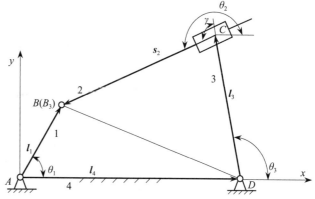

图 3-12 平面四杆机构封闭矢量多边形

即 $\qquad s_2 e^{i\theta_2} + l_3 e^{i\theta_3} + l_4 = l_1 e^{i\theta_1}$ （b）

应用欧拉公式 $e^{\pm i\theta} = \cos\theta \pm i\sin\theta$，将式（b）的实部与虚部分离，得

$$s_2\cos\theta_2 + l_3\cos\theta_3 = l_1\cos\theta_1 - l_4 \qquad (c)$$

$$s_2\sin\theta_2 + l_3\sin\theta_3 = l_1\sin\theta_1 \qquad (d)$$

式中仅有两个未知量，可联立求解。由式（d）可得

$$s_2 = (l\sin\theta_1 - l_3\sin\theta_3)/\sin\theta_2 \qquad (e)$$

将式（e）带入式（c），再将 $\theta_2 = \theta_3 + \gamma$ 代入，经整理并简化为

$$A\sin\theta_3 + B\cos\theta_3 + C = 0$$

式中：$A = l_1\sin\theta_1\sin\gamma + (l_1\cos\theta_1 - l_4)\cos\gamma$；

$\qquad B = -l_1\sin\theta_1\cos\gamma + (l_1\cos\theta_1 - l_4)\sin\gamma$；

$\qquad C = -l_3\sin\gamma$。

解之可得

$$\tan(\theta_3/2) = (A \pm \sqrt{A^2 + B^2 - C^2})/(B - C) \qquad (f)$$

在求得了 θ_3 后，可由 $\theta_2 = \theta_3 + \gamma$ 求得 θ_2，最后由式（e）可求得 s_2。

（2）速度分析

将式（d）对时间 t 求导可得

$$\dot{s}_2 e^{i\theta_2} + i s_2\omega_2 e^{i\theta_2} + i l_3\omega_3 e^{i\theta_3} = i l_1\omega_1 e^{i\theta_1} \qquad (g)$$

因 $\omega_2 = \omega_3$，故式（g）仅有两个未知量 $\dot{s}_2$ 及 ω_3。将式（g）中的实部和虚部分开，可得

$$-\dot{s}_2\cos\theta_2 + s_2\omega_3\sin\theta_2 + l_3\omega_3\sin\theta_3 = l_1\omega_1\sin\theta_1$$

$$\dot{s}_2\sin\theta_2 + s_2\omega_3\cos\theta_2 + l_3\omega_3\cos\theta_3 = l_1\omega_1\cos\theta_1$$

联解两式可得

$$\dot{s}_2 = [-l_1\omega_1\sin\theta_1 + \omega_3(s_2\sin\theta_2 + l_3\sin\theta_3)]/\cos\theta_2$$

$$\omega_2 = \omega_3 = l_1\omega_1\cos(\theta_1 - \theta_2)/[s_2 + l_3\cos(\theta_3 - \theta_2)] = l_1\omega_1\cos(\theta_1 - \theta_2)/(s_2 + l_3\cos\gamma)$$

（3）加速度分析

将式（d）对时间 t 求导可得

$$\ddot{s}_2 e^{i\theta_2} + 2i\dot{s}_2\omega_2 e^{i\theta_2} + i s_2\alpha_2 e^{i\theta_2} - s_2\omega_2^2 e^{i\theta_2} + i l_3\alpha_2 e^{i\theta_3} - l_3\omega_3^2 e^{i\theta_3} = -l_1\omega_1^2 e^{i\theta_1} \qquad (h)$$

其中，$\omega_2 = \omega_3$，$\alpha_2 = \alpha_3$，故式（h）仅有 $\ddot{s}_2$ 及 α_3 两个未知量。将式（h）的实部和虚部分离可得

$$s_2\alpha_3\sin\theta_2 + s_2\omega_2^2\cos\theta_2 + 2\dot{s}_2\omega_2\sin\theta_2 - \ddot{s}_2\cos\theta_2 + l_3\alpha_3\sin\theta_3 + l_3\omega_3^2\cos\theta_3 = l_1\omega_1^2\cos\theta_1$$

$$-s_2\alpha_3\cos\theta_2 + s_2\omega_2^2\sin\theta_2 - 2\dot{s}_2\omega_2\cos\theta_2 - \ddot{s}_2\sin\theta_2 - l_3\alpha_3\cos\theta_3 + l_3\omega_3^2\sin\theta_3 = l_1\omega_1^2\sin\theta_1$$

联解求得

$$\ddot{s}_2 = \frac{\{l_1\omega_1^2[s_2\cos(\theta_2 - \theta_1) + l_3\cos(\theta_3 - \theta_1)] + 2\dot{s}_2 l_3\omega_3\sin(\theta_3 - \theta_2) - \omega_3^2[s_2^2 + l_3^2 + 2s_2 l_3\cos(\theta_3 - \theta_2)]\}}{\dot{s}_2 + l_2\cos(\theta_2 - \theta_3)}$$

$$\alpha_3 = \frac{l_1\omega_1^2\sin(\theta_2 - \theta_1) + l_3\omega_3^2\sin(\theta_3 - \theta_2) - 2\dot{s}_2\omega_3}{s_2 + l_3\cos(\theta_2 - \theta_3)}$$

3.3.3　矩阵法

仍以图 3-12 所示四杆机构为例,已知条件同前,现用矩阵法求解如下:

1. 位置分析

将机构的封闭矢量方程式(3-7)写成在两坐标上的投影式,并改写成方程左边仅含未知量项的形式,即得

$$\begin{cases} l_2\cos\theta_2 - l_3\cos\theta_3 = l_4 - l_1\cos\theta_1 \\ l_2\sin\theta_2 - l_3\sin\theta_3 = -l_1\sin\theta_1 \end{cases} \tag{3-20}$$

解此方程即可得二未知方位角 θ_2、θ_3。

2. 速度分析

将式(3-20)对时间取一次导数,可得

$$\begin{cases} -l_2\omega_2\sin\theta_2 + l_3\omega_3\sin\theta_3 = \omega_1 l_1\sin\theta_1 \\ l_2\omega_2\cos\theta_2 - l_3\omega_3\cos\theta_3 = -\omega_1 l_1\cos\theta_1 \end{cases} \tag{3-21}$$

解之可求得 ω_2、ω_3。式(3-21)可写成矩阵形式:

$$\begin{bmatrix} -l_2\sin\theta_2 & l_3\sin\theta_3 \\ l_2\cos\theta_2 & -l_3\cos\theta_3 \end{bmatrix}\begin{bmatrix} \omega_2 \\ \omega_3 \end{bmatrix} = \omega_1\begin{bmatrix} l_1\sin\theta_1 \\ -l_1\cos\theta_1 \end{bmatrix} \tag{3-22}$$

3. 加速度分析

将式(3-22)对时间取导,可得加速度关系:

$$\begin{bmatrix} -l_2\sin\theta_2 & l_3\sin\theta_3 \\ l_2\cos\theta_2 & -l_3\cos\theta_3 \end{bmatrix}\begin{bmatrix} \alpha_2 \\ \alpha_3 \end{bmatrix} = -\begin{bmatrix} -\omega_2 l_2\cos\theta_2 & \omega_3 l_3\cos\theta_3 \\ -\omega_2 l_2\sin\theta_2 & \omega_3 l_3\sin\theta_3 \end{bmatrix}\begin{bmatrix} \omega_2 \\ \omega_3 \end{bmatrix} + \omega_1\begin{bmatrix} \omega_1 l_1\cos\theta_1 \\ \omega_1 l_1\sin\theta_1 \end{bmatrix} \tag{3-23}$$

由式(3-23)可解得 α_2、α_3。

若还需求连杆上任一点 E 的位置、速度和加速度时,可由下列各式直接求得

$$\begin{cases} x_E = l_1\cos\theta_1 + a\cos\theta_2 + b\cos(90°+\theta_2) \\ y_E = l_1\sin\theta_1 + a\sin\theta_2 + b\sin(90°+\theta_2) \end{cases} \tag{3-24}$$

$$\begin{bmatrix} v_{Px} \\ v_{Py} \end{bmatrix} = \begin{bmatrix} \dot{x}_E \\ \dot{y}_E \end{bmatrix} = \begin{bmatrix} -l_1\sin\theta_1 & -a\sin\theta_2 - b\sin(90°+\theta_2) \\ l_1\cos\theta_1 & a\cos\theta_2 + b\cos(90°+\theta_2) \end{bmatrix}\begin{bmatrix} \omega_1 \\ \omega_2 \end{bmatrix} \tag{3-25}$$

$$\begin{bmatrix} a_{Px} \\ a_{Py} \end{bmatrix} = \begin{bmatrix} \ddot{x}_E \\ \ddot{y}_E \end{bmatrix} = \begin{bmatrix} -l_1\sin\theta_1 & -a\sin\theta_2 - b\sin(90°+\theta_2) \\ l_1\cos\theta_1 & a\cos\theta_2 + b\cos(90°+\theta_2) \end{bmatrix}\begin{bmatrix} 0 \\ \alpha_2 \end{bmatrix}$$
$$-\begin{bmatrix} l_1\cos\theta_1 & a\cos\theta_2 + b\cos(90°+\theta_2) \\ l_1\sin\theta_1 & a\sin\theta_2 + b\sin(90°+\theta_2) \end{bmatrix}\begin{bmatrix} \omega_1^2 \\ \omega_2^2 \end{bmatrix} \tag{3-26}$$

在矩阵法中,为便于书写和记忆,速度分析关系式可表示为

$$A\omega = \omega_1 B \tag{3-27}$$

式中:A——机构从动件的位置参数矩阵;

ω——机构从动件的速度列阵；

$\boldsymbol{B}$——机构原动件的位置参数矩阵；

ω_1——机构原动件的速度。

而加速度分析的关系式则可表示为

$$\boldsymbol{Aa}=-\dot{\boldsymbol{A}}\boldsymbol{\omega}+\omega_1\dot{\boldsymbol{B}} \tag{3-28}$$

式中：$\boldsymbol{a}$——机构从动件的加速度列阵；$\dot{\boldsymbol{A}}=\mathrm{d}\boldsymbol{A}/\mathrm{d}t$；$\dot{\boldsymbol{B}}=\mathrm{d}\boldsymbol{B}/\mathrm{d}t$。

通过上述对四杆机构进行运动分析的过程可见，用解析法进行机构运动分析的关键是位置方程的建立和求解。至于速度分析和加速度分析只不过是对其位置方程做进一步的数学运算而已。位置方程的求解需解非线性方程组，难度较大；而速度方程和加速度方程的求解，则只需解线性方程组，相对而言比较容易。

上述方法对于复杂的机构同样适用，下面举例说明。

实例 3-3 如图 3-13 所示牛头刨床的机构运动简图。设已知各构件尺寸为：$l_1=125$ mm，$l_3=600$ mm，$l_4=150$ mm，原动件 1 的方位角 $\theta_1=0°\sim360°$ 和等角速度 $\omega_1=1$ rad/s。试用矩阵法求该机构中各从动件的方位角、角速度和角加速度以及 E 点的位移、速度和加速度的运动线图。

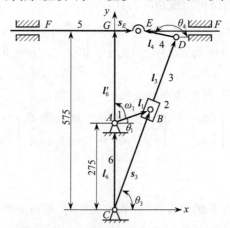

图 3-13 牛头刨床的运动分析(单位：mm)

解：如图 3-13 所示，先建立一直角坐标系并标出各杆矢量及其方位角。其中共有四个未知量 θ_3、θ_4、s_3 及 s_E。为求解需建立两个封闭矢量方程，为此需利用两个封闭图形 $ABCA$ 及 $CDEGC$，由此可得

$$\boldsymbol{l}_6+\boldsymbol{l}_1=\boldsymbol{s}_3 \text{，} \boldsymbol{l}_3+\boldsymbol{l}_4=\boldsymbol{l}_6'+\boldsymbol{s}_E$$

并写成投影方程为

$$s_3\cos\theta_3=l_1\cos\theta_1$$
$$s_3\sin\theta_3=l_6+l_1\sin\theta_1$$
$$l_3\cos\theta_3+l_4\cos\theta_4-s_E=0$$
$$l_3\sin\theta_3+l_4\sin\theta_4=l_6'$$

由以上各式即可求得 θ_3、θ_4、s_3 及 s_E 四个运动变量，而滑块 2 的方位角 $\theta_2=\theta_3$。

然后分别将上列各式对时间取一次、二次导数，并写成矩阵形式，即得以下的速度和加速度方程式：

$$\begin{bmatrix} \cos\theta_3 & -s_3\sin\theta_3 & 0 & 0 \\ \sin\theta_3 & s_3\cos\theta_3 & 0 & 0 \\ 0 & -l_3\sin\theta_3 & -l_4\sin\theta_4 & -1 \\ 0 & l_3\cos\theta_3 & l_4\cos\theta_4 & 0 \end{bmatrix} \begin{bmatrix} \dot{s}_3 \\ \omega_3 \\ \omega_4 \\ v_E \end{bmatrix} = \omega_1 \begin{bmatrix} -l_1\sin\theta_1 \\ l_1\cos\theta_1 \\ 0 \\ 0 \end{bmatrix} \begin{bmatrix} \cos\theta_3 & -s_3\sin\theta_3 & 0 & 0 \\ \sin\theta_3 & s_3\cos\theta_3 & 0 & 0 \\ 0 & -l_3\sin\theta_3 & -l_4\sin\theta_4 & -1 \\ 0 & l_3\cos\theta_3 & l_4\cos\theta_4 & 0 \end{bmatrix} \begin{bmatrix} \ddot{s}_3 \\ \alpha_3 \\ \alpha_4 \\ \alpha_E \end{bmatrix}$$

$$= -\begin{bmatrix} -\omega_3\sin\theta_3 & -\dot{s}_3\sin\theta_3 - s_3\omega_3\cos\theta_3 & 0 & 0 \\ \omega_3\cos\theta_3 & \dot{s}_3\cos\theta_3 - s_3\omega_3\sin\theta_3 & 0 & 0 \\ 0 & -l_3\omega_3\cos\theta_3 & -l_4\omega_4\cos\theta_4 & 0 \\ 0 & -l_3\omega_3\sin\theta_3 & -l_4\omega_4\sin\theta_4 & 0 \end{bmatrix} \begin{bmatrix} \dot{s}_3 \\ \omega_3 \\ \omega_4 \\ v_E \end{bmatrix} + \omega_1 \begin{bmatrix} -l_1\omega_1\cos\theta_1 \\ -l_1\omega_1\sin\theta_1 \\ 0 \\ 0 \end{bmatrix}$$

而 $\omega_2 = \omega_3$，$\alpha_2 = \alpha_3$。

综上，将已知参数带入各式，即可应用计算机进行计算，求得的数值列于表 3-1 中。并可根据所得数据作出机构的位置线图（图 3-14）、速度线图（图 3-15）和加速度线图（图 3-16）。这些线图统称为机构的运动线图。通过这些运动线图可以很直观地看出机构的运动特性。

表 3-1　各构件的位置、速度和加速度

θ_1	θ_3	θ_4	s_E	ω_3	ω_4	v_E	a_3	a_4	a_E
/(°)			/m	/(rad·s⁻¹)		/(m·s⁻¹)	/(rad·s⁻²)		/(m·s⁻²)
0	65.556 10	169.938 20	0.101 07	0.171 23	0.288 79	-0.101 84	0.247 70	0.292 66	-0.164 22
10	67.466 88	172.027 30	0.081 38	0.209 27	0.323 91	-0.122 72	0.190 76	0.117 19	-0.134 43
20	69.712 52	175.326 60	0.058 54	0.238 59	0.332 02	-0.138 34	0.147 15	-0.018 53	-0.111 13
⋮	⋮	⋮	⋮	⋮	⋮	⋮	⋮	⋮	⋮
360	65.556 10	168.938 10	0.101 07	0.171 23	0.288 79	-0.101 84	0.247 70	0.292 67	-0.164 22

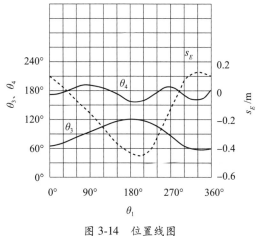

图 3-14　位置线图

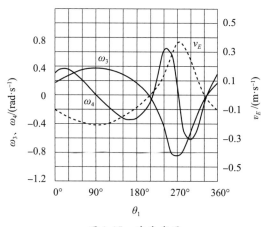

图 3-15　速度线图

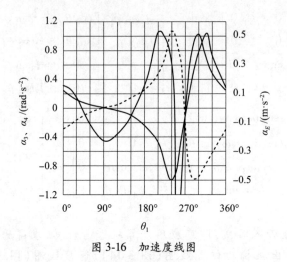

图 3-16　加速度线图

本章小结

　　机构运动分析就是根据原动件的已知规律(通常原动件做匀速转动)来确定从动构件上某些点的轨迹、位移、速度和加速度(或从动构件的位置、角位移、角速度、角加速度)等运动参数。

　　通过机构的位移(或轨迹)可以分析确定机构运动所需的空间或某些构件及构件上某些点能否实现预定的位置要求或轨迹要求,以及判断它们在运动时是否会相互干涉。为了确定机器工作过程的条件,需要决定机构构件上某些点的速度及其变化规律,此外,为了确定构件上各点的加速度、计算机器的动能和功率等也都必须先进行机构的速度分析。在高速或重型机械中,惯性力是不能忽略的重要因素,它影响机械的动强度和动力性能,因此必须对机械进行加速度分析。

　　机构运动分析所用的方法有图解法和解析法。图解法又可分为速度瞬心法和矢量方程图解法等;解析法依据所使用的数学模型又可分为复数矢量法和矩阵法等。

习题

1. 判断题

　　(1)瞬心即彼此做一般平面运动的两构件上的瞬时等速重合点或瞬时相对速度为零的重合点。　　　　　　　　　　　　　　　　　　　　　　　　　　(　　)

　　(2)以转动副相连的两构件的瞬心在转动副的中心处。　　　　　　　　(　　)

　　(3)以平面高副相连接的两构件的瞬心,当高副两元素做非纯滚动时位于接触点的切线上。　　　　　　　　　　　　　　　　　　　　　　　　　　　(　　)

　　(4)矢量方程图解法依据的基本原理是运动合成原理。　　　　　　　　(　　)

　　(5)加速度影像原理适用于整个机构。　　　　　　　　　　　　　　　(　　)

2. 选择题

(1)以移动副相连的两构件间的瞬心位于( )

A. 导路上

B. 垂直于导路方向的无穷远处

C. 过构件中心的垂直于导路方向的无穷远处

D. 构件中心

(2)速度影像原理适用于( )

A. 整个机构   B. 通过运动副相连的机构

C. 单个机构   D. 形状简单机构

(3)确定不通过运动副直接相连的两构件的瞬心,除了运用概念法外,还需要借助( )

A. 三心定理   B. 相对运动原理

C. 速度影像原理   D. 加速度影像原理

3. 简答题

(1)何谓速度瞬心? 相对瞬心与绝对瞬心有何异同点?

(2)何谓三心定理? 何种情况下的瞬心需用三心定理来确定?

(3)当用速度瞬心法和用速度影像法求同一构件,如四杆机构连杆上任一点的速度时,它们的求解条件有何不同? 各有何特点?

(4)机构中各构件与其速度图和加速度图之间均存在影响关系,是否整个机构与其速度图和加速度图之间也存在影像关系?

(5)速度多边形和加速度多边形有哪些特性?

(6)在用解析法进行运动分析时,如何判断各杆的方位角所在的象限? 如何确定速度、加速度、角速度和角加速度的方向?

4. 计算题

(1)试求图 3-17 所示机构在图示位置时全部瞬心的位置。

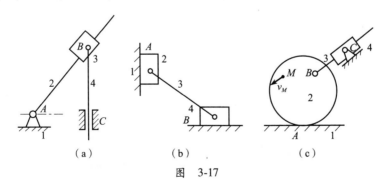

图 3-17

(2)在图 3-18 所示的齿轮—连杆组合机构中,试用瞬心法求齿轮 1 与 3 的传动比 ω_1/ω_3。

(3)图 3-19 所示四杆机构中,$l_{AB}=60$ mm,$l_{CD}=90$ mm,$l_{AD}=l_{BC}=120$ mm,$\omega_2=10$ rad/s,试用瞬心法求:

①当 $\varphi=165°$ 时,C 点的速度 v_C。

②当 $\varphi = 165°$ 时，构件 3 的 BC 线上(或其延长线上)速度最小的 E 点的位置及其速度的大小。

③当 $v_C = 0$ 时，φ 角之值(有两个解)。

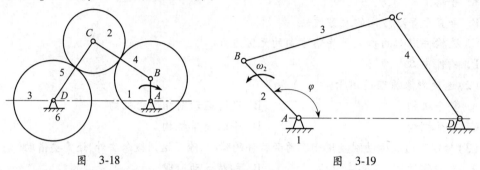

图 3-18　　　　　　　　　　图 3-19

(4) 图 3-20 所示机构中，已知 $l_{AC} = l_{BC} = l_{CD} = l_{CE} = l_{DF} = l_{EF} = 20$ mm，滑块 1 及 2 分别以匀速且 $v_1 = v_2 = 0.002$ m/s 做反向移动，试求机构在 $\theta_3 = 45°$ 位置时的速度之比 v_F/v_1 的大小。

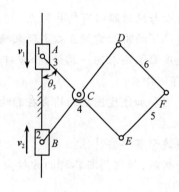

图　3-20

(5) 图 3-21 所示的各机构中，设已知各构件的尺寸及 B 点的速度 v_B，试做出其在图示位置时的速度多边形。

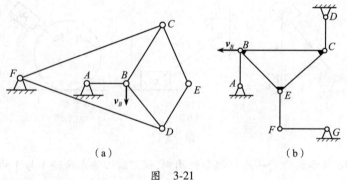

(a)　　　　　　　　　　(b)

图　3-21

(6) 图 3-22 所示各机构中，设已知构件的尺寸，原动件 1 以等角速度 ω_1 顺时针方向转动，试以图解法求机构在图示位置时构件 3 上 C 点的速度及加速度(比例尺任选)。

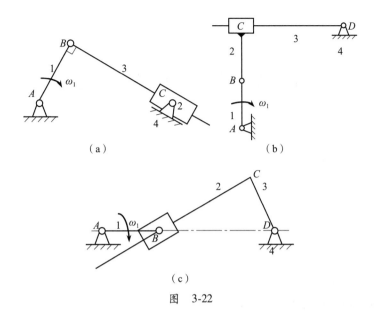

（a） （b）

（c）

图 3-22

（7）图 3-23 所示机构中,已知原动件 1 以等角速度 $\omega_1 = 10$ rad/s 逆时针方向转动, $l_{AB} = 100$ mm, $l_{BC} = 300$ mm, $e = 30$ mm。当 $\varphi_1 = 60°$、$120°$、$220°$ 时,试用复数矢量法求构件 2 的转角 θ_2、角速度 ω_2 和角加速度 a_2,构件 3 的速度 v_3 和加速度 a_3。

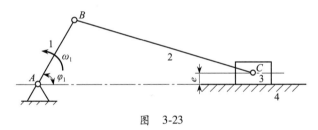

图 3-23

（8）试用矩阵法对图 3-24 所示机构进行运动分析,写出 C 点的位置、速度及加速度方程。

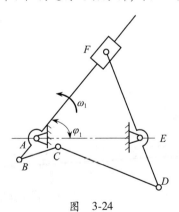

图 3-24

第4章　平面机构的力分析

主要内容

机构力分析的基本知识;不考虑摩擦时机构的力分析;考虑摩擦时机构的受力分析。

学习目的

(1)了解作用在机械上的力,掌握驱动力、阻力、惯性力、运动副反力的基本概念,了解惯性力的计算方法,了解机械效率的力或力矩的表达形式。

(2)理解构件组的静定条件,掌握机构动态静力分析中的图解法和解析法。

(3)掌握移动副、转动副中摩擦力的计算,了解考虑摩擦时机构的力分析,掌握机构的自锁。

引　例

马德堡半球,是用来演示大气压强的仪器。

1654年德国马德堡市的市长、学者奥托·冯·格里克表演了一个惊人的试验。他把两个铜质直径30多厘米的空心半球壳中间垫上橡皮圈,再把两个半球壳灌满水后合在一起;然后把水全部抽出,使球内形成真空;最后,把气嘴上的龙头拧紧封闭。这时,周围的大气把两个半球紧紧地压在一起。在半球的两侧各装有一个铜环,环上各用八匹马向两侧拉动,结果用了相当大的力却未拉开。球内的空气被抽出,没有空气压强,而外面的大气压就将两个半球紧紧地压在一起。上述实验不仅证明大气压的存在,而且证明了大气压力是很大的。这个实验是在马德堡市进行的,因此将这两个半球称为"马德堡半球",而将这个试验称为"马德堡半球实验",如图4-1所示。

图4-1　马德堡半球实验

今天,人们可以在慕尼黑的德意志博物馆看到这个实验的原始"设备",也就是那两个半球。马德堡人在老市政厅旁的小广场上竖起了格里克的雕像来纪念他。

后来,各学校物理实验室所用的是铸铁制成、直径 10 厘米左右的两半球体;目前教学仪器经过改进,采用硬橡胶制成扁圆形的半球体,省去了用抽气机抽气的装置。实验时只要将两半球紧压,再将球体内空气挤出即可,也能说明球内外具有压强差。市场出售的塑胶制品的挂衣钩,也是根据上述实验及其原理而制成的。

4.1　机构力分析的基本知识

4.1.1　作用在机械上的力

作用在机械上的力,常见的有驱动力、阻力、重力、运动构件受到的空气和润滑油等液体的介质阻力、构件在变速运动时产生的惯性力,以及由上述诸力在运动副处引起的作用力,即运动副反力。

驱动力是驱使机械运动的力。例如,推动内燃机活塞的燃气压力和加在主动构件上的力矩等都是驱动力,它做正功,又称输入功或总功。

阻抗力是指阻止机械运动的力,它做负功。阻抗力分为有效阻力(生产阻力)和有害阻力。有效阻力(生产阻力)是指机械在生产过程中为了改变工件的外形、位置或状态等所受到的阻力。例如,机床中工件作用于刀具上的切削阻力,起重机提升重物的力等均为生产阻力。生产阻力所做的功称为输出功或有用功。而有害阻力所做的功为损耗功或无用功,如有些摩擦力和机械运动时受到的空气或润滑油的介质阻力都是有害阻力。介质阻力一般很小,常常可以忽略不计。如果需要考虑,则可以采用测量、计算等方法定出,为已知力。

重力作用在构件的重心上,其大小为 mg(m 为构件的质量,g 为重力加速度),方向垂直向下。在机械设计的初始阶段,由于构件的结构尺寸尚未最后确定,重心位置和构件质量 m只能估算。作机构的力分析时,重力为已知力。重力在重心上升时做负功,是生产阻力;在重心下降时做正功,是驱动力。在一个运动循环中重力所做的功为零。

惯性力是由于构件做变速运动而产生的,是虚拟地加于构件上的一种力。对做平面运动且具有平行于运动平面的对称面的构件,其全部惯性力可以简化为一个加于构件质心 S的惯性力 F_I 和一个惯性力偶 M_I,即

$$F_I = -ma_S \text{ 或 } F_{Ix} = -ma_{Sx}, F_{Iy} = -ma_{Sy} \tag{4-1}$$

$$M_I = -J_S \alpha \tag{4-2}$$

式中,m 为构件的质量,可按结构图算出或按实物称量,在机械设计的初始阶段,可以估算,单位 kg;J_S 为构件对质心的转动惯量,可按结构图算出或用实验法测定,在机械设计的初始阶段可以估算,单位 kg·m²;a_S 为构件质心 S 的加速度矢量;a_{Sx}、a_{Sy} 为 a_S 在 x 轴和 y 轴上的分量;α 为构件的角加速度。在一个运动循环中惯性力及惯性力偶所做的功为零。

运动副反力是组成运动副的两构件间的作用力。对整个机构而言,运动副反力是内力,而对一个构件来说是外力。运动副反力可分解为沿运动副两元素接触处的法向分力和切向

分力。法向分力一般常称为正压力。由于此正压力的存在,使运动副中产生摩擦来阻止运动副两元素间产生相对运动,此摩擦力即为运动副反力的切向分力。作机构的力分析时,运动副反力为待求力。

4.1.2 机构力分析的方法

在对现有机械进行力分析时,对于低速机械,因其惯性力小,故常略去不计,此时只需对机械作静力分析;但对于高速及重型机械,因其惯性力很大(常超过外力),故必须考虑惯性力。这时需对机械作动态静力分析(即将惯性力视为一般外力加于相应构件上,再按静力分析的方法进行分析)。

要作动态静力分析,需先求出各构件的惯性力。但在设计新机械时,因各构件的结构尺寸、质量及转动惯量尚不知,因而无法确定惯性力。在此情况下,一般先对机构作静力分析及静强度计算,初步确定各构件尺寸,然后再对机构进行动态静力分析及强度计算,并据此对各构件尺寸作必要修正。

在作动态静力分析时一般可不考虑构件的重力及摩擦力,所得结果大都能满足工程实际问题的需要。但对于高速、精密和大动力传动的机械,因摩擦对机械性能有较大影响,故这时必须考虑摩擦力。

机构力分析的方法有图解法和解析法两种,本章将分别予以介绍。

4.1.3 构件惯性力的确定

对于高速及重载机械,由于某些构件的惯性力往往很大,在进行力的分析时必须考虑惯性力的影响,通常是将惯性力作为一般外力加于产生该惯性力的构件上,就可将该机械处于静力平衡状态,故可采用静力学方法对其进行受力分析,这样的受力分析称为机构动态静力分析。而对于构件质量不大的低速机械可忽略惯性力进行分析,这样的分析称机构的静力分析。平面机构中构件的运动形式有三种:直线移动、定轴转动和平面运动。

(1)直线移动构件

沿导轨直线移动的滑块,如图 4-2 所示,设其质量为 m,质心 S 的加速度为 a_S,则其惯性力为

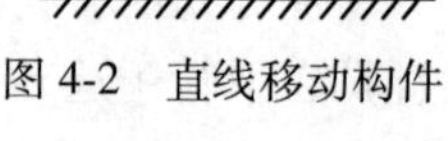

图 4-2 直线移动构件

$$F_I = -ma_S \tag{4-3}$$

惯性力作用在构件的质心 S 上。

(2)定轴转动构件

定轴转动构件的质心为 S,其绕 S 的转动惯量为 J_S,构件以角加速度 α 转动。当构件的质心 S 与其转动轴中心重合时,如图 4-3(a)所示,有惯性力矩

$$M_I = -J_S\alpha \tag{4-4}$$

当构件的质心不在转动轴上,如图 4-3(b)所示,则有惯性力和惯性力矩

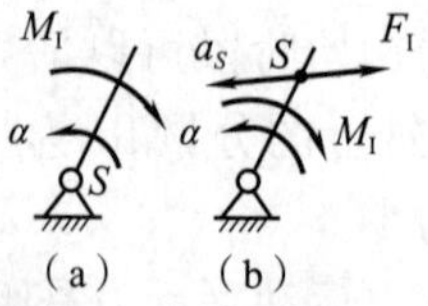

$$\left.\begin{array}{l} F_I = -ma_S \\ M_I = -J_S\alpha \end{array}\right\} \tag{4-5}$$

(a)　　(b)

图 4-3 定轴转动构件

（3）平面运动构件

如图 4-4 所示，平面运动视为移动和转动两种运动的合成。因此平面运动可以分解为质心 S 的移动和绕质心 S 的转动。惯性力和惯性力矩为

$$F_{\mathrm{I}} = -ma_S \tag{4-6}$$

$$M_{\mathrm{I}} = -J_S\alpha \tag{4-7}$$

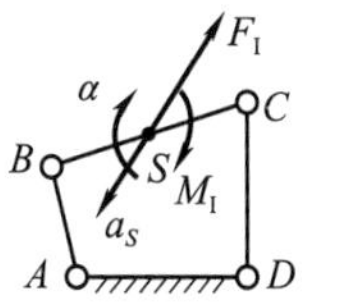

图 4-4　平面运动构件

4.1.4　机械效率

机械效率是衡量机械工作性质的重要指标之一，它已在物理学中介绍，在此基础上通过机构的力分析来简化机械效率的计算。

当机械或机器运转时，由于有摩擦力和空气阻力存在，总有一部分驱动力所做的功要消耗在克服这些有害的阻力上，这是一种能量的损失，所以应当力求减小。机械效率就是用来衡量机械对能量有效利用程度的物理量。

作用在机械上的力一般分为驱动力、生产阻力及摩擦力，他们所做的功分别为驱动功、阻抗功和损耗功。驱动功也称为输入功，阻抗功也就是输出功，而损耗功属于有害功，根据能量守恒原则，输入功等于输出功和损耗功之和，即

$$W_{\mathrm{d}} = W_{\mathrm{r}} + W_{\mathrm{f}} \tag{4-8}$$

式中，W_{d}、W_{r}、W_{f} 分别表示输入功、输出功和损耗功。所谓机械效率就是输出功与输入功的比值，它反映了输入功在机械中的有效利用程度，通常用 η 表示，即

$$\eta = \frac{W_{\mathrm{r}}}{W_{\mathrm{d}}} \tag{4-9}$$

将 $W_{\mathrm{r}} = W_{\mathrm{d}} - W_{\mathrm{f}}$ 代入式（4-9），则

$$\eta = \frac{W_{\mathrm{d}} - W_{\mathrm{f}}}{W_{\mathrm{d}}} = 1 - \frac{W_{\mathrm{f}}}{W_{\mathrm{d}}} \tag{4-10}$$

将 W_{d}、W_{r}、W_{f} 同时除以做功时间 t，可得相应的输入功率 N_{d}、输出功率 N_{r}、损耗功率 N_{f}，则式（4-9）和式（4-10）也可用功率来表示，即

$$\eta = \frac{N_{\mathrm{r}}}{N_{\mathrm{d}}} = 1 - \frac{N_{\mathrm{f}}}{N_{\mathrm{d}}} \tag{4-11}$$

由式（4-11）可知，因损耗功 W_{f} 或损耗功率 N_{f} 不可能为零，所以机械效率总是小于 1，而且 W_{f} 或 N_{f} 越大，机械效率就越低。因此在设计机械时，为了使其具有较高的机械效率，应当尽量减小机械中的损耗，主要是减少摩擦损耗。因此在设计机械时，需要注意以下几个方面：

（1）尽量简化机械传动系统和机构的结构，使功率传递通过的运动副数目、构件数和传动环节越少越好。

（2）应设法减少运动副中的摩擦，如采用滚动摩擦代替滑动摩擦，选用适当的润滑剂和润滑装置来改进润滑条件，选用摩擦因数较小的运动副元素材料等。

（3）对机构的尺寸结构进行优化，使机械中的受力情况更加合理。

如图 4-5 所示为一变速装置，1 为输入端、2 为输出端，在输入端作用有驱动力 F，在输出端作用有生产阻力 G，v_F 和 v_G 分别为输入端和输出端的线速度。根据式（4-11）可得

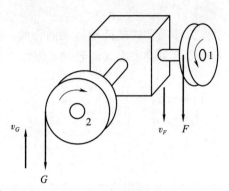

图 4-5   变速装置的效率

$$\eta = \frac{N_{\mathrm{f}}}{N_{\mathrm{d}}} = \frac{Gv_G}{Fv_F} \tag{4-12}$$

假设该机械变成一个理想机械,即机械中不存在摩擦,这时为了克服同样的生产阻力 G,其所需的驱动力 F_0 不需要像 F 那么大。这个驱动力 F_0 称为理想驱动力。由于是理想机械,其效率 η_0 应当等于 1。因此有

$$\eta_0 = \frac{Gv_G}{F_0 v_F} = 1 \tag{4-13}$$

即

$$Gv_G = F_0 v_F \tag{4-14}$$

将式(4-14)代入式(4-12),可得

$$\eta = \frac{Gv_G}{Fv_F} = \frac{F_0 v_F}{Fv_F} = \frac{F_0}{F} \tag{4-15}$$

由式(4-15)可知,机械效率可以表述为不计摩擦时所需要的理想驱动力 F_0 与克服同样生产阻力时实际所需的驱动力 F 之比。

同理,机械效率也可以用力矩比的形式表达,即

$$\eta = \frac{M_0}{M} \tag{4-16}$$

式中:M_0——克服同样生产阻力所需的理想驱动力矩;

M——克服同样生产阻力所需的实际驱动力矩。

综合式(4-15)和式(4-16)可得

$$\eta = \frac{\text{理想驱动力(矩)}}{\text{实际驱动力(矩)}} \tag{4-17}$$

4.2   不考虑摩擦时机构的力分析

4.2.1   构件组的静定条件

构件组的静定条件就是该构件组中所有的外力(包括运动副中的反力)都可以用静力学

方法确定出来的条件。或者说该构件组所能列出的独立的力平衡方程数等于构件组中所有力的未知要素的数目。

如果构件组中有 n 个构件，P_1 个低副和 P_h 个高副，因为对每个做平面运动的构件都可以列出三个独立的力平衡方程式，所以，该构件组可列出 $3n$ 个独立的力平衡方程式。而每一个低副中的反力含有两个未知要素；每一个高副中的反力含有一个未知要素，所以共有 $(2P_1+P_h)$ 个未知要素。于是，当作用在该构件组各构件上的外力均为已知时，该构件组的静定条件应为

$$3n = 2P_1 + P_h \tag{4-18}$$

如果构件组中仅有低副，则静定条件为

$$3n = 2P_1 \tag{4-19}$$

这与平面机构的结构分析中得到的基本杆组应符合的条件完全相同。因此，在不考虑摩擦时。基本杆组即为静定杆组。当生产阻力已知时，可以直接使用运动分析中所拆得的基本杆组作为静定杆组进行机构的动态静力分析，求出各运动副中的反力及需加在主动件上的平衡力（或平衡力矩）。当驱动力已知时，可利用虚位移原理先求出生产阻力，然后拆分基本杆组，进行动态静力分析，求出各运动副中的反力。

4.2.2　用图解法作机构的动态静力分析

用图解法进行平面机构动态静力分析的步骤如下：

（1）计算惯性力和惯性力矩，并将它们作为外力和外力矩，加在相应的构件上。

（2）从远离平衡构件的地方着手，由远及近，逐一拆下杆组。按照拆杆组的顺序，逐个杆组进行分析。

（3）把杆组的外端运动副中只知作用力点而不知其方向和大小的反力，分解为沿着杆组和垂直杆件的两个分力 R^n 和 R^t，然后根据力矩平衡条件，对内端副取力矩，算出 R^t。

（4）作力多边形，同一构件上的作用力连接在一起，成对的力 R^n 和 R^t 应连接，并使未知大小的 R^n 作为力多边形的封闭边。

（5）以杆组中的构件为研究对象，求出杆组中内端运动副的反力。

（6）最后求解平衡构件。

举例说明上述的计算方法。

实例 4-1　图 4-6（a）所示的曲柄滑块机构中，曲柄 1 的长度为 l_1，以角速度 ω_1 和角加速度 α_1 顺时针方向转动，质心与转动中心 A 重合，转动惯量为 J_A。连杆 2 的长度为 l_2，质心位于 S_2 点，转动惯量为 J_{S_2}，重量为 G_2。滑块 3 的质心 S_3 位于 C 点，重量为 G_3。设机构所受的工作阻力为 F_r，求机构在图示位置时的各运动副反力及驱动曲柄的平衡力矩 M（不计运动副之间的摩擦力）。

解：

（1）计算各构件的惯性力和惯性力矩。

首先进行机构运动分析，选定长度比例尺 μ_l、速度比例尺 μ_v 和加速度比例尺 μ_a，作出机构的速度多边形和加速度多边形，分别如图 4-6（b）（c）所示。

作用在曲柄 1 上的惯性力矩为 $M_{I1} = J_A\alpha_1$（逆时针）；作用在连杆 2 上的惯性力及惯性力

矩分别分别为 $F_{I2}=m_2a_{S_2}=(G_2/g)\mu_a\overline{p's_2'}$ 和 $M_{I2}=J_{S_2}\alpha_2=J_{S_2}a_{CB}^t/l_2=J_{S_2}\mu_a\overline{n_2'c'}/l_2$，总惯性力 $F_{I2}'(=F_{I2})$ 偏离质心 S_2 的距离为 $h_2=M_{I2}/F_{I2}$，其对 S_2 之矩的方向与 α_2 的方向相反（逆时针）；而作用在滑块 3 上的惯性力为 $F_{I3}=m_3a_c=(G_3/g)\mu_a\overline{p'c'}$（方向与 a_c 反向）。上述各惯性力及各构件重力如图 4-6(a) 所示。

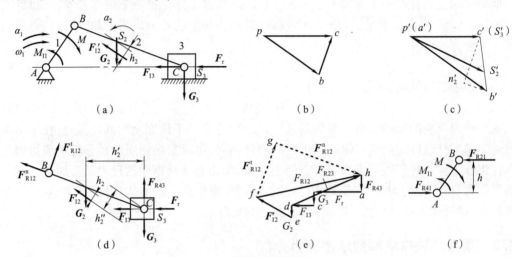

图 4-6　曲柄滑块机构动态静力分析

(2) 作动态静力分析：

按静定条件将机构分解为一个基本杆组 2、3 和作用有未知平衡力的构件 1，并由杆组 2、3 开始进行分析。

先取杆组 2、3 为分离体，如图 4-6(d) 所示。其上受有重力 G_2 及 G_3、惯性力 F_{I2}' 及 F_{I3}、生产阻力 F_r 以及待求的运动副反力 F_{R12} 和 F_{R43}。因不计摩擦力，F_{R12} 过转动副 B 的中心。并将 F_{R12} 分解为沿杆 BC 的法向分力 F_{R12}^n 和垂直于 BC 的切向力 F_{R12}^t，而 F_{R43} 则垂直于移动副的导路方向。将构件 2 对 C 点取矩，由 $\sum M_C=0$，可得 $F_{R12}^t=(G_2h_2'-F_{I2}'h_2)/l_2$，再根据整个构件组的平衡条件，得

$$F_{R43}+F_r+G_3+F_{I3}+G_2+F_{I2}'+F_{R12}^t+F_{R12}^n=0$$

上式中，仅 F_{R43} 和 F_{R12}^n 的大小未知，故可用图解法求解，如图 4-6(e) 所示。选定比例尺 μ_F，从点 a 依次作矢量 $\overrightarrow{ab}$、$\overrightarrow{bc}$、$\overrightarrow{cd}$、$\overrightarrow{de}$、$\overrightarrow{ef}$ 和 $\overrightarrow{fg}$，分别代表力 F_r、G_3、F_{I3}、G_2、F_{I2}' 和 F_{R12}^t，然后再分别由点 a 和点 g 作直线 ah 和 gh 分别平行于力 F_{R43} 和 F_{R12}^n，其相交于点 h，则矢量 $\overrightarrow{ha}$ 和 $\overrightarrow{fh}$ 分别代表 F_{R43} 和 F_{R12}，即

$$F_{R43}=\mu_F\overrightarrow{ha},F_{R12}=\mu_F\overrightarrow{fh}$$

为了求得 F_{R23}，可根据构件 3 的力平衡条件，即 $F_{R43}+F_r+G_3+F_{I3}+F_{R23}=0$，并由图 4-6(e) 可知，矢量 $\overrightarrow{dh}$ 即代表 F_{R23}，即

$$F_{R23}=\mu_F\overrightarrow{dh}$$

再取构件 1 为分离体，如图 4-6(f) 所示。其上作用有运动副反力 F_{R21} 和待求的运动副

反力 F_{R41},惯性力矩 M_{I1} 及平衡力矩 M。将杆 1 对 A 点取矩,有:

$$M = M_{I1} + F_{R21}h(顺时针)$$

再由杆 1 的力平衡条件,有:

$$F_{R41} = -F_{R21}$$

4.2.3 用解析法作机构的动态静力分析

图解法进行机构的动态静力分析,方法直观、明了,但精度不高。随着计算机技术的发展,解析法进行机构的动态静力分析,应用得越来越普及。解析法就是以机构的每个活动构件为对象,建立他们关于运动副反力、已知外力(包括惯性力)和平衡力(矩)的平衡方程式,最后联立求解出各运动副的反力和平衡力。

具体步骤如下:

(1)建立一直角坐标系。

(2)将已知外力(包括惯性力)和运动副反力分解为沿 x,y 两轴的分力。

(3)分别以单个活动构件为对象,建立力的平衡方程式:

$$
\begin{cases}
\sum x = 0 \\
\sum y = 0 \\
\sum M = 0
\end{cases}
\tag{4-20}
$$

(4)若平衡方程式的个数与未知力(矩)的个数相等,方程是可解的。

(5)求解方程,得出各运动副的反力和平衡力(矩)。

现举例说明上述的计算方法。

实例 4-2 已知一铰链四杆机构 $ABCD$,杆 AB、BC 和 CD 的质心分别位于 S_1,S_2,S_3 位置,所受的惯性力和惯性力矩分别为 F_1,F_2,F_3 和 M_1,M_2,M_3,如图 4-7 所示,求运动副 A、B、C、D 的反力及杆 AB 上的平衡力矩 M。(不计构件重量和运动副之间的摩擦力)

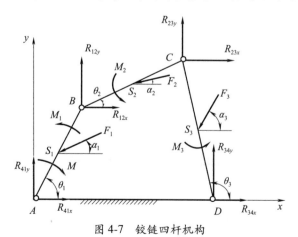

图 4-7 铰链四杆机构

解:

(1)建立直角坐标系如图 4-7 所示,把各力分解为沿 x,y 两轴的分力,设与 x,y 轴指向一致的力为"+",相反为"-",设递时针转动的力矩为"+",顺时针转动的力矩为"-"。

因为

$$R_{14x}=-R_{41x},R_{14y}=-R_{41y}$$
$$R_{12x}=-R_{21x},R_{12y}=-R_{21y}$$
$$R_{23x}=-R_{32x},R_{23y}=-R_{32y}$$
$$R_{34x}=-R_{43x},R_{34y}=-R_{43y}$$

因此该机构有 8 个上述的未知运动副反力和 1 个待求的平衡力矩,共有 9 个未知量。

(2)以构件 1 为对象,如图 4-8 所示,建立其 3 个平衡方程:

$$R_{41x}-R_{21x}-F_1\cos\alpha_1=0$$
$$R_{41Y}-R_{21y}-F_1\sin\alpha_1=0$$
$$M_1-R_{21y}l_{AB}\cos\theta_1+R_{21x}l_{AB}\sin\theta_1-F_1l_{AS_1}\sin\alpha_1\cos\theta_1+F_1l_{AS_1}\cos\alpha_1\sin\theta_1-M=0$$

(3)以构件 2 为对象,如图 4-9 所示,建立其 3 个平衡方程:

$$R_{12x}-R_{32x}-F_2\cos\alpha_2=0$$
$$R_{12y}-R_{32y}-F_2\sin\alpha_2=0$$
$$M_2-R_{12y}l_{BC}\cos\theta_2+R_{12x}l_{BC}\sin\theta_2+F_2l_{CS_2}\sin\alpha_2\cos\theta_2-F_2l_{CS_2}\cos\alpha_2\sin\theta_2=0$$

(4)以构件 3 为对象,如图 4-10 所示,建立其 3 个平衡方程:

$$R_{23x}-R_{43x}-F_3\cos\alpha_3=0$$
$$R_{23y}-R_{43y}-F_3\sin\alpha_3=0$$
$$M_3-R_{23y}l_{CD}\cos\theta_3-R_{23x}l_{CD}\sin\theta_3+F_3l_{DS_3}\sin\alpha_3\cos\theta_3+F_3l_{DS_3}\cos\alpha_3\sin\theta_3=0$$

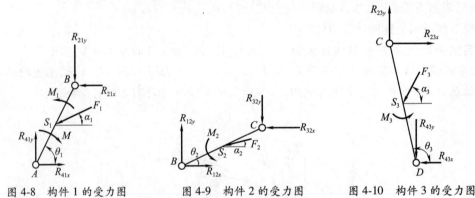

图 4-8　构件 1 的受力图　　　图 4-9　构件 2 的受力图　　　图 4-10　构件 3 的受力图

(5)9 个未知数,9 个方程,故该方程组是可解的,求解该线性方程组。

4.3　考虑摩擦时机构的受力分析

4.3.1　移动副中摩擦力的确定

1)平面副中的摩擦力

如图 4-11(a)所示,滑块 2 置于平面 1 上,该滑块上受到垂直向下的力(包括自重)P_y 作用,由此产生平面对滑块的法向反力 $N_{12} = -P_y$。设滑块 2 又受到水平力 P_x 作用,使其以速度 v_{12} 向左移动,则平面 1 给滑块 2 的摩擦力 F_{12} 的大小为

$$F_{12} = fN_{12} = fP_y \tag{4-21}$$

式中,f 为摩擦因数。摩擦力方向必定与滑块对平面 1 的相对速度 v_{12} 方向相反,以起到阻止滑块运动的作用。

将平面 1 作用在滑块 2 上的正压力 N_{12} 与摩擦力 F_{12} 合成为一个总反力 R_{12},设 R_{12} 与 N_{12} 之间的夹角为 φ,则有:

$$\tan \varphi = \frac{F_{12}}{N_{12}} = \frac{fN_{12}}{N_{12}} = f \tag{4-22}$$

由式(4-22)可知,角 φ 的值仅决定于摩擦因数 f。因此,φ 也同样说明摩擦的特征,故 φ 角称为摩擦角。

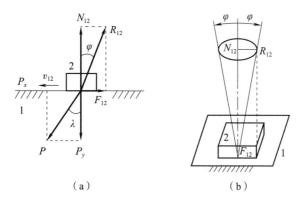

图 4-11 平面摩擦

在运动副的力分析中,以总反力 R_{12} 来替代正压力 N_{12} 与摩擦力 F_{12}。总反力 R_{12} 的方向恒与滑块 2 相对平面的相对速度 v_{12} 的方向成$(90°+\varphi)$的钝角,以起到阻碍滑块相对运动的作用,用这个性质来确定移动副中总反力的方向是比较方便的。

如果改变作用在滑块上外力 P_x 的方向,则滑块移动的方向也随着改变,因此摩擦力 F_{12} 及总反力 R_{12} 的方向也随着改变。总反力在空间的轨迹是一锥顶角为 2φ 的圆锥面,这个锥面称为摩擦锥,如图 4-11(b)所示。

滑块 2 上的水平外力 P_x 和垂直向下的力(包括自重) P_y 也可以合成一个合力 P,如以 λ 表示 P 和 P_y 之间的夹角,则

$$\tan \lambda = \frac{P_x}{P_y}, \text{又因} \tan \varphi = \frac{F_{12}}{R_{12}}, \ P_y = N_{12}$$

因此

$$\frac{P_x}{\tan \lambda} = \frac{F_{12}}{\tan \varphi}$$

$$P_x = F_{12} \frac{\tan \lambda}{\tan \varphi} \tag{4-23}$$

分析式(4-23)可知:

（1）当 $\lambda > \varphi$ 时，$P_x > F_{12}$，即驱动力 P 的作用线在摩擦角 φ 之外，如图 4-12（a）所示，滑块做加速运动。

（2）当 $\lambda = \varphi$ 时，$P_x = F_{12}$，即驱动力 P 的作用线和总反力 R_{12} 的作用线重合，如图 4-12（b）所示，故滑块做等速运动或保持静止。

（3）当 $\lambda < \varphi$ 时，$P_x < F_{12}$，即驱动力 P 的作用线在摩擦角 φ 之内，如图 4-12（c）所示，这时滑块 2 为减速运动，若滑块本来就是静止不动的，则无论 P 多大，也不能使滑块 2 产生运动，对于这种情况称为自锁。几何条件 $\lambda < \varphi$ 称为平面摩擦的自锁条件。

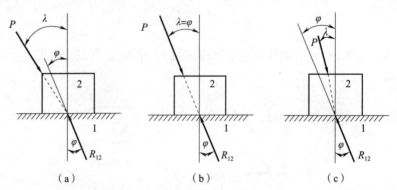

图 4-12　驱动力和摩擦角的关系

2）楔形面的摩擦

如图 4-13 所示，楔形滑块 1 放在夹角为 2θ 的楔槽面 2 上，在水平驱动力 P_x 的作用下，滑块沿楔面做等速运动。P_y 为作用在滑块上的铅垂载荷（包括滑块的自重），N_{21} 为楔槽面的每一侧面给滑块 1 的法向反力。根据楔形滑块 1 在垂直方向受力平衡条件，如图 4-13（a）所示，取 $\sum F_y = 0$，可得

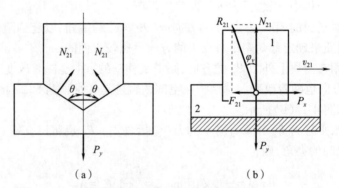

图 4-13　楔形面的摩擦力分析

$$2N_{21} \sin \theta - P_y = 0 \tag{4-24}$$

因此

$$N_{21} = \frac{P_y}{2 \sin \theta} \tag{4-25}$$

由图 4-13（b）所示可知

$$P_x = 2F_{21} = 2fN_{21} = 2f \frac{P_y}{2\sin\theta} = \frac{f}{\sin\theta}P_y = f_v P_y \tag{4-26}$$

式中,$f_v = \dfrac{f}{\sin\theta}$称为当量摩擦因数,它相当于把楔形滑块视为平面滑块时的摩擦因数,与 f_v 相对应的摩擦角 $\varphi_v = \arctan f_v$,称为当量摩擦角。此外,由于 $\theta \leqslant 90°$,$\sin\theta \leqslant 1$,故 $f_v \geqslant f$,即楔形滑块较平面滑块的摩擦力大。但必须指出的是,楔形滑块摩擦力之所以比平面滑块大,并非实际摩擦因数大,而是两侧法向反力的代数和大于实际载荷,即 $2N_{21} > P_y$,从而使两侧摩擦力(即楔槽面的摩擦力)的代数和大于平面滑块的摩擦力,即 $2fN_{21} > fP_y$。而为了便于计算,将大于的部分折算到 f 上而成为 f_v。这样一来,就可以不考虑两运动副元素的几何形状如何,其摩擦力均按 $F = f_v P_y$ 计算,只是当运动副元素的几何形状不同时,引入不同的当量摩擦因数 f_v 而已。

由于楔形面的摩擦力比平面的摩擦力大,因此常利用楔形来增大所需的摩擦力,例如 V 带传动、普通螺纹连接、锥盘式摩擦离合器等。

4.3.2　转动副中摩擦力的确定

机械中最常见的转动副为轴和轴承以及各种铰链。下面以轴颈和轴瓦的摩擦为例,讨论转动副的摩擦。所谓轴颈,就是轴安装在轴承中的部分。按照加在它上面的载荷方向,它又可分为径向轴颈和止推轴颈。如图 4-14 所示,径向轴颈的载荷沿其半径的方向作用;止推轴颈的载荷沿其轴线方向作用。下面分别进行讨论。

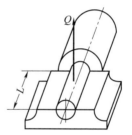
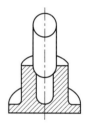

图 4-14　径向轴颈

1)径向轴颈的摩擦

颈向轴颈的摩擦与轴和轴承的载荷情况、润滑情况、结构几何尺寸以及它们接触表面间的压力分布规律有关。压力分布因轴颈和轴承工作时磨损程度的不同而不同。按照磨损程度通常将轴颈分为下面两种:

(1)非跑合的径向轴颈。当轴颈和轴承的接触面间没有磨损或者磨损极小(例如离心摩擦离合器),则这种轴颈和轴承便是非跑合的。

(2)跑合的径向轴颈。绝大部分的轴颈和轴承(包括一般的铰链)工作一段时间后,都是要磨损的。其粗糙的接触面逐渐被磨平,而使接触更加完善,这种轴颈和轴承便是跑合的。

设径向载荷 Q(包括自重)作用于轴心 O 垂直向下,如图 4-15 所示,轴颈 1 在驱动力矩 M_d 的作用下在轴承 2 中等速回转。根据力平衡的条件,可知轴承 2 对轴颈 1 的总反力 R_{21} 必与 Q 等值反向;R_{21} 和 Q 组成力偶,其力偶矩 M_f 与 M_d 等值反向,阻碍轴颈的转动,故 M_f 就是摩擦力矩,其大小为

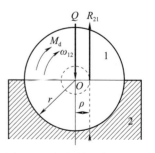

图 4-15　径向轴颈摩擦分析

$$M_f = R_{21}\rho = Q\rho = Fr = f_v Qr \tag{4-27}$$

前文已指出,不论摩擦面的几何形状如何,其摩擦力 F 均可写成 $F=f_vQ$。在摩擦面为圆柱面时,经理论推导和实践证明,其当量摩擦因数 $f_v=(1\sim\pi/2)f$(对于配合紧密未经跑合的轴颈,f_v 应取较大值,对于跑合轴颈取较小值)。

由式(4-27)可知

$$\rho=f_v r \qquad (4-28)$$

对于具体的轴颈来说,f_v 与 r 均为一定,故 ρ 为一定值,若以轴心 O 为圆心,ρ 为半径作圆,称其为摩擦圆。总反力 R_{21} 恒切于摩擦圆。

对机构进行力分析时,常需决定总反力 R_{21},而总反力 R_{21} 可根据下述的条件决定:

(1)根据力平衡条件,总反力 R_{21} 与载荷 Q 等值反向。

(2)总反力 R_{21} 恒切于摩擦圆。

(3)总反力 R_{21} 对轴心 O 所产生的力矩为摩擦力矩,它总是阻碍轴颈的转动,即与 ω_{12} 的方向相反,据此可以决定总反力 R_{21} 切于哪一边。

若将驱动力矩 M_d 与 Q 合并,并令 $M_d=Qe$。当合力 Q 的力臂 $e=\rho$,即合力 Q 的作用线和摩擦圆相切,若轴颈原为运动状态,则将继续等速转动;若轴颈原为静止状态,则轴颈不动。若 $e>\rho$,即合力 Q 的作用线在摩擦圆之外,轴颈将作加速转动。如 $e<\rho$,即合力 Q 的作用线和摩擦圆相割,这时轴颈将做减速转动;若轴颈原来静止则仍静止不动。

在此必须指出:当用力偶矩驱动轴颈时是不会发生自锁的,如 M_d 加于轴上,轴颈仍处于静止状态,这说明所加的 M_d 太小;若增大 M_d 则 e 随之增大,合力 Q 的作用线可与摩擦圆相切或处于摩擦圆之外。若驱动轴颈的不是力偶矩而是单力时,当该力作用线割于摩擦圆时,它对轴心 O 所产生的驱动力矩恒小于它本身所引起的摩擦力矩,即出现了自锁现象。

2)止推轴颈的摩擦

止推轴颈与轴承构成转动副。它们的接触面可以是任意的旋转体表面,如球面、锥面等。但常见的是一个或数个圆环面,如图 4-16 所示。

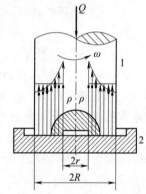

图 4-16 止推轴颈的摩擦

止推轴颈与轴承的摩擦力矩,其大小取决于接触面上压力强度的分布规律。图 4-16 中,设 Q 为轴向载荷,r 和 R 分别为圆环面的内、外圆半径,f 为滑动摩擦因数,则摩擦力矩 M_f 的大小为

$$M_f=fQr' \qquad (4-29)$$

式中:r'——止推轴颈的当量摩擦半径。

对于非跑合轴颈,磨损很少,通常假定压力强度 p 等于常数,这样有

$$r'=\frac{2}{3}\left(\frac{R^3-r^3}{R^2-r^2}\right) \qquad (4-30)$$

对于跑合轴颈,压力强度 p 不再认为是常数。半径大的地方相对滑动速度大,则磨损快,因此压强小;反之,半径小的地方压强大。近似认为压强与半径的乘积为常数,则

$$r'=\frac{1}{2}(R+r) \qquad (4-31)$$

4.3.3　考虑摩擦时机构的力分析

掌握了对运动副中的摩擦进行分析的方法后,就不难在考虑摩擦的条件下对机构进行力的分析了,下面举例加以说明。

实例 4-3　在所研究的四杆机构中[图 4-17(a)]。若驱动力矩 M_1 为已知,试求在图示位置时各运动副中的反力及作用在构件 3 上的平衡力矩 M_3。解题时仍不考虑构件的重力及惯性力。

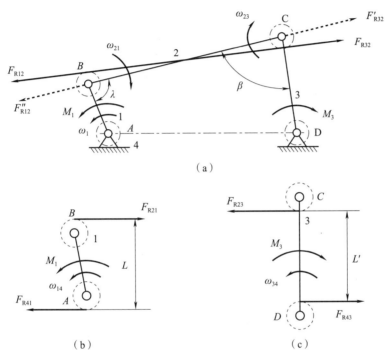

图 4-17　四杆机构

解:假设已经求出构件 2 所受的两力 F_{R12}、F_{R32} 的方位。取曲柄 1 为分离体,如图 4-17(b)所示,则曲柄 1 应在 F_{R21}、F_{R41} 及力矩 M_1 的作用下平衡。根据力平衡条件知,$F_{R41}=-F_{R21}$。又因 $\omega_{14}=\omega_1$ 为逆时针方向,故 F_{R41} 应与 F_{R21} 平行且切于 A 处摩擦圆的下方。由力矩平衡,得

$$F_{R21}=M_1/L$$

式中 L 为力 F_{R21} 和 F_{R41} 之间的力臂。

取构件 3 为分离体,如图 4-17(c)所示,根据力平衡条件可得 $F_{R23}=-F_{R43}=F_{R21}$。因 $\omega_{34}=\omega_3$ 沿逆时针方向,故 F_{R43} 应切于 D 处摩擦圆的上方,故应作用在构件 3 上的平衡力矩 M_3 应为

$$M_3=F_{R23}L'$$

式中 L' 为 F_{R23} 与 F_{R43} 之间的力臂。因 M_3 的方向与 ω_3 相反,故平衡力矩为阻抗力矩。

在考虑摩擦时进行机构力的分析,关键是确定运动副中总反力的方向。为此,一般都先从二力构件做起。但在有些情况下,运动副中总反力的方向不能直接定出,因而无法求解。

在此情况下,可以采用逐次逼近的方法,即首先完全不考虑摩擦确定出运动副中的反力,然后再根据这些反力(因为未考虑摩擦,所以这些反力实为正压力)求出各运动副中的摩擦力,并把这些摩擦力也作为已知外力,重新全部计算。为了求得更为精确的结果,还可重复上述步骤,直至求得满意的结果。

在冲床等设备中,其主传动用曲柄滑块机构是在冲头的下极限位置附近做冲压工作的,这时考虑或不考虑摩擦分析可能导致结果相差一个数量级,故这类设备在做力分析时必须考虑摩擦。

4.3.4 机械的自锁

有些机械,就其结构情况分析,只需加上足够大的驱动力,理论上就应该能够沿着有效驱动力作用的方向运动,而实际上由于摩擦的存在,都会出现无论这个驱动力如何增大,也无法使它运动的现象,这种现象就称为机械的自锁。

自锁现象在机械工程中具有十分重要的意义:①设计新机械实现预期的运动规律,需避免自锁;②自锁在实际中有应用。

1)移动副的自锁条件

如图 4-12(c)所示,当 $\lambda \leqslant \varphi$ 时,$P_x \leqslant R_{12}$,即驱动力 P 的作用线在摩擦角 φ 之内,若滑块是静止不动的,则无论驱动力 P 如何增大,驱动力 P 的有效分力总是小于驱动力 P 本身所能引起的最大摩擦力,因而滑块总不会发生运动,这就发生了所谓的自锁现象。故移动副的自锁条件为

$$\text{移动副自锁} \Leftrightarrow \lambda \leqslant \varphi \Leftrightarrow P_x \leqslant F_{12} \tag{4-32}$$

2)转动副的自锁条件

如图 4-18 所示,轴颈 1 与轴承 2 组成转动副。若外载荷 P 作用在摩擦圆之内,则 $M(P) = Pa$,而 P 引起的最大摩擦力矩为:$M_f(P) = R_{21}\rho = P\rho$,故 $M(P) < M_f(P)$。也就是无论 P 如何增大,也不能驱使轴颈转动,即发生了自锁。故转动副的自锁条件为

$$\text{转动副自锁} \Leftrightarrow a \leqslant \rho \Leftrightarrow M(P) \leqslant M_f(P) \tag{4-33}$$

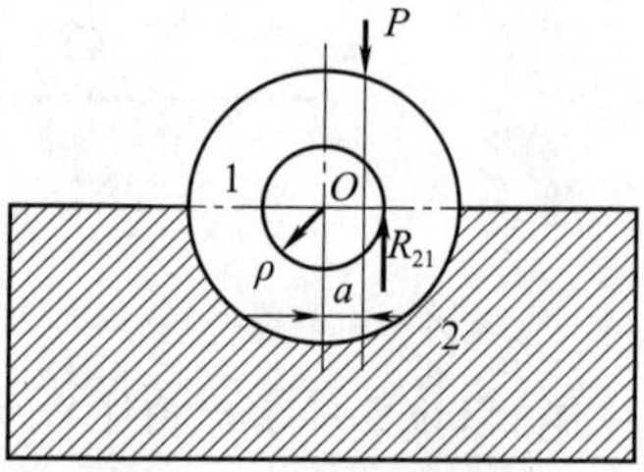

图 4-18 转动副自锁分析

3)机械发生自锁的效率条件

如前所述,当机械发生自锁时,无论驱动力的大小如何变化,都不能使机械产生运动。这实质上是由于在此情况下,驱动力所做的功 δM_d 总量小于(或等于)由其引起的最大摩擦阻力所做的功 δM_f,故当机械自锁时

$$\eta = 1 - \frac{\delta W_f}{\delta W_d} \tag{4-34}$$

在设计机械时,可以利用上式判断其是否自锁及出现自锁的条件。

机械自锁时已根本不能做功,故此时 η 没有一般效率的意义,它只表明机械自锁的程度。当 $\eta = 0$ 时,机械处于临界自锁状态;若 $\eta < 0$ 时,则其绝对值越大,表明自锁越可靠。

实例 4-4 如图 4-19 所示为一焊接用的楔形夹具,利用这个夹具把两块要焊接的工件 1 和 1′预先夹好,以便焊接。图 4-19 中 2 为夹具体,3 为楔块。若已知各接触面间的摩擦因数

均为 f,试确定此夹具的自锁条件(即当夹紧后,楔块 3 不会自动松脱出来的条件)。

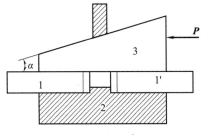

图 4-19　楔形夹具

解:根据 $\eta \leqslant 0$ 的条件来确定。

取楔块 3 为分离体,由 $\boldsymbol{P}' + \boldsymbol{R}_{13} + \boldsymbol{R}_{23} = 0$ 做力多边形,如图 4-20 所示,则有:

$$\frac{P'}{\sin(\alpha - 2\varphi)} = \frac{R_{23}}{\sin(90° + \varphi)}$$

得

$$R_{23} = \frac{\cos\varphi}{\sin(\alpha - 2\varphi)}P'$$

注意,这时 R_{23} 为驱动力。

因为

$$\eta = \frac{(R_{23})_{\varphi = 0}}{(R_{23})_{\varphi}} = \frac{\dfrac{P'}{\sin\alpha}}{\dfrac{\cos\varphi}{\sin(\alpha - 2\varphi)}P'}$$

所以

$$\eta = \frac{\sin(\alpha - 2\varphi)}{\sin\alpha\cos\varphi}$$

设 $\eta \leqslant 0$,则该机构的自锁条件为 $\sin(\alpha - 2\varphi) \leqslant 0$,即 $\alpha \leqslant 2\varphi$。

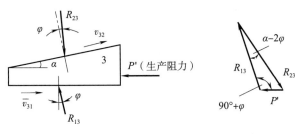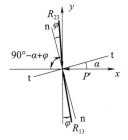

图 4-20　做力多边形

②根据运动副的自锁条件来确定。

由楔块 3 的受力图可知,R_{23}(驱动力)作用在 R_{13} 的摩擦角之内时,机构自锁,即

$$\alpha - \varphi \leqslant \varphi$$

从而可知 $\alpha \leqslant 2\varphi$ 是楔块 3 的自锁条件。

③根据机构所克服的生产阻力非正的条件来确定。

生产阻力：

$$P' = R_{23} \frac{\sin(\alpha - 2\varphi)}{\cos\varphi}$$

令 $P' \leq 0$，得 $\alpha \leq 2\varphi$，即为自锁条件。

本 章 小 结

在机器的运动过程中，组成机器的各个构件都会受到力的作用。这些力包括驱动力、阻力、惯性力和运动副反力等。机械效率也可以采用力或力矩的形式来表示。

杆组所能列出的独立的力平衡方程数等于杆组中所有力的未知要素的数目是杆组的静定条件。不考虑摩擦时，可以通过图解法和解析法进行机构的动态静力分析。

在高速重载机械中，摩擦力是不能忽略的。通过确定移动副和转动副中的摩擦力，可以在考虑摩擦时对机构进行力分析。摩擦力的存在也是机械产生自锁的原因。

习 题

1. 判断题

（1）摩擦力总是有害阻力。　　　　　　　　　　　　　　　　　　　　（　　）

（2）惯性力是构件在作变速运动时产生的。　　　　　　　　　　　　　（　　）

（3）机械效率是用来衡量机械对能量有效利用程度的物理量。　　　　　（　　）

（4）V 带传动利用了楔形面能产生更大摩擦力的原理。　　　　　　　　（　　）

（5）自锁是机械的固有属性，所以机械都有自锁现象。　　　　　　　　（　　）

2. 单选题

（1）重力在机械运转过程中起到的作用是（　　　）

A. 做正功　　　　　　　　　　　　　　B. 做负功

C. 有时做正功，有时做负功　　　　　　D. 不做功

（2）不能称为平面机构的基本运动形式的是（　　　）

A. 直线移动　　　　B. 定轴转动　　　　C. 曲线运动　　　　D. 平面运动

（3）楔形面比平面能产生更大的摩擦力，是因为（　　　）

A. 楔形面构件表面的实际摩擦因数变大

B. 由于结构导致的当量摩擦因数更大

C. 正压力变大

3. 简答题

（1）何谓机构的动态静力分析？对机构进行动态静力分析的步骤如何？

（2）构件组的静定条件是什么？基本杆组都是静定杆组吗？

（3）采用当量摩擦因数 f_v 及当量摩擦角 φ_v 的意义何在？当量摩擦因数 f_v 与实际摩擦因数 f 不同，是因为两物体接触面几何形状改变，从而引起摩擦因数改变的结果，对吗？

(4)在转动副中,无论什么情况,总反力始终应与摩擦圆相切的论断是否正确? 为什么?

4. 计算题

(1)在图 4-21 所示的曲柄滑块机构中,设已知 $l_{AB}=0.1$ m, $l_{BC}=0.33$ m, $n_1=1\,500$ r/min(为常数),活塞及其附件的重量 $G_3=21$ N,连杆重量 $G_2=25$ N, $J_{S_2}=0.042\,5$ kg·m²,连杆质心 S_2 的位置为 $l_{BS_2}=\dfrac{1}{3}BC$。试确定在图示位置时活塞的惯性力及连杆的总惯性力。

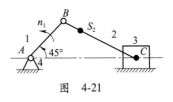

图　4-21

(2)一偏心轮凸轮机构,已知机构的尺寸参数如图 4-22 所示, G 为推杆 2 所受载荷(包括其重力和惯性力), M 为作用于凸轮轴上的驱动力矩。设 f_1 和 f_2 分别为推杆与凸轮之间及推杆与导路之间的摩擦因数, f_v 为凸轮轴颈与轴承间的当量摩擦因数(凸轮轴颈直径为 d)。试求当凸轮转角为 φ 时该机构的效率,并讨论凸轮机构尺寸参数对机构效率大小的影响。

(3)图 4-23 所示为一颚式破碎机,在破碎矿石时要求矿石不致被向上挤出,试问 α 角应满足什么条件? 经分析可以得出什么结论?

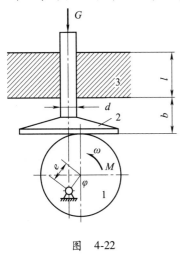

图　4-22

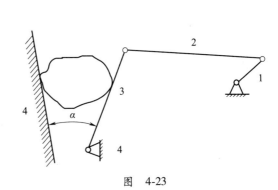

图　4-23

第5章　平面连杆机构及其设计

主要内容

平面四杆机构的基本类型及其演化；平面四杆机构的基本知识；平面四杆机构的设计；多杆机构。

学习目的

(1)了解平面四杆机构的基本类型和演化形式，掌握其演化方法。

(2)掌握平面四杆机构的基本知识。

(3)了解平面连杆机构设计的基本问题，掌握作图法和解析法等设计方法。

(4)了解多杆机构。

引　例

水排(图 5-1)是我国古代一种冶铁用的水力鼓风装置，在公元 31 年由杜诗创制，其具体的结构当时缺乏记载，直到元朝王祯在《王祯农书》中才对水排作了详细的介绍。

选择湍急的河流的岸边，架起木架，在木架上直立一个转轴，上下两端各安装一个大型卧轮，在下卧轮(水轮)的轮轴四周装有叶板，承受水流，是把水流的流动转变为机械转动的装置；在上卧轮的前面装一鼓形的小轮("旋鼓")，与上卧轮用"弦索"相连(相当于传送带)；在鼓形小轮的顶端安装一个曲柄，曲柄上再安装一个可以摆动的连杆，连杆的另一端与卧轴上的一个"攀耳"相连，卧轴上的另一个攀耳和盘扇间安装一根"直木"(相当于往复杆)。这样，当水流冲击下卧

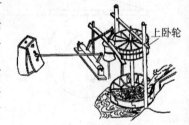

图 5-1　水排

轮时，就带动上卧轮旋转。由于上卧轮和鼓形小轮之间有弦索相连，因此上卧轮旋转一周，可使鼓形小轮旋转几周，鼓形小轮的旋转又带动顶端的曲柄旋转，这就使得和它相连的连杆运动，连杆又通过攀耳和卧轴带动直木往复运动，使排扇一启一闭，进行鼓风。

杜诗创制的水排，不仅运用了主动轮、从动轮、曲柄、连杆等机构把圆周运动变为拉杆的直线往复运动；还运用了带传动，使直径比从动轮小的旋鼓快速旋转。它在结构上，已具有了动力机构、传动机构和工作机构三个主要部分，因此实际上可以看作是现代水轮机的前身，水排的出现标志着中国复杂机器的诞生。远在一千九百多年前，就能创制出这样完整的水力机械，确实显示了中国古人的智慧和创造才能，在世界科技史上占有重要的地位。在欧洲，使用水力鼓风设备的鼓风炉到公元 11 世纪才出现，而普遍使用的却是 14 世纪的事了。

连杆机构是一种应用十分广泛的机构，图 5-2、图 5-3 中所示机构的共同特点是原动件 1

的运动都要经过一个不直接与机架相连的中间构件 2 才能传动到从动件 3,这个不直接与机架相连的中间构件称为连杆,把具有连杆的这些机构统称为连杆机构。

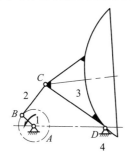

图 5-2　雷达天线调整机构

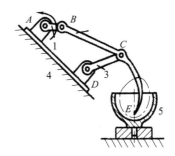

图 5-3　搅拌机

优点:

(1)其运动副一般为低副面接触,压强较小,可以承受较大的载荷,便于润滑,不易产生大的磨损,几何形状较简单,便于加工制造。

(2)在原动件运动规律不变的条件下,可通过改变构成尺寸,使从动件得到不同的运动规律。

(3)连杆上各点的轨迹是各种不同形状的曲线,其形状随着各构件相对长度的改变而改变,故连杆曲线的形式多样,可以满足不同工作的需要。

缺点:

(1)有较长的运动链,使连杆机构产生较大的积累误差,降低机械效率。

(2)连杆及滑块的质心都在做变速运动,它们所产生的惯性力难于用一般的平衡方法加以消除,增加机构的动载荷,所以连杆机构一般不宜用于高速传动。

这类机构常应用于机床、动力机械、工程机械、包装机械、印刷机械和纺织机械中,如:牛头刨床中的导杆机构、活塞式发动机和空气压缩机中的曲柄滑块机构、包装机中的执行机构等。

随着连杆机构设计方法的发展,电子计算机的普及应用以及有关设计软件的开发,连杆机构的设计速度和设计精度有了较大的提高,而且在满足运动学要求的同时,还可考虑到动力学特性。尤其是微电子技术及自动控制技术的引入、多自由度连杆机构的采用,使连杆机构的结构和设计大为简化,使用范围更为广泛。

5.1　平面四杆机构的基本类型及其演化

5.1.1　平面四杆机构的基本形式

图 5-4 所示的铰链四杆机构(所有运动副都是回转副的四杆机构)是平面四杆机构的基本形式,其他形式的四杆机构可看作是在它的基础上演化而成的。AD 为机架,AB、CD 为连架杆,BC 为连杆。在连架杆中,能做整周回转的称为曲柄,只能在一定范围内摆动的则称为

摇杆。

在铰链四杆机构中,各运动副都是转动副。如组成转动副的两构件能相对整周转动,则称其为周转副;而不能做相对整周转动者,则称其为摆转副。

根据铰链四杆机构有无曲柄,可将其分为三类。

1)曲柄摇杆机构

在铰链四杆机构中,若两个连架杆中一个为曲柄,另一个为摇杆,则此四杆机构称为曲柄摇杆机构;当曲柄为原动件,摇杆为从动件时,可将曲柄的连续转动转变成摇杆的往复摆动。该机构在实际中多有应用,如图 5-2 所示调整雷

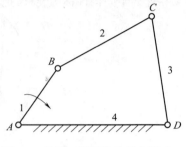

图 5-4　铰链四杆机构的基本形式

达天线俯仰角的曲柄摇杆机构。曲柄 1 缓慢地匀速转动,通过连杆 2,使摇杆 3 在一定角度范围内摆动,以调整天线俯仰角的大小。

2)双曲柄机构

在铰链四杆机构中,若两个连架杆都是曲柄,则称其为双曲柄机构。

图 5-5 所示的惯性筛中的构件 1、构件 2、构件 3、构件 4 组成的机构,为双曲柄机构。在惯性筛机构中,主轴曲柄 AB 等角速度回转一周,曲柄 CD 变角速度回转一周,进而带动筛子 EF 往复运动筛选物料。

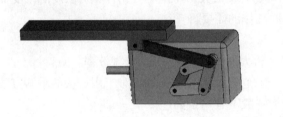 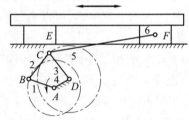

图 5-5　惯性筛机构

在双曲柄机构中,用得较多的是平行双曲柄机构,或称平行四边形机构,当两曲柄的长度相等且平行布置时,即为平行双曲柄机构。图 5-6(a)所示为正平行双曲柄机构,其特点是两曲柄转向相同、转速相等及连杆做平动,因而应用广泛。火车驱动轮联动机构利用了同向等速的特点,如图 5-7(a)所示。

如图 5-6(b)所示为逆平行双曲柄机构,具有两曲柄反向不等速的特点,车门的启闭机构利用了两曲柄反向转动的特点,如图 5-7(b)所示。

3)双摇杆机构

两个连架杆均只能在不足一周的范围内运动的铰链四杆机构称为双摇杆机构。如图 5-8 所示为起重机吊臂结构原理,其中,$ABCD$ 构成双摇杆机构,AD 为机架。在主动摇杆 AB 的驱动下,随着机构的运动,连杆 BC 的外伸端点 N 获得近似直线的水平运动,使吊重 Q 能做水平移动,大大节省了移动吊重所需要的功率。图 5-9 所示为电风扇摇头机构原理,电动机外壳作为其中的一根摇杆 AB,蜗轮作为连杆 BC,构成双摇杆机构 $ABCD$。蜗杆随扇叶同轴转动,带动 BC 作为主动件绕 C 点摆动,使摇杆 AB 带动电动机及扇叶一起摆动,实现一台电

动机同时驱动扇叶和摇头机构。图 5-10 所示的汽车偏转车轮转向机构采用了等腰梯形双摇杆机构。该机构的两个摇杆 *AB*、*CD* 是等长的,适当选择两摇杆的长度,可以使汽车在转弯时两转向轮轴线近似相交于其他两轮轴线延长线某点 *P*,汽车整车绕瞬时中心 *P* 点转动,获得各轮子相对于地面做近似的纯滚动,以减少轮胎的磨损。

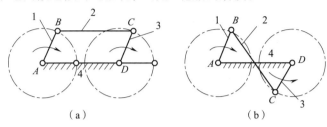

（a）　　　　　　　　　　　　（b）

图 5-6　平面双曲柄机构

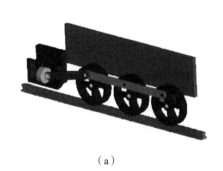

（a）　　　　　　　　　　　　（b）

图 5-7　平面双曲柄机构的应用

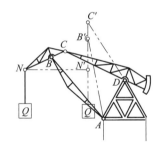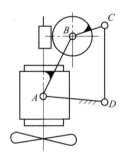

图 5-8　起重机吊臂结构原理图　　　　图 5-9　电风扇摇头机

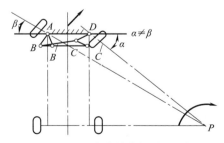

图 5-10　汽车偏转车轮转向机构

5.1.2 平面四杆机构的演化形式

铰链四杆机构可以演化为其他形式的四杆机构。

1）改变构件的形状和运动尺寸

在图 5-11(b) 所示的曲线导轨的曲柄滑块机构可看成是由图 5-11(a) 所示的曲柄摇杆机构演化而来，其中摇杆 DC 可由绕 D 点沿轨道 $\beta\beta$ 运动的滑块 3 所替代。当将摇杆 3 的长度增至无穷大时，铰链 C 运动的轨迹 $\beta\beta$ 将变为直线，而与之相应的图 5-11(b) 中的曲线导轨将变为直线导轨，于是铰链四杆机构将演化成为常见的曲柄滑块机构，如图 5-12(a) 所示。其中图 5-12(a) 所示为具有一偏距 e 的偏置曲柄滑块机构；图 5-12(b) 所示为没有偏距的对心曲柄滑块机构。

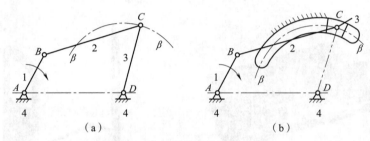

图 5-11 曲柄滑块机构演化步骤 1

由于对心曲柄滑块机构结构简单，受力情况好，故在实际生产中得到广泛应用。因此，今后如果没有特别说明，所提的曲柄滑块机构即指对心曲柄滑块机构。

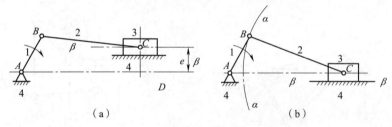

图 5-12 曲柄滑块机构演化步骤 2

应该指出，滑块的运动轨迹不仅局限于圆弧和直线，还可以是任意曲线，甚至可以是多种曲线的组合，这就远远超出了铰链四杆机构简单演化的范畴，也使曲柄滑块机构的应用更加灵活、广泛。

图 5-13 所示为曲柄滑块机构的应用。图 5-13(a) 所示为应用于内燃机、空压机、蒸汽机的活塞—连杆—曲柄机构，其中活塞相当于滑块。图 5-13(b) 所示为用于自动送料装置的曲柄滑块机构，曲柄每转一圈活塞送出一个工件。

在图 5-12(b) 所示的曲柄滑块机构中，由于铰链 B 相对于铰链 C 运动的轨迹为 $\alpha\alpha$ 圆弧，所以如将连杆 2 作成滑块形式，并使之沿滑块 3 上的圆弧导轨 $\alpha\alpha$ 运动，如图 5-14(a) 所示，此时已演化成为一种具有两个滑块的四杆机构。

设将图 5-14(a) 所示曲柄滑块机构中的连杆 2 的长度增至无穷长，则圆弧导轨 $\alpha\alpha$ 将成为直线，该机构将演化成为图 5-14(b) 所示的所谓正弦机构。

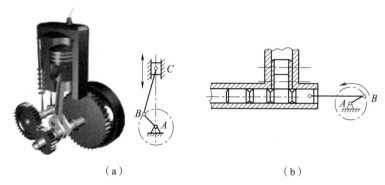

（a）　　　　　　　　　　　　　（b）

图 5-13　曲柄滑块机构的应用

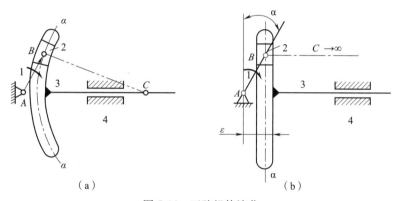

（a）　　　　　　　　　　　　　（b）

图 5-14　正弦机构演化

2）改变运动副的尺寸

在图 5-15（a）所示的曲柄滑块机构中，当曲柄 AB 的尺寸较小时，由于结构的需要，常将曲柄改为图 5-15（b）所示的一个几何中心与回转中心不重合的圆盘，此圆盘称为偏心轮，这种机构则称为偏心轮机构。偏心轮机构可认为是将曲柄滑块机构中的转动副 B 的半径扩大，使之超过曲柄长度演化而成。偏心轮机构的运动特性与曲柄滑块机构完全相同，但大大提高了机构的强度和刚度，广泛应用于冲压机床、破碎机等承受较大冲击载荷的机械中。

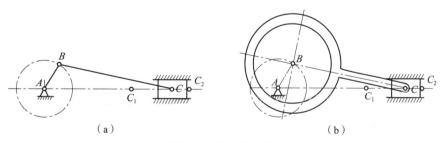

（a）　　　　　　　　　　　　　（b）

图 5-15　偏心轮机构

3）选用不同的构件为机架

对一个曲柄摇杆机构变更机架，该机构可以演化为双曲柄机构和双摇杆机构。同样，对曲柄滑块机构变更机架，该机构可以演化为导杆机构、曲柄摇块机构、定块机构（直动滑杆机构)等多种机构。

在图 5-16(a)所示的曲柄滑块机构中,若改选构件 AB 为机架,如图 5-16(b)所示,则称为导杆机构。在导杆机构中,如果导杆能做整周转动,则称为回转导杆机构。如果导杆仅能在某一角度范围内往复摆动,则称为摆动导杆机构。导杆机构具有很好的传力性能,在插床、刨床等要求传递重载的场合得到应用。图 5-17(a)所示为插床的工作机构,图 5-17(b)所示为牛头刨床的工作机构。

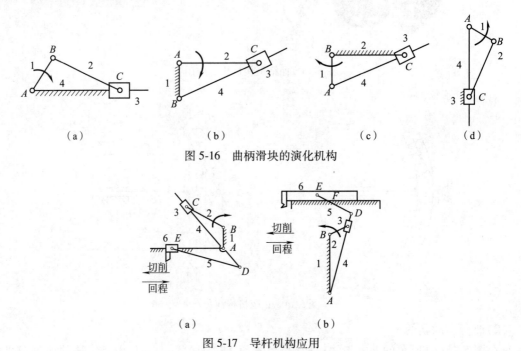

图 5-16 曲柄滑块的演化机构

图 5-17 导杆机构应用

如果在图 5-16(a)所示的曲柄滑块机构中改选构件 BC 为机架,如图 5-16(c)所示,则将演化成为曲柄摇块机构。摇块机构在液压与气压传动系统中得到广泛应用,如图 5-18 所示为摇块机构在自卸货车上的应用,以车架为机架,液压缸筒与车架铰接于 B 点成摇块,主动件活塞及活塞杆可沿缸筒中心线往复移动成导路,带动车厢绕 A 点摆动实现卸料或复位。

如果在图 5-16(a)所示的曲柄滑块机构中改选滑块为机架,如图 5-16(d)所示,则将演化为定块机构(直动滑杆机构)。图 5-19 为定块机构在手动唧筒上的应用,用手上下扳动主动件,使作为导路的活塞及活塞杆沿唧筒中心线往复移动,实现唧水或唧油。

图 5-18 摇块机构及其应用

图 5-19 定块机构及其应用

选运动链中不同构件作为机架以获得不同机构的演化方法称为机构的倒置。双滑块四杆机构等其他机构同样可以经过机构的倒置获得不同形式的四杆机构。

☞ **特别提示**

连杆机构的应用非常广泛,在日常生活和生产中经常遇到各种形式的连杆机构,尽管连杆机构的外形千变万化,但通过用机构运动简图来表示机构的演化知识,可将其归结为少数几种基本类型,这就为连杆机构的分析和综合提供了方便,也为将来连杆机构的结构设计提供了很大的自由度。所以,在学习过程中,对四杆机构的基本形式及其演化这部分内容要特别注意。

5.2　平面四杆机构的基本知识

由于铰链四杆机构是平面四杆机构的基本形式,其他的四杆机构可认为是由它演化而来,所以本节只着重研究铰链四杆机构的一些基本知识,其结论可方便地应用到其他形式的四杆机构上。

5.2.1　铰链四杆机构有曲柄的条件

如图 5-20 所示,设分别以 a、b、c、d 表示铰链四杆机构各杆的长度,AD 为机架,讨论能做整周回转即转动副 A 为周转副的条件。

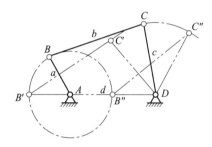

图 5-20　曲柄存在的条件

要转动副 A 为周转副,则 AB 杆应能处于图 5-20 中任何位置。AB 杆与 AD 杆共线时占据的两个位置为 AB' 与 AB'',分别得到 $\triangle DB'C'$ 和 $\triangle DB''C''$。而由三角形的边长关系可得

$$a+d \leqslant b+c \tag{5-1}$$
$$b \leqslant (d-a)+c \quad 即 \quad a+b \leqslant c+d \tag{5-2}$$
$$c \leqslant (d-a)+b \quad 即 \quad a+c \leqslant b+d \tag{5-3}$$

将式(5-1)、式(5-2)、式(5-3)分别两两相加,则得

$$a \leqslant b, a \leqslant c, a \leqslant d \tag{5-4}$$

即 AB 杆为最短杆。

分析上述各式,可得出转动副 A 为周转副的条件是:

(1)最短杆长度+最长杆长度≤其余两杆长度之和,此条件称为杆长条件。

(2)组成该周转副的两杆中必有一杆为最短杆。

上述条件表明,当四杆机构各杆的长度满足杆长条件时,有最短杆参与构成的转动副都是周转副,而其余的转动副则是摆转副。

由此可得四杆机构有曲柄的条件为：

（1）各杆的长度应满足杆长条件。

（2）最短杆是机架或连架杆。

当最短杆为连架杆时，机构为曲柄摇杆机构；当最短杆为机架时，为双曲柄机构；当最短杆为连杆时，为双摇杆机构。

如果四杆机构的两相邻杆长两两相等，则机构将变成泛菱形机构，如图 5-21 所示。它具有三个周转副，一个摆转副。当其以短杆为机架时[图 5-21(a)]，为双曲柄机构；当其以长杆为机架时[图 5-21(b)]，则为曲柄摇杆机构。这种机构，当其相邻两杆重叠到一起时将退化为二杆机构，如图 5-21(c)所示，其运动不确定。

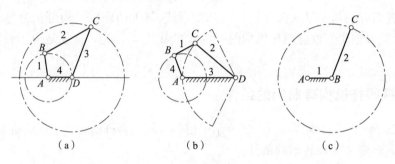

（a） （b） （c）

图 5-21 泛菱形机构

👉 **特别提示**

在判断平面四杆机构是否存在曲柄时，首先要判断其是否满足杆长条件。满足杆长条件且有最短杆参与构成的转动副为周转副，否则为摆转副。进一步再看以哪个杆为机架，就可知道有无曲柄和有几个曲柄存在。判断四杆机构是否存在曲柄，对选择原动机的类型很重要，因为以普通电动机作为原动机时，拖动曲柄最为方便。

5.2.2 铰链四杆机构的急回运动特性

1）铰链四杆机构的急回运动

在图 5-22 所示的曲柄摇杆机构中，设曲柄 AB 为主动件，以等角速度顺时针转动。曲柄在旋转过程中每周有两次与连杆重叠，如图 5-22 中的 B_1AC_1 和 AB_2C_2 两位置。这时的摇杆位置 C_1D 和 C_2D 称为极限位置，简称极位。C_1D 和 C_2D 的夹角 φ 称为最大摆角。曲柄处于两极位 AB_1 和 AB_2 的所夹锐角 θ 称为极位夹角。设曲柄以等角速度 ω_1 顺时针转动，从 AB_1 转到 AB_2 和从 AB_2 转到 AB_1 所经过的角度为 $(\pi+\theta)$ 和 $(\pi-\theta)$，所需的时间为 t_1 和 t_2，相应的摇杆上 C 点经过的路线为 C_1C_2 弧和

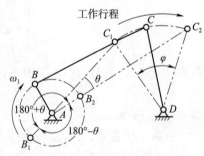

图 5-22 曲柄摇杆机构的运动特性

C_2C_1 弧，C 点的平均线速度为 v_1 和 v_2，显然有 $t_1>t_2$，$v_1<v_2$。这种返回速度大于推进速度的现象称为急回运动，通常用 v_1 与 v_2 的比值 K 来描述急回特性，K 称为行程速比系数，即

$$K = \frac{v_2}{v_1} = \frac{\widehat{C_1C_2}/t_2}{\widehat{C_1C_2}/t_1} = \frac{t_1}{t_2} = \frac{180° + \theta}{180° - \theta} \qquad (5\text{-}5)$$

或者

$$\theta = 180° \frac{K-1}{K+1} \qquad (5\text{-}6)$$

2）铰链四杆机构具有急回特性的条件

（1）主动件以等角速度做整周转动。

（2）输出从动件做具有正行程和反行程的往复运动。

（3）机构的急位夹角 $\theta > 0°$。

3）其他几种常用机构急回特性

（1）曲柄滑块机构。

根据铰链四杆机构具有急回特性的条件，可知对心曲柄滑块机构的极位夹角 $\theta = 0°$，故其无急回特性。而偏置曲柄滑块机构的极位夹角 $\theta > 0°$，有急回特性，如图 5-23 所示。

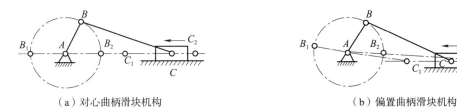

（a）对心曲柄滑块机构　　　　　　　　（b）偏置曲柄滑块机构

图 5-23　曲柄滑块机构

（2）导杆机构。

根据铰链四杆机构具有急回特性的条件，可知导杆机构的极位夹角 $\theta = \varphi > 0°$，有急回特性，如图 5-24 所示。

铰链四杆机构的急回特性应用于牛头刨床、往复式运输机等，都是为了提高生产效率，将机构的工作行程安排在摇杆平均速度较低的行程，而将机构的空回行程安排在摇杆平均速度较高的行程。

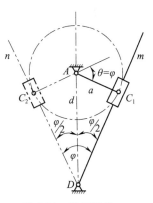

图 5-24　导杆机构

👉 **特别提示**

急回机构的急回方向与原动件的回转方向有关，为避免把急回方向弄错，在有急回要求的设备上，应明显标识出原动件的正确回转方向。

知识链接

一般机械大多利用慢进快退的特性，以节约辅助时间；但在破碎矿石、焦炭等的破碎机中，则有利用其快进慢退特性的，使矿石有充足的时间下落，以避免矿石因被多次破碎而形成过粉碎。由此可见机械工程的要求的多样性，故在设计机械时思路一定要放开。

5.2.3 铰链四杆机构的传动角和死点

1）压力角与传动角

在工程应用中连杆机构除了要满足运动要求外,还应具有良好的传力性能,以减小结构尺寸和提高机械效率。下面在不计重力、惯性力和摩擦作用的前提下,分析曲柄摇杆机构的传力特性。如图 5-25 所示,主动曲柄的动力通过连杆作用于摇杆上的 C 点,驱动力 F 必然沿 BC 方向,将 F 分解为切线方向和径向方向两个分力 F_t 和 F_r,切向分力 F_t 与 C 点的运动方向 v_C 同向。由图 5-25 知

$$F_t = F\cos \alpha \text{ 或 } F_t = F\sin \gamma$$
$$F_r = F\sin \gamma \text{ 或 } F_r = F\cos \alpha$$

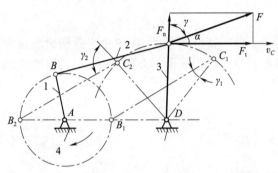

图 5-25　偏置曲柄摇杆机构的压力角和传动角

α 角是 F_t 与 F 的夹角,称为机构的压力角,即驱动力 F 与 C 点的运动方向的夹角。α 随机构的不同位置有不同的值。它表明了在驱动力 F 不变时,推动摇杆摆动的有效分力 F_t 的变化规律,α 越小 F_t 就越大。

压力角 α 的余角 γ 是连杆与摇杆所夹锐角,称为传动角。由于 γ 更便于观察,所以通常用来检验机构的传力性能。传动角 γ 随机构的不断运动而相应变化,为保证机构有较好的传力性能,应控制机构的最小传动角 γ_{min}。一般可取 $\gamma_{min} \geqslant 40°$,重载高速场合取 $\gamma_{min} \geqslant 50°$。曲柄摇杆机构的最小传动角出现在曲柄与机架共线的两个位置之一,如图 5-25 所示的 B_1 点或 B_2 点位置。

2）最小传动角 γ_{min} 确定

由图 5-25 可见,γ 与机构的 $\angle BCD$ 有关。设 $a = \overline{AB}$、$b = \overline{BC}$、$c = \overline{CD}$、$d = \overline{DA}$。在 $\triangle B_2C_2D$ 和 $\triangle B_1C_1D$ 中,由余弦定理得

$$\gamma_1 = \angle B_1C_1D = \arccos \frac{b^2+c^2-(d-a)^2}{2bc} \tag{5-7}$$

$$\gamma_2 = \angle B_2C_2D = \arccos \frac{b^2+c^2-(d+a)^2}{2bc} \quad (\angle B_2C_2D < 90°) \tag{5-8}$$

$$\gamma_2 = 180° - \arccos \frac{b^2+c^2-(d+a)^2}{2bc} \quad (\angle B_2C_2D > 90°) \tag{5-9}$$

机构的最小转动角是 $\gamma_{min} = [\gamma_1, \gamma_2]$。

3）其他常用机构 $\gamma_{\min}$ 的确定

偏置曲柄滑块机构，以曲柄为主动件，滑块为从动件，传动角 γ 为连杆与导路垂线所夹锐角，如图 5-26 所示。最小传动角 $\gamma_{\min}$ 出现在曲柄垂直于导路时的位置，并且位于与偏距方向相同一侧。对于对心曲柄滑块机构，即偏距 $e=0$ 的情况，显然其最小传动角 $\gamma_{\min}$ 出现在曲柄垂直于导路时的位置。

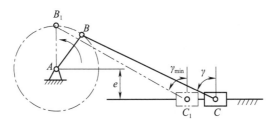

图 5-26　偏置曲柄滑块机构的传动角

对以曲柄为主动件的摆动导杆机构，因为滑块对导杆的作用力始终垂直于导杆，其传动角 γ 恒为 90°，即 $\gamma = \gamma_{\min} = \gamma_{\max} = 90°$，表明导杆机构具有较好的传力性能。

知识链接

从传力性能来看，最小传动角越大越好，故教材上推荐对传力大的机构 $\gamma_{\min} \geqslant 40° \sim 50°$，但对一些不常使用的机械装置，当空间尺寸又受到限制时，最小传动角可以小一些，只要不自锁即可。在波音 707 飞机的仓门启闭机构中，最小传动角只有 10°。所以在设计时，一定要因地制宜地确定各设计参数，不要唯书本是从。

4）死点

从 $F_t = F\cos\alpha$ 知，当压力角 $\alpha = 90°$ 时，对从动件的作用力或力矩为零，此时连杆不能驱动从动件工作，机构所处的这种位置称为死点。图 5-27（a）所示的曲柄摇杆机构，当从动曲柄 AB 与连杆 BC 共线时，出现压力角 $\alpha = 90°$，传动角 $\gamma = 0°$。如图 5-27（b）所示的曲柄滑块机构，如果以滑块作主动件，则当从动曲柄 AB 与连杆 BC 共线时，外力 F 无法推动从动曲柄转动。机构处于死点位置，一方面驱动力作用降为零，从动件要依靠惯性越过死点；另一方面是方向不定，可能因偶然外力的影响造成反转。

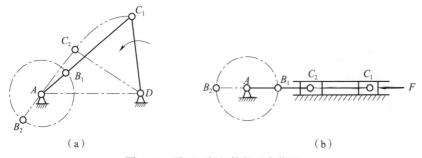

|（a）|（b）|

图 5-27　平面四杆机构的死点位置

四杆机构是否存在死点，取决于从动件是否与连杆共线。图 5-27（a）所示为曲柄摇杆机构，如果改摇杆主动为曲柄主动，则摇杆为从动件，因连杆 BC 与摇杆 CD 不存在共线的位置,故不存在死点。图 5-27(b)所示的曲柄滑块机构,如果改曲柄为主动,就不存在死点。

死点的存在对机构运动是不利的,应尽量避免出现死点。当无法避免出现死点时,一般可以采用加大从动件惯性的方法,靠惯性帮助通过死点。例如内燃机曲轴上的飞轮,也可以采用机构错位排列的方法,靠两组机构死点位置差的作用通过各自的死点。

在实际工程应用中,有许多场合是利用死点位置来实现一定工作要求的。

如图 5-28(a)所示为一种快速夹具,要求夹紧工件后夹紧反力不能自动松开夹具,所以将夹头构件 1 看成主动件,当连杆 2 和从动件 3 共线时,机构处于死点,夹紧反力 N 对摇杆 3 的作用力矩为零。这样,无论 N 有多大,也无法推动摇杆 3 而松开夹具。当我们用手搬动连杆 2 的延长部分时,因主动件的转换破坏了死点位置而轻易地松开工件。如图 5-28(b)所示为飞机起落架处于放下机轮的位置,地面反力作用于机轮上使 AB 件为主动件,从动件 CD 与连杆 BC 成一直线,机构处于死点,只要用很小的锁紧力作用于 CD 杆即可有效地保持着支撑状态。当飞机升空离地要收起机轮时,只要用较小力量推动 CD 杆,就会因主动件改为 CD 杆而破坏了死点位置而轻易地收起机轮。此外,还有汽车发动机盖、折叠椅等也运用了这种特性。

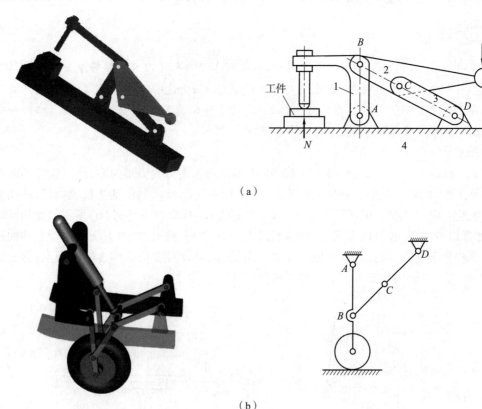

（a）

（b）

图 5-28　机构死点位置的应用

👉 **特别提示**

在四杆机构中当连杆与从动件共线时,机构处于死点位置。这时不论驱动力多大都不能使机构运动,这一点似乎与"自锁"相似,但两者的实质是不同的,机构之所以发生自锁,是由于机构中存在摩擦的关系,而当连杆机构处于死点时,即使不存在摩擦,机构也不能运动,这就是它们之间的区别。在考虑摩擦时,当连杆与从动件接近共线时,机构就自锁了。连杆机构的死点位置也是机构的转折点位置。在死点位置机构是不能动的,但因一些偶然因素(如冲击振动等),机构可能会动起来,但这时从动件的转向可能正转也可能反转,即从动件的运动在该处可能发生转折,故死点又称转折点。

5.2.4　铰链四杆机构的连杆曲线

在四杆机构运动时,其连杆平面上的每一点均描绘出一条曲线,称为连杆曲线。图 5-29 是曲柄摇杆机构的连杆上的不同点所描绘的一些连杆曲线。

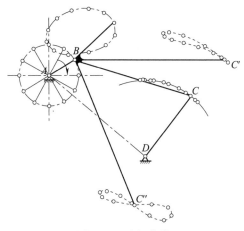

图 5-29　连杆曲线

四杆机构的连杆曲线最高为六阶函数,不同的连杆曲线有不同的特性。如有的连杆曲线有尖点,有的有交叉点。在尖点处,描绘该连杆曲线的点的瞬时速度为零(但其加速度不为零),尖点的这一特性在传送、冲压和进给工艺过程中获得了应用。如电影摄影机的胶片抓片机构就利用了具有尖点的连杆曲线,这可使抓片机构的钩子在抓胶片时平稳减速为零,然后再平稳退出片孔,使胶片能准确地停在拍摄位置。

5.2.5　铰链四杆机构的运动连续性

所谓连杆机构的运动连续性是指连杆机构在运动过程中,能否连续实现给定的各个位置的运动。如在图 5-30 中,当曲柄 AB 连续回转时,摇杆 CD 可以在 φ_3 范围内往复摆动;或者由于初始安装位置的不同,也可以 φ_3' 范围内往复摆动。由 $\varphi_3(\varphi_3')$ 所确定的范围为机构的可行域,由 $\delta_3(\delta_3')$ 所确定的范围为不可行域。在连杆设计中,不能要求其从动件在两个不连通的可行域内连续运动。例如,要求从动件从位置 CD 连续运动到位置 $C'D$,这是不可能的,连杆机构的这种运动不连续性称为错位不连续。

另外,在连杆机构的运动过程中,其连杆所经过的给定位置一般是有顺序的。当原动件按同一方向连续转动时,若其连杆不能按顺序通过给定的各个位置,这也是一种运动的不连续,称为错序不连续。如在图 5-31 中若要求其连杆依次占据 B_1C_1、B_2C_2、B_3C_3 位置,则此四

杆机构 $ABCD$ 不能满足此要求。因为无论原动件运动方向如何,其连杆都不能按上述顺序完成要求,因此该机构存在错序不连续问题。

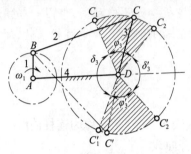

图 5-30　曲柄摇杆机构的可行域

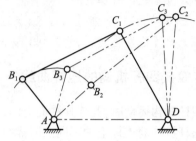

图 5-31　错序不连续

在设计四杆机构时,必须检查是否满足运动连续性要求,即检查其是否有错位、错序问题,并考虑能否补救,若不能则必须考虑其他方案。

5.3　平面四杆机构的设计

5.3.1　平面连杆机构设计的基本问题

连杆机构设计的基本问题是根据给定的运动要求选定机构的形式,并确定各构件的尺度参数。为了使机构设计得合理、可靠,通常还需要满足结构条件(如要求存在曲柄、杆长比适当、运动副结构合理等)、动力条件(如最小传动角)和运动连续条件等。

根据机械的用途和性能要求等的不同,对连杆机构设计的要求是多种多样的,但设计要求,一般可归纳为以下三类问题:

(1)满足预定的运动规律要求。要求两连架杆的转角能够满足预定的对应位置关系;要求在原动件运动规律一定的条件下,从动件能够准确地或近似地满足预定的运动规律要求,又称为函数生成问题。

(2)满足预定的连杆位置要求。要求连杆能依次占据一系列的预定位置。这类设计问题要求机构能引导连杆按一定方位通过预定位置,因此又称为刚体引导问题。

(3)满足预定的轨迹要求。要求机构运动过程中,连杆上某些点能实现预定的轨迹要求,此类问题又称为轨迹生成问题。

连杆机构的设计方法有作图法、解析法、实验法,在以下内容中分别介绍。

5.3.2　作图法设计四杆机构

1)按连杆预定的位置设计四杆机构

当四杆机构的四个铰链中心确定后,其各杆的长度也就相应确定了,所以根据设计要求确定各杆的长度,可以通过确定四个铰链的位置来解决。

设已知连杆 2 的长度 b 和它的三个位置 B_1C_1、B_2C_2、B_3C_3,如图 5-32 所示,试设计该铰链四杆机构。

由于在铰链四杆机构中,连架杆 1 和 3 分别绕两个固定铰链 A 和 D 转动,所以连杆上点 B 的三个位置 B_1、B_2、B_3 应位于同一圆周上,其圆心即位于连架杆 1 的固定铰链 A 的位置。因此,分别连接 B_1、B_2 及 B_2、B_3,并作两连线各自的中垂线,其交点即为固定铰链 A。同理,可求得连架杆 3 的固定铰链 D,连线 AD 即为机架的长度。这样,构件 1、2、3、4 即组成所要求的铰链四杆机构。

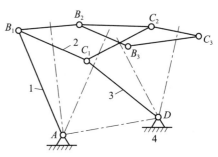

图 5-32　按给定位置设计铰链四杆机构

如果只给定连杆的两个位置,则点 A 和点 D 可分别在 B_1B_2 和 C_1C_2 各自的中垂线上任意选择,有无穷多解。为了得到确定的解,可根据具体情况添加辅助条件,例如给定最小传动角或提出其他结构上的要求等。

2)按两连架杆预定的对应位置设计四杆机构

如图 5-33(a)所示的四杆机构中,AD 为机架,BC 为连杆,则 AB、CD 为连架杆。

若如图 5-33(b)所示改取 CD 为机架,则 BC、AD 为连架杆,而 AB 却变成了连杆。那么,根据机构倒置的理论,我们能把按连架杆预定的对应位置设计四杆机构的问题转化为按连杆预定的位置设计四杆机构的问题。下面我们就来讨论这个问题。

分析:在如图 5-34 所示的四杆机构中,假想当机构在第二位置时,给整个机构一个反转运动,使它绕轴心 D 反向转过 φ_{12} 角。根据相对运动的原理,这并不影响各构件间的相对运动,但这时构件 DC_2 却转到位置 DC_1 而与之重合。机构的第二位置则转到了 $DC_1B_2'A'$ 位置。此时,我们可以认为,机构已转化成了以 CD 为"机架",AB 为"连杆"的机构。于是,按两连架杆预定的对应位置设计四杆机构的问题,也就转化成了按连杆预定位置设计四杆机构的问题。上述这种方法称为刚化反转法或反转机构法。

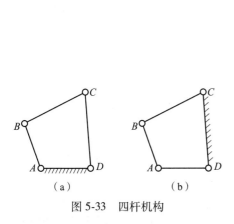

图 5-33　四杆机构

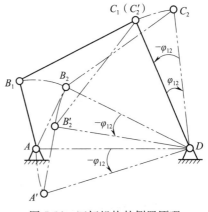

图 5-34　四杆机构的倒置原理

实例 5-1　如图 5-35 所示,设已知四杆机构的机架长度为 d,要求原动件和从动件顺时针转过的角度分别为 α_{12} 和 φ_{12},设计此四杆机构。

解:作图步骤如下:

(1)机构倒置。根据机架长度 d,定出铰链 A、D 的位置,再根据结构条件适当选取连架杆 AB 的长度,并任取其第一位置 AB_1,再根据其转角 α_{12} 定出其第二位置 AB_2。选定另一连

架杆 CD 为新"机架"。

(2)刚化转动。将第二位置的四杆机构刚化转动到与"机架"CD 重合,即将 B_2D 绕 D 点反向转 φ_{12},得 B_2' 点。

(3)作 B_1B_2' 的垂直平分线,则连杆上另一铰链中心 C 的第一位置 C_1 必位于垂直平分线上,此时将有无穷多解,可根据结构条件或其他辅助条件确定 C_1 的位置。

(4)连接 A、B_1、C_1、D 即为所求四杆机构。

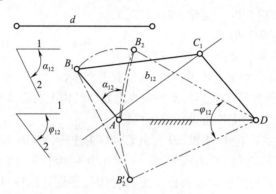

图 5-35 按两连架杆预定的对应位置设计四杆机构

3)按给定的行程速比系数 K 设计四杆机构

根据行程速比系数设计四杆机构时,可利用机构在极位时的几何关系,再结合其他辅助条件进行设计。

(1)曲柄摇杆机构。给定行程速比系数 K、摇杆 3 的长度 c 及其摆角 ψ,设计曲柄摇杆机构。

首先,按照式(5-6)算出极位夹角 θ。然后,任选一点 D,由摇杆长度 c 及摆角 ψ 作摇杆 3 的两个极限位置 C_1D 和 C_2D(图 5-36)。使其长度等于 c,其夹角等于 ψ。再连直线 C_1C_2,作 $\angle C_1C_2O = \angle C_2C_1O = 90° - \theta$,得 C_1O 与 C_2O 的交点 O。这样,得 $\angle C_1OC_2 = 2\theta$。由于同弦上圆周角为圆心角的一半,故以 O 为圆心、OC_1 为半径作圆 L,则该圆周上任意点 A 与 C_1 和 C_2 连线夹角 $\angle C_1AC_2 = \theta$,从几何上看,点 A 的位置可在圆周 L 上任意选择;从传动上

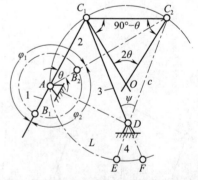

图 5-36 按行程速比系数 K 设计曲柄摇杆机构

看,点 A 位置须受传动角的限制。例如把点 A 选在 C_2D(或 C_1D)的延长线与圆 L 的交点 E(或 F)上时,最小传动角将成为零度,该位置即死点位置。这时,即使以曲柄作主动件,该机构也将不能启动。若把点 A 选在 EF 范围内,则将出现对摇杆的有效分力与摇杆给定的运动方向相反的情况,即不能实现给定的运动。即使这样,点 A 的位置仍有无穷多解。欲使其有确定的解,可以添加附加条件。

当点 A 位置确定后,可根据极限位置时曲柄和连杆共线的原理,连接 AC_1 和 AC_2,得

$$\overline{AC_2}=b+a,\quad \overline{AC_1}=b-a$$

式中, a 和 b 分别为曲柄和连杆的长度。以上两式相减后,得

$$a=\frac{\overline{AC_2}-\overline{AC_1}}{2}$$

而
$$b=a+\overline{AC_1}=\overline{AC_2}-a$$

连线 AD 的长度即为机架的长度 d。

（2）给定行程速比系数 K 和滑块的行程 S, 设计曲柄滑块机构。

首先, 按式(5-6)算出极位夹角 θ。然后, 作 C_1C_2 等于滑块的行程 S(图 5-37)。从 C_1、C_2 两点分别作 $\angle C_1C_2O=\angle C_2C_1O=90°-\theta$, 得 C_1O 与 C_2O 的交点 O。这样, 得 $\angle C_1OC_2=2\theta$。再以 O 为圆心、OC_1 为半径作圆 L。如给出偏距 e 的值,则解就可以确定。如前所述,点 A 的范围也有所限制。

当点 A 确定后,连接 AC_1 和 AC_2。根据式 $a=\dfrac{\overline{AC_2}-\overline{AC_1}}{2}$ 算出曲柄 1 的长度。以 A 为圆心、a 为半径作圆,该圆即为曲柄 AB 上点 B 的轨迹。

（3）导杆机构。设已知摆动导杆机构的机架长度 d, 行程速比系数 K, 设计此机构。

由图 5-38 可以看出,导杆机构的极位夹角 θ 与导杆的摆角 φ 相等。设计此四杆机构时,需要确定的几何尺寸仅有曲柄的长度 a。

步骤:

① 按式(5-6)计算 $\theta=180°(K-1)/(K+1)$。

② 选比例尺,任取一点 D, 作 $\angle mDn=\theta=\varphi$。

③ 作 $\angle mDn$ 等角分线,在此角分线上取 $L_{AD}=d$, 即得曲柄回转中心 A。

④ 过点 A 作导杆的垂直线 AC_1(或 AC_2), 则该线段长即为曲柄的长度,故 $a=d\sin(\varphi/2)$。

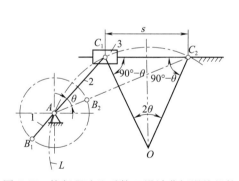

图 5-37　按行程速比系数 K 设计曲柄滑块机构

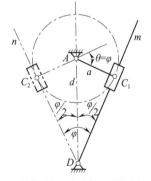

图 5-38　按行程速比系数 K 设计导杆机构

5.3.3　解析法设计四杆机构

在用解析法设计四杆机构时,首先需建立包含机构各尺度参数和运动变量在内的解析式,然后根据已知的运动变量求机构的尺度参数。现按三种不同的设计要求分别讨论如下。

1)按预定的运动规律设计四杆机构

(1)按照给定两连架杆对应位置设计。

如图 5-39 所示,设要求从动杆 3 与主动杆 1 的转角之间满足一系列的对应位置关系,即 $\theta_{3i}=f(\theta_{1i})$, $i=1,2,\cdots,n$,试设计此四杆机构。

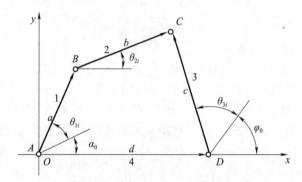

图 5-39　从动杆与主动杆对应位置关系图

在图 5-39 所示机构中,运动变量为各构件的转角 θ_j,由设计要求知 θ_1、θ_3 为已知条件,仅 θ_2 为未知。又因机构按比例放大或缩小,不会改变各构件的相对转角关系,故设计变量应为各构件的相对长度,如取 $a/a=1$,$b/a=l$,$c/a=m$,$d/a=n$。故设计变量为 l、m、n 以及 θ_1、θ_3 的计量起始角 α_0、φ_0 共 5 个。

如图 5-39 所示建立坐标系 Oxy,并把各杆矢向坐标轴投影,可得

$$\begin{cases} l\cos\theta_{2i}=n+m\cos(\theta_{3i}+\varphi_0)-\cos(\theta_{1i}+\alpha_0) \\ l\sin\theta_{2i}=m\sin(\theta_{3i}+\varphi_0)-\sin(\theta_{1i}+\alpha_0) \end{cases} \tag{5-10}$$

为消去未知角 θ_{2i},将上式两端各自平方后相加,经整理可得

$$\cos(\theta_{1i}+\alpha_0)=m\cos(\theta_{3i}+\varphi_0)-(m/n)\cos(\theta_{3i}+\varphi_0-\theta_{1i}-\alpha_0)+(m^2+n^2+1-l^2)/(2n)$$

令 $P_0=m$,$P_1=-m/n$,$P_2=(m^2+n^2+1-l^2)/(2n)$,则上式可简化为

$$\cos(\theta_{1i}+\alpha_0)=P_0\cos(\theta_{3i}+\varphi_0)+P_1\cos(\theta_{3i}+\varphi_0-\theta_{1i}-\alpha_0)+P_2 \tag{5-11}$$

式(5-11)中包含五个待定参数 P_0、P_1、P_2、α_0 及 φ_0,根据解析式的可解条件,方程式数应与待定未知数的数目相等,故四杆机构最多可按两连架杆的 5 个对应位置精确求解。

当两连架杆的对应位置数 $N>5$ 时,一般不能求得精确解,此时可用最小二乘法等进行近似设计。当要求的两连架杆对应位置数 $N<5$ 时,可预选某些尺度参数,设可预选的参数数目为 N_0,则

$$N_0=5-N \tag{5-12}$$

此时,因有可预选的参数,故有无穷多解。

实例 5-2　如图 5-40 所示为用于某操纵装置中的铰链四杆机构,要求其两连架杆满足如下三组对应位置关系:$\theta_{11}=45°$,$\theta_{31}=50°$;$\theta_{12}=90°$,$\theta_{32}=80°$;$\theta_{13}=135°$,$\theta_{33}=110°$。试设计此四杆机构。

解:因此时 $N=3$,则 $N_0=5-N=2$,即可预选两个参数。通常预选 α_0、φ_0,如取 $\alpha_0=\varphi_0=0°$,并将 θ_{1i}、θ_{3i} 三组对应值分别带入式(5-11)后,可得如下线性方程组

$$\cos 45° = P_0\cos 50° + P_1\cos(50° - 45°) + P_2$$
$$\cos 90° = P_0\cos 80° + P_1\cos(80° - 90°) + P_2$$
$$\cos 135° = P_0\cos 110° + P_1\cos(110° - 135°) + P_2$$

解此方程组,可得 $P_0 = 1.533, P_1 = -1.062\ 8, P_2 = 0.780\ 5$。从而可求得各杆的相对长度 $l = 1.783, m = 1.533, n = 1.442$。再根据结构条件,选定曲柄长度后,即可求得各杆的绝对长度。当所求得的解不满意时,可重选 α_0、φ_0 的值后再计算,直到较为满意为止。

当 $N = 4$ 或 5 时,因式(5-11)中 α_0、φ_0 两者之一(或两者)为未知数,故该式为非线性方程组,可借助牛顿-拉普逊数值法或其他方法求解。

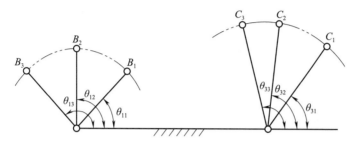

图 5-40　某操纵装置中的四杆机构

(2)按期望函数设计。

如图 5-41 所示,设要求四杆机构两连架杆转角之间实现的函数关系为 $y = f(x)$(称为期望函数),由于连杆机构的待定参数较少,故一般不能准确实现该期望函数。设实际实现的函数为 $y = F(x)$(称为再现函数),再现函数与期望函数一般是不一致的。设计时,应使机构的再现函数 $y = F(x)$ 尽可能逼近所要求的期望函数。具体做法是,在给定的自变量 x 的变化区间 $x_0 \sim x_i$ 内的某些点上,使再现函数与期望函数的函数值相等。从几何意义看,即使 $y = F(x)$ 与 $y = f(x)$ 两函数曲线在某些点相交。这些交点称为插值结点。显然,在结点处有

$$f(x) - F(x) = 0 \tag{5-13}$$

故在插值结点上,再现函数的函数值为已知。这样,就可按上述方法来设计四杆机构。这种设计方法称为插值逼近法。

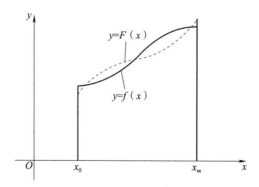

图 5-41　四杆机构两连架杆转角之间的函数关系

由图 5-41 可见,在结点以外的其他位置,$y = F(x)$ 与 $y = f(x)$ 是不相等的,其偏差为

$$\Delta y = f(x) - F(x) \tag{5-14}$$

偏差的大小与结点的数目及其分布情况有关。增加插值结点的数目,有利于逼近精度的提高。但由前述可知,结点数最多为 5 个,否则便不能精确求解。至于结点位置的分布,根据函数逼近理论可如下选取

$$x_i = \frac{1}{2}(x_m + x_0) - \frac{1}{2}(x_m - x_0)\cos\frac{(2i-1)\pi}{2m} \tag{5-15}$$

式中,$i = 1, 2, \cdots, m$,m 为插值结点总数。

下面结合一实例来介绍按期望函数设计四杆机构的具体步骤。

实例 5-3 如图 5-42 所示,设要求铰链四杆机构近似地实现期望函数 $y = \log x$,$1 \leqslant x \leqslant 2$。试设计此四杆机构。

解:其设计步骤如下。

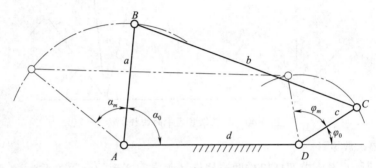

图 5-42 实例 5-3 图

①根据已知条件 $x_0 = 1$,$x_m = 2$,可求得 $y_0 = 0$,$y_m = 0.301$。

②根据经验或通过计算,试取主、从动件的转角范围分别为 $\alpha_m = 60°$,$\varphi_m = 90°$(一般 α_m、φ_m 应选小于 $120°$),则自变量和函数与转角之间的比例尺分别为

$$\mu_\alpha = (x_m - x_0)/\alpha_m = 1/60°$$
$$\mu_\varphi = (y_m - y_0)/\varphi_m = 0.301/90°$$

③设取结点总数 $m = 3$,由式(5-15)可求得各结点处的有关各值如表 5-1。

表 5-1

i	x_i	$y_i = \log x_i$	$\alpha_i = (x_i - x_0)/\mu_\alpha$	$\varphi_i = (y_i - y_0)/\mu_\varphi$
1	1.067	0.028 2	4.02°	8.43°
2	1.500	0.176 1	30.0°	52.65°
3	1.933	0.286 2	55.98°	85.57°

④试取初始角 $\alpha_0 = 86°$,$\varphi_0 = 23.5°$(通过试算确定)

⑤将以上各参数代入式(5-11)中,可得一方程组。解之可求得各杆的相对长度为

$$l = 2.089, m = 0.568\ 72, n = 1.486\ 5$$

⑥检查偏差值 $\Delta\varphi$。对于所设计的四杆机构,其再现的函数值可由式(5-10)求得为

$$\varphi = \theta_3 = 2\arctan\left[(A \pm \sqrt{A^2 + B^2 - C^2})/(B + C)\right] - \varphi_0$$

式中:$A = \sin(\alpha + \alpha_0)$;$B = \cos(\alpha + \alpha_0) - n$;$C = (1 + m^2 + n^2 - l^2)/(2m) - n\cos(\alpha + \alpha_0)/m$。

按期望函数所求得的从动件的转角为

$$\varphi' = \left[\log(x_0 + \mu_\alpha \alpha) - y_0 \right] / \mu_\varphi$$

则偏差为

$$\Delta\varphi = \varphi - \varphi'$$

若偏差过大,不能满足设计要求时,则应重选计量起始角 α_0、φ_0,以及主、从动件的转角变化范围 α_m、φ_m 等,重新进行设计。

如果在设计四杆机构时,还有传动角、曲柄存在条件和其他一些结构上的要求时,最好运用优化设计方法,方可得到比较满意的结果。

2)按预定的连杆位置设计四杆机构

由于连杆作平面运动,为了表示连杆的位置,可以用在连杆上任选的一个基点 M 的坐标 (x_M, y_M) 和连杆的方位角 θ_2 来表示(图 5-43)。因而按预定的连杆位置设计的要求,可表示为要求连杆上的 M 点能占据一系列预定的位置 $M_i(x_{M_i}, y_{M_i})$,且连杆具有一系列相应的转角 θ_{2i}。

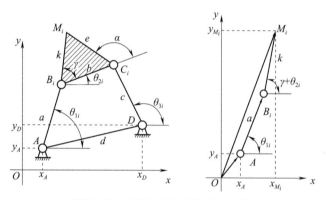

图 5-43 基点连杆的方位角表示图

如图 5-43 所示建立坐标系 Oxy。将四杆机构分为左、右侧两个双杆组来加以讨论。建立左侧双杆组的矢量封闭图(图 5-43),可得封闭矢量方程

$$\overrightarrow{OA} + \overrightarrow{AB_i} + \overrightarrow{B_iM_i} - \overrightarrow{OM_i} = \mathbf{0}$$

其在 x, y 轴上投影,得

$$\begin{cases} x_A + a\cos\theta_{1i} + k\cos(\gamma + \theta_{2i}) - x_{M_i} = 0 \\ y_A + a\sin\theta_{1i} + k\sin(\gamma + \theta_{2i}) - y_{M_i} = 0 \end{cases} \tag{5-16}$$

将上式中的 θ_{1i} 消去,并经整理可得

$$(x_{M_i} - x_A)^2 + (y_{M_i} - y_A)^2 + k^2 - a^2 - 2\left[(x_{M_i} - x_A)k\cos\gamma + (y_{M_i} - y_A)k\sin\gamma \right]\cos\theta_{2i}$$
$$+ 2\left[(x_{M_i} - x_A)k\sin\gamma - (y_{M_i} - y_A)k\cos\gamma \right]\sin\theta_{2i} = 0 \tag{5-17}$$

上式中共含有 5 个待定参数 x_A、y_A、a、k、γ。故最多也只能按 5 个连杆预定位置精确求解。当预定位置数 $N<5$ 时,也可预选 N_0 个参数。上式一般为一非线性方程组,可利用数值法求解。但当 $N=3$,并预选 x_A、y_A 后,上式可化为线性方程

$$X_0 + A_{1i}X_1 + A_{2i}X_2 + A_{3i} = 0 \tag{5-18}$$

式中,$X_0 = k^2 - a^2$,$X_1 = k\cos\gamma$,$X_2 = k\sin\gamma$ 为新变量。

$$A_{1i} = 2[(x_A - x_{M_i})\cos\theta_{1i} + (y_A - y_{M_i})\sin\theta_{1i}]$$

$$A_{2i} = 2[(y_A - y_{M_i})\cos\theta_{2i} + (x_A - x_{M_i})\sin\theta_{2i}]$$

$$A_{3i} = (x_{M_i}^2 + y_{M_i}^2 + x_A^2 + y_A^2) - 2x_A x_{M_i} - 2y_A y_{M_i}$$

为已知系数。

由式(5-18)解得 X_0、X_1、X_2 后,即可求得待定参数:

$$k = \sqrt{X_1^2 + X_2^2}, a = \sqrt{k^2 - 2X_0}, \tan\gamma = X_2/X_1 \tag{5-19}$$

γ 所在象限由 X_1、X_2 的正负号来判断。B 点的坐标为

$$\left.\begin{array}{l} x_{B_i} = x_{M_i} - k\cos(\gamma + \theta_{2i}) \\ y_{B_i} = y_{M_i} - k\sin(\gamma + \theta_{2i}) \end{array}\right\} \tag{5-20}$$

应用相同的方法可计算右侧双杆组的参数。这时,只要在上列相关各式中以 x_D、y_D、c、e、α、x_C、y_C 分别代换 x_A、y_A、a、k、γ、x_B、y_B,从而可求得 c、e、α 及 x_{Ci}、y_{Ci}。

在分别求出左、右侧双杆组的各参数后,可求得四杆机构的连杆长 b 和机架长 d:

$$\left.\begin{array}{l} b = \sqrt{(x_{B_i} - x_{C_i})^2 + (y_{B_i} - y_{C_i})^2} \\ d = \sqrt{(x_A - x_D)^2 + (y_A - y_D)^2} \end{array}\right\} \tag{5-21}$$

3)按预定的运动轨迹设计

用解析法按预定的运动轨迹设计四杆机构,就是要确定机构各尺度参数和连杆上的描点位置,使该点所描绘的连杆曲线与预定的轨迹相符。

如图 5-44(a)所示,设连杆上描点 M 的坐标为(x, y),则由其左侧双杆组[图 5-44(b)]可得

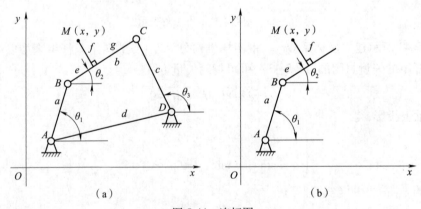

图 5-44 连杆图

$$\left.\begin{array}{l} x = x_A + a\cos\theta_1 + e\cos\theta_2 - f\sin\theta_2 \\ y = y_A + a\sin\theta_1 + e\sin\theta_2 + f\cos\theta_2 \end{array}\right\} \tag{5-22}$$

从式(5-22)中消去 θ_1 得

$$(x - x_A)^2 + (y - y_A)^2 + e^2 + f^2 - 2[e(x - x_A) + f(y - y_A)]\cos\theta_2 + 2[f(x - x_A) - e(y - y_A)]\sin\theta_2 = a^2 \tag{5-23}$$

同理,由其右侧双杆组可得

$$(x-x_D)^2+(y-y_D)^2+g^2+f^2-2[f(y-y_D)-g(x-x_D)]\cos\theta_2+2[f(x-x_D)+g(y-y_D)]\sin\theta_2=c^2$$

$$(5-24)$$

由于上两式中均含有未知运动变量 θ_2，故必须联立求解。方程中共含有 x_A、y_A、x_D、y_D、a、c、e、f、g 9 个待定参数，故最多可按 9 个预定点位进行精确设计。因式(5-23)、式(5-24)为二阶非线性方程组，其求解较困难，需用数值解法。且随给定点位的增加，方程个数成倍增加，求解越加困难，而且还往往没有实解，或即使有解，也可能因杆长比、传动角等指标不能满足要求而无实用价值。所以一般常按 4～6 个精确点设计，这时有 $N_0=9-N$ 个参数可预选，因而有无限多个解，这有利于机构的多目标优化设计，从而达到综合优化的目的。当需要获得多精确点的轨迹时，最好采用多杆机构或组合机构。

用解析法设计四杆机构的优点是可以得到比较精确的设计结果，而且便于将机构的设计误差控制在许可的范围之内，故解析法的应用日益广泛。但在工程实践中有许多设计问题，按上述简便易行的作图法或下述实验法进行设计，就完全能满足工作需要，故连杆机构的作图法和实验法设计仍不失为重要的设计方法。

5.3.4　实验法设计四杆机构

如图 5-45 所示，已知两连架杆 1 和 5 之间的四对对应转角为 φ_{12}、φ_{23}、φ_{34}、φ_{45} 和 ψ_{12}、ψ_{23}、ψ_{34}、ψ_{45}，试用实验法设计近似实现这一要求的四杆机构。

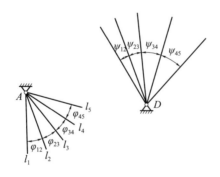

图 5-45　给定连杆架杆四对位置

(1) 如图 5-46(a)所示，在图纸上选取一点作为连架杆 1 的转动中心 A，并任选 AB_1 作为连架杆 1 的 l_1，根据给定的 φ_{12}、φ_{23}、φ_{34} 和 φ_{45} 作出 AB_2、AB_3、AB_4 和 AB_5。

(2) 选取连杆 2 的适当长度 l_2，以 B_1、B_2、B_3、B_4 和 B_5 各点为圆心，l_2 为半径，作圆弧 K_1、K_2、K_3、K_4 和 K_5。

(3) 如图 5-46(b)所示，在透明纸上选取一点作为连架杆 3 的转动中心 D，并任选 Dd_1 作为连架杆 3 的第一位置，根据给定的 ψ_{12}、ψ_{23}、ψ_{34} 和 ψ_{45} 作出 Dd_2、Dd_3、Dd_4 和 Dd_5。再以 D 为圆心、用连架杆 3 可能的不同长度为半径作许多同心圆弧。

将画在透明纸上的图 5-46(b)覆盖在图 5-46(a)上，如图 5-46(c)所示进行试凑，使圆弧 K_1、K_2、K_3、K_4、K_5 分别与连架杆 3 的对应位置 Dd_1、Dd_2、Dd_3、Dd_4、Dd_5 的交点 C_1、C_2、C_3、C_4、C_5 均落在以 D 为圆心的同一圆弧上，则图形 AB_1C_1D 即为所要求的四杆机构。

如果移动透明纸,不能使交点 C_1、C_2、C_3、C_4、C_5 落在同一圆弧上,那就需要改变连杆 2 的长度,然后重复以上步骤,直到这些交点正好或近似落在透明纸的同一圆弧上为止。

应当指出,由以上方法求出的图形 AB_1C_1D 只表达所求机构各杆的相对长度。各杆的实际尺寸只要与 AB_1C_1D 保持同样比例,都能满足设计要求。

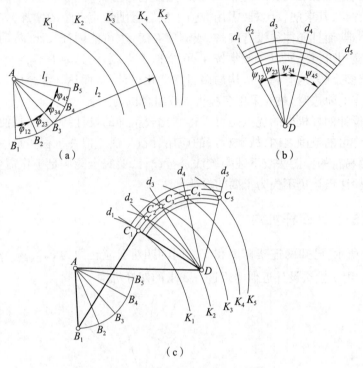

图 5-46　几何实验法设计四杆机构

这种几何实验法方便、实用,并相当精确,故在机械设计中被广泛采用。这种方法同样适用于曲柄滑块机构的设计。

☞ **特别提示**

随着计算机和计算技术的发展,解析法是现今连杆机构设计的一个研究发展方向;但作图法因其简单明了,易于掌握,且对大多数工程实际问题来说,用作图法设计(有时辅以简单的几何计算)就完全能满足工作需要,故连杆机构的作图法设计乃是一种有效实用的工程方法;对复杂要求的连杆机构设计(如按轨迹设计),实验法也不失为一种有效、实用的方法。对四杆机构来说,由于其待定的尺度参数很少,故对复杂的设计要求,不管用什么方法来设计,一般都只能获得近似解,在能满足工作需要的前提下,能用最简单的方法完成设计,往往是最有工程价值的,故应给以应有的重视。

知识链接

近年来,随着电子计算机的普遍应用及有关设计软件的开发,连杆机构的设计速度和设计精度有了较大的提高,其中优化设计是现代设计方法的发展方向,得到越来越广泛应用。它的主要特点就是通过寻优过程可以得到实现多目标、满足多约束条件和机构多方面性能要求的最佳方案。优化设计方案主要有两方面内容:建立优化设计模型;根据数学模型,选择合适的优化方法在计算机上求最优解。

5.4 多杆机构

四杆机构虽然结构简单,设计也较方便,但有时却难以满足现代机械所提出的多方面的复杂设计要求,这时就不得不借助于多杆机构。

5.4.1 多杆机构的功用

(1)取得有利的传动角。当从动件的摆角较大,机构的外廓尺寸或铰链位置受到严格限制,采用四杆机构往往不能获得有利的传动角,而采用多杆机构则可以使传动角得以改善。

(2)可获得较大的机械利益。如用于锻压机构中的肘杆机构,如图 5-47(a),在接近机构下死点时,因为 v_B/v_5 很大,可以用很小的输入力 F 获得很大的锻压力 F_r,具有很大的机械效益,满足锻压机构工作需要。

(3)改变从动件的运动特性。对于刨床、插床和插齿机等机械,虽然可以用四杆机构满足刀具的急回特性,但是其工作行程的等速性不好,采用多杆机构可以获得改善。图 5-47(b)是插齿机所用的六杆机构。它使插刀在插齿过程中得到近似于等速的运动,在空行程中有急回作用。

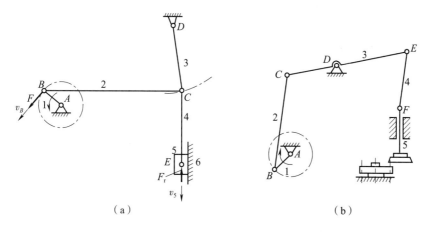

图 5-47 多杆机构的功用(一)

(4)实现机构从动件带停歇的运动。图 5-48(a)是织布机上所用的长停机构。利用四杆机构连杆曲线轨迹的圆弧部分,再加上适当的Ⅱ级杆组,可得到构件 5 在构件 4 通过它的圆弧部分时的暂时停歇。图 5-48(b)则是利用四杆机构连杆曲线轨迹的直线部分,再加上适当的Ⅱ级杆组,得到构件 5 在构件 4 通过它的直线部分时的暂时停歇。

此外多杆机构还具有扩大从动件的行程、使从动件的行程可调、实现特定要求下的平面导引等多种功用。

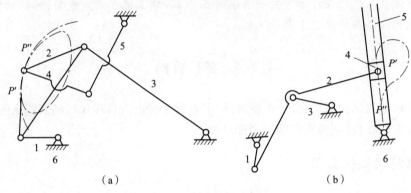

图 5-48　多杆机构的功用(二)

　　由于多杆机构的尺度参数较多,因此,它可以满足更为复杂的或实现更加精确的运动规律要求和轨迹要求。

5.4.2　多杆机构的分类

　　多杆机构的类型和结构形式也较多,有如下分类:

　　(1)按杆数分为五杆机构、六杆机构和八杆机构等。

　　(2)按机构自由度可分为单自由度(如六杆机构、八杆机构及十杆机构等)、多自由度机构(如五杆、七杆两自由度机构以及八杆三自由度机构等)。

　　六杆机构可分为两大类:

　　(1)瓦特(Watt)型[图 5-49(a)]:瓦特 I 型机构[图 5-50(a)]和瓦特 II 型机构[图 5-50(b)]。

　　(2)斯蒂芬森(Stephehson)型[图 5-49(b)]:斯蒂芬森 I 型机构[图 5-50(c)]、斯蒂芬森 II 型机构[图 5-50(d)]及斯蒂芬森 III 型机构[图 5-50(e)]。

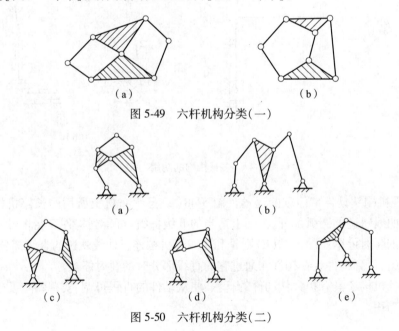

图 5-49　六杆机构分类(一)

图 5-50　六杆机构分类(二)

对于多杆机构,由于尺度参数多,运动要求复杂,因而其设计也较困难。具体设计方法可参阅有关专著。

本 章 小 结

平面连杆机构是一种常用机构。其中曲柄摇杆机构、双曲柄机构和双摇杆机构这三种铰链四杆机构是平面四杆机构的基本形式。通过这些基本形式可以演化出多种形式的平面四杆机构。

平面四杆机构的基本理论知识包括曲柄存在条件、急回运动、行程速比系数、传动角、压力角、死点等。

平面四杆机构有作图法、解析法和实验法三种设计方法。作图法直观、快捷、精度较低。解析法抽象,精度高。实验法也具有较高精度,而且也很实用。

机械中有多方面的复杂设计要求时,可以选用多杆机构。

习 题

1. 判断题

(1)任何一种曲柄滑块机构,当曲柄为原动件时,它的行程速比系数 $K=1$。 (　　)

(2)在摆动导杆机构中,若取曲柄为原动件时,机构无死点位置;而取导杆为原动件时,则机构有两个死点位置。 (　　)

(3)在铰链四杆机构中,凡是双曲柄机构,其杆长关系必须满足:最短杆与最长杆杆长之和大于其他两杆杆长之和。 (　　)

(4)任何平面四杆机构出现死点时,都是不利的,因此应设法避免。 (　　)

(5)平面四杆机构有无急回特性取决于极位夹角是否大于零。 (　　)

(6)在偏置曲柄滑块机构中,若以曲柄为原动件时,最小传动角 $\gamma_{\min}$ 可能出现在曲柄与机架(即滑块的导路)相平行的位置。 (　　)

(7)摆动导杆机构不存在急回特性。 (　　)

(8)在铰链四杆机构中,如存在曲柄,则曲柄一定为最短杆。 (　　)

(9)增大构件的惯性,是机构通过死点位置的唯一办法。 (　　)

(10)杆长不等的双曲柄机构无死点位置。 (　　)

2. 选择题

(1)平面四杆机构中,是否存在死点,取决于(　　)是否与连杆共线。

A. 主动件　　　　　B. 从动件　　　　　C. 机架　　　　　D. 摇杆

(2)在平面连杆机构中,欲使作往复运动的输出构件具有急回特性,则输出构件的行程速比系数 K(　　)。

A. 大于1　　　　　B. 小于1　　　　　C. 等于1　　　　　D. 等于2

(3)平面连杆机构的曲柄为主动件,则机构的传动角是(　　)。

A. 摇杆两个极限位置之间的夹角　　　　B. 连杆与曲柄之间所夹的锐角

C. 连杆与摇杆之间所夹的锐角　　　　　D. 摇杆与机架之间所夹的锐角

(4)曲柄摇杆机构,当(　　)时,机构处于极限位置。

A. 曲柄与机架共线　　　　　　　　　　B. 摇杆与机架共线

C. 曲柄与连杆共线　　　　　　　　　　D. 摇杆与连杆共线

(5)在一对心曲柄滑块机构中,若以曲柄为机构时,机构将演化成(　　)机构。

A. 曲柄移动导杆　　　B. 转动导杆　　　　　C. 摆动导杆

(6)铰链四杆机构中,当满足(　　)条件时,机构才会有曲柄。

A. 最短杆+最长杆≤其余两杆之和

B. 最短杆-最长杆≥其余两杆之和

C. 最短杆+最长杆>其余两杆之和

(7)在(　　)条件下,曲柄滑块机构有急回特性。

A. 偏距 $e>0$　　　　　B. 偏距 $e=0$　　　　　C. 偏距 $e<0$

(8)在曲柄滑块机构中,当(　　)与导路垂直位置时出现最小传动角。

A. 最短杆　　　　　　B. 最短杆相对杆　　　C. 最短杆相邻杆

(9)缝纫机的踏板机构是以(　　)为主动件的曲柄摇杆机构。

A. 曲柄　　　　　　　B. 连杆　　　　　　　C. 摇杆

(10)铰链四杆机构具有急回特性的条件是(　　)。

A. $\theta>0°$　　　　　B. $\theta=0°$　　　　　C. $K=1$　　　　　D. $K=0$

3. 简答题

(1)铰链四杆机构具有两个曲柄的条件是什么?

(2)何为连杆机构的传动角 γ? 传动角大小对四杆机构的工作有何影响?

(3)铰链四杆机构在死点位置时,推动力任意增大也不能使机构产生运动,这与机构的自锁现象是否相同? 试加以说明?

(4)试给出图 5-51 所示平面四杆机构的名称,并回答:①此机构有无急回作用? ②此机构有无死点? 在什么条件下出现死点? ③构件 AB 主动时,在什么位置有最小传动角?

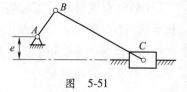

图　5-51

(5)试问图 5-52 所示各机构是否均有急回运动? 以构件1为原动件时,是否都有死点? 在什么情况下才会有死点?

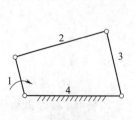

（a）曲柄摇杆机构

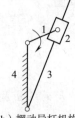

（b）摆动导杆机构

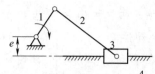

（c）偏置式曲柄滑块机构

图　5-52

4. 计算题

（1）在图 5-53 所示铰链四杆机构中，已知：$l_{BC}=50$ mm，$l_{CD}=35$ mm，$l_{AD}=30$ mm，AD 为机架，并且① 若此机构为曲柄摇杆机构，且 AB 为曲柄，求 l_{AB} 的最大值；② 若此机构为双曲柄机构，求 l_{AB} 的最小值；③ 若此机构为双摇杆机构，求 l_{AB} 的数值。

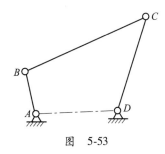

图　5-53

（2）设计一曲柄摇杆机构，已知其摇杆 CD 的长度 $l_{CD}=290$ mm，摇杆两极限位置间的夹角 $\psi=32°$，行程速比系数 $K=1.25$，若曲柄的长度 $l_{AB}=75$ mm，求连杆的长度 l_{BC} 和机架的长度 l_{AD}，并校验最小传动角 $\gamma_{\min}$ 是否在允许值范围内。

（3）试设计一偏置曲柄滑动机构。如图 5-54 所示，已知滑块的行程速比系数 $K=1.4$，滑块的行程 $l_{C_1C_2}=60$ mm，导路的偏距 $e=20$ mm，试用图解法求曲柄 AB 和连杆 BC 的长度。

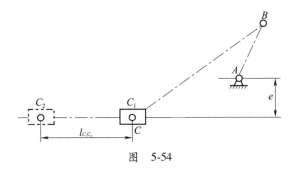

图　5-54

（4）如图 5-55 所示，当连架杆 AB 处于 A_1B_1、A_2B_2 和 A_3B_3 位置，另一连架杆 CD 上的某一标线 DE 对应处于位置 DE_1、DE_2 和 DE_3 时，两连架杆所对应的角位置分别为：$\varphi_1=55°$，$\psi_1=60°$；$\varphi_2=75°$，$\psi_2=85°$；$\varphi_3=105°$，$\psi_3=100°$。若给定 $L_{AD}=300$ mm，试设计此铰链四杆机构，并讨论是否还可以再给定其他杆长限制，如再给定 $L_{AB}=100$ mm 是否可以设计出该机构。

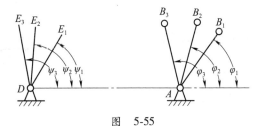

图　5-55

第6章 凸轮机构及其设计

主要内容

凸轮机构的类型及应用;推杆的运动规律;凸轮轮廓曲线的设计;凸轮机构基本尺寸的确定。

学习目的

(1)了解凸轮机构的组成特点、类型和适用场合。

(2)理解凸轮机构的运动循环和基本概念,掌握推杆常用运动规律,了解推杆运动规律的选择。

(3)理解凸轮廓线设计的基本原理,掌握图解法和解析法设计凸轮的轮廓曲线。

(4)掌握凸轮机构的压力角、凸轮的基圆半径、滚子半径、平底推杆平底尺寸等基本尺寸的确定。

引 例

古代劳动人民创造了利用水的冲力、杠杆和凸轮的原理去加工粮食的机械,这种用水的冲力把粮食皮壳去掉的机械称为水碓。

西汉末年出现的水碓,是利用水的冲力舂米的机械。水碓的动力机械是一个大的立式水轮,轮上装有若干板叶,转轴上装一些彼此错开的拨板(凸轮),拨板是用来拨动碓杆的。每个碓用柱子架起一根木杆,杆的一端装一块圆锥形石头。下面的石臼里放上准备加工的稻谷。流水冲击水轮使它转动,轴上的拨板拨动碓杆的梢,使碓头一起一落地进行舂米。利用水碓,可以日夜加工粮食。凡在溪流江河的岸边都可以设置水碓,还可根据水势大小设置多个水碓,设置两个以上的称为连机碓,如图6-1所示,最常用是设置四个碓,《天工开物》绘有一个水轮带动四个碓的画面。

最早提到水碓的是西汉桓谭的著作。《太平御览》引桓谭《新论·离车第十一》说:"伏义之制杵臼之利,万民以济,及后世加巧,延力借身重以践碓,而利十倍;又复设机用驴骡、牛马及投水而舂,其利百倍。"这里讲的"投水而舂",就是水碓。

魏末晋初(公元260—270年),杜预总结了我国劳动人民利用水排原理加工粮食的经验,发明了连机碓。连机碓的构造是水轮的横轴穿着四根短横木(和轴成直角),旁边的架上装着四根舂谷物的碓梢,横轴上的短横木转动时,碰到碓梢

图6-1 连机碓

的末端,把它压下,另一头就翘起来,短横木转了过去,翘起的一头就落下来,四根短横木连续不断地打着相应的碓梢,一起一落地舂米。

应当特别指出,杜预造连机碓,可能是一个大水轮驱动数个水碓。进入唐朝以后,水碓记载更多,其用途也逐渐推广。凡是需要捣碎之物,如药物、香料乃至矿石、竹篾纸浆等,都可用省力更大的水碓。

此后不久,又根据此原理发明了水磨。最初的水碓磨,可能是一个大水轮同时驱动水碓与水磨的机械。这些成就表明古代水碓技术的大发展。至少可以说,杜预发明的连机碓,是蒸汽锤出现之前所有重型机械锤的直系祖先。

6.1　凸轮机构的类型及其应用

6.1.1　凸轮机构的组成及应用

在各种机械,特别是自动机械和自动控制装置中,广泛采用各种形式的凸轮机构。

图 6-2 所示为一内燃机的配气机构。当凸轮 1 回转时,其轮廓将迫使推杆 2 做往复摆动,从而使气门 3 开启或关闭(弹簧 4 的作用是关闭),以控制可燃物质在适当的时间进入气缸或排出废气。气门开启和关闭时间的长短及其速度和加速度的变化规律,取决于凸轮轮廓曲线的形状。

图 6-3 所示为一自动送料机构。绕固定轴转动的构件 1 是凸轮,T 形的构件 2 为推杆,3是被输送的物料,4 是储料器。当凸轮 1 转动时,通过圆柱面上的沟槽推动推杆 2 做往复移动,从而推动物料 3 从当前位置移至另一个位置。

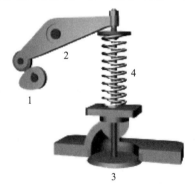

图 6-2　配气机构

1—凸轮;2—推杆;3—气门;4—弹簧

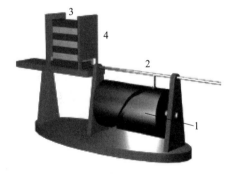

图 6-3　圆柱凸轮自动送料机构

1—凸轮;2—推杆;3—物料;4—储料器

从上面的例子可以看出,凸轮是一个具有特殊曲线轮廓或沟槽的构件。凸轮通常作为主动件匀速转动(也有做移动或往复摆动的);与凸轮直接接触并在凸轮的推动下实现特定运动(移动或摆动)的构件为推杆。

凸轮机构由凸轮、推杆和机架(支撑凸轮和推杆的构件)三个主要构件组成,所以机构结构简单、紧凑。只要合理设计凸轮廓线,则推杆可以实现各种复杂形式的运动规律。但凸轮与推杆之间组成高副,以点或线接触,容易磨损,不能承受很大的载荷或有冲击的载荷,凸轮制造也较为困难,所以凸轮机构通常用在受力不大的场合,或用于控制机构。

6.1.2 凸轮机构的分类

凸轮机构的类型很多,常按以下几种方法对其进行分类:

1. 按凸轮的形状分类

(1)盘形凸轮。如图 6-4(a)所示,这种凸轮是一个径向尺寸变化的盘形构件,它绕其固定轴线旋转。这种凸轮结构简单、容易加工,在工程上广泛应用。

(2)移动凸轮。如图 6-4(b)所示,这种凸轮呈板状,相对于机架做往复移动,通过凸轮曲线轮廓推动推杆实现预期的上下往复运动。这种凸轮可以看作是盘形凸轮的向径无穷大,即转动中心在无穷远处。

(3)圆柱凸轮。这种凸轮是在圆柱表面开有曲线凹槽或是在圆柱端面上作出曲线轮廓[图 6-4(c)]的构件,可以看作是将移动凸轮卷绕在一个圆柱体上演化而成。由于凸轮的运动平面与推杆的运动平面不共面,所以属于空间机构。

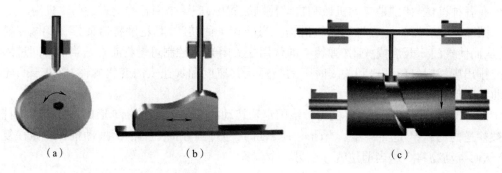

(a)   (b)   (c)

图 6-4 按凸轮形状分类

2. 按推杆运动形式分类

(1)直动推杆。如图 6-4 所示,推杆相对于机架做往复直线运动,分为对心式和偏置式。当推杆的移动导路中心线通过凸轮的转动中心,称为对心式;当推杆的移动导路中心线偏移凸轮转动轴心一段距离(偏距),则称为偏置式。

(2)摆动推杆。推杆绕机架上的固定轴做往复摆动,如图 6-5 所示。

图 6-5 摆动推杆凸轮机构

3. 按推杆顶部形式分类

（1）尖顶推杆。推杆与凸轮接触部分呈尖顶状态[图 6-4（a）]。这种凸轮构造简单，尖顶可以与任意复杂形状的凸轮廓线保持接触，因而可以精确实现任意预期的运动规律。但由于是点接触，接触点处应力大、磨损严重，因此只适用于传力较小或只传递运动的场合。

（2）滚子推杆。在尖顶推杆的头部安装一个能够自由转动的滚子，滚子与凸轮廓线直接接触来传递运动[图 6-6（a）]。由于滚子与凸轮之间属于滚动摩擦，产生的摩擦、磨损较小，因此可以用于传递较大的力，在工程实际中应用广泛。

（3）平底推杆。这种推杆的端部有一平底与凸轮廓线相切[图 6-6（b）]，且在接触线的两侧形成楔形的空间。当凸轮运动时，将润滑剂带入楔形空间内，从而在凸轮和平底之间形成润滑油膜，故这种凸轮机构的润滑状况良好，传动效率高，常用于高速传动。

4. 按推杆与凸轮间的锁合形式分类

（1）力锁合。力锁合是指利用推杆自身的重力、弹簧力或其他外力使推杆与凸轮之间保持接触，如图 6-7 所示的凸轮机构是弹簧力锁合的形式。

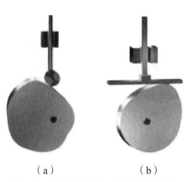

（a）　　　　　（b）

图 6-6　滚子和平底推杆凸轮机构　　　图 6-7　弹簧力锁合凸轮机构

（2）形锁合。形锁合是利用凸轮与推杆之间的几何结构达到保持接触目的。常见的形锁合凸轮机构有以下几种：

①沟槽凸轮。利用凸轮上的凹槽和置于凹槽中推杆上的滚子使凸轮与推杆保持接触[图 6-8（a）]。

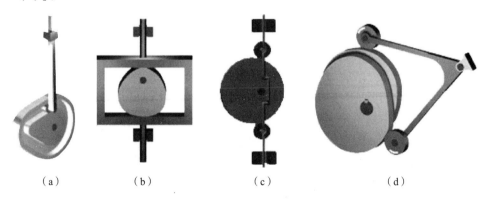

（a）　　　　　（b）　　　　　（c）　　　　　（d）

图 6-8　形锁合凸轮机构

②等宽凸轮。凸轮廓线上任意两条平行切线间的距离处处相等,且等于推杆内框上、下壁间的距离,因此保证推杆内框始终与凸轮廓线保持接触[图 6-8(b)]。

③等径凸轮。同一径向的凸轮廓线上两点间的距离处处相等,在运动中凸轮廓线始终与推杆上的两个滚子保持接触[图 6-8(c)]。

④共轭凸轮。两个固定在一起的凸轮绕其固定轴转动,驱动两个滚子和推杆[图 6-8(d)]。其中一个凸轮控制推杆工作行程的运动,而另一个凸轮控制推杆的回程运动。不管何时,推杆始终与凸轮廓线保持接触。

6.2　推杆运动规律设计

推杆是在凸轮轮廓的推动下实现预定运动的,所以凸轮廓线形状不同,推杆所实现的运动也就不同。为了保证推杆能够实现预期的运动规律,需要根据推杆的运动规律设计凸轮廓线。因此,推杆运动规律的选择是凸轮机构设计的重要任务之一。

6.2.1　凸轮机构的运动循环和基本概念

如图 6-9(a)所示对心直动尖顶推杆盘形凸轮机构,凸轮绕其转动中心 O 匀速转动时(角速度为 ω),推杆将在导路内做上升→停顿→下降→停顿的循环往复移动。图 6-9(b)所示为推杆的位移曲线。

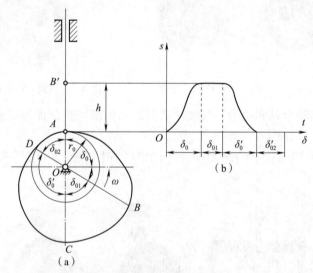

图 6-9　凸轮机构的运动循环

(1)凸轮的基圆。以凸轮转动中心 O 为圆心,以凸轮最小半径 r_0 为半径所做的圆称为凸轮的基圆,r_0 为基圆半径。盘形凸轮轮廓线的径向尺寸是在以半径 r_0 为基圆的基础上变化而形成的曲线轮廓。当推杆与基圆接触时,推杆位于起始位置。

(2)推程与推程角。当凸轮廓线上的 AB 段与推杆接触时,推杆被推动,沿导路由起始位置 A 运动至离凸轮转动中心最远端 B'。推杆的这一运动过程称为推程,凸轮转过的角度

δ_0 为推程角。

（3）远休止与远休止角。当凸轮廓线的 BC 段与推杆接触时，由于 BC 段为以凸轮轴心 O 为圆心的圆弧，所以推杆将处于最高位置而静止不动，此过程称为远休止，而此过程中凸轮相应的转角 δ_{01} 称为远休止角。

（4）回程与回程角。当推杆与凸轮廓线的 CD 段接触时，它又由最高位置回到最低位置，推杆运动的这一过程称为回程，而凸轮相应的转角 δ_0' 称为回程运动角。

（5）近休止与近休止角。当推杆与凸轮廓线 DA 段接触时，由于 DA 段为凸轮基圆上的圆弧，所以推杆将在最低为置静止不动，此过程为近休止，而凸轮相应的转角 δ_{02} 称为近休止角。

凸轮再继续转动时，推杆又重复上述过程。推杆在推程或回程中移动的距离 h 称为推杆的行程。

特别提示

工程实际中应用的凸轮机构，推杆的运动规律一定要有推程和回程阶段，但不一定有远休止和近休止过程，也可能在推程或回程中存在休止过程。

6.2.2　推杆常用的运动规律

推杆的运动规律指推杆的位移、速度、加速度及跃度（加速度的变化率）随时间（凸轮转角）变化的规律。因为凸轮的运动一般是匀速转动，因此，推杆的运动规律可以表示为推杆的位移、速度、加速度与凸轮转角的关系。

推杆运动规律的选取与设计，通常是根据应用的要求及实际工况来决定的。经过多年的实践，目前常用的运动规律主要有多项式运动规律、三角函数运动规律和组合式运动规律。

1. 多项式运动规律

多项式运动规律具有高阶导数连续的特性，因此在凸轮机构中广泛应用。推杆的多项式运动规律的一般表达式为

$$s = C_0 + C_1\delta + C_2\delta^2 + \cdots + C_n\delta^n \tag{6-1}$$

式中，δ 为凸轮转角，s 为推杆位移，$C_0, C_1, C_2, \cdots, C_n$ 为待定系数。根据推杆运动规律的特定要求可以确定待定系数。下面介绍一次多项式、二次多项式和五次多项式运动规律的推导过程，其他更高次多项式运动规律的推导过程类似。

1）一次多项式运动规律

由式（6-1）可知，一次多项式运动规律的一般表达式为

$$s = C_0 + C_1\delta$$
$$v = \mathrm{d}s/\mathrm{d}t = C_1\omega \tag{6-2}$$
$$a = \mathrm{d}v/\mathrm{d}t = 0$$

从上式可以看出，一次多项式运动规律的速度为常数，故又称匀速运动。若推杆推程采用一次多项式运动规律，则在起始和终止点处的边界条件为：$\delta=0, s=0$；$\delta=\delta_0, s=h$。将边界条件代入式（6-2），可得 $C_0=0, C_1=h/\delta_0$，因此推杆运动规律的方程为

$$s = h\delta/\delta_0$$
$$v = h\omega/\delta_0 \tag{6-3a}$$
$$a = 0$$

同理,在回程时,其边界条件是:$\delta=0$,$s=h$;$\delta=\delta_0'$,$s=0$。其中,凸轮转角是从回程起始位置开始计量。将边界条件代入式(6-2)可得 $C_0=h$,$C_1=-h/\delta_0'$,因此回程的运动方程为

$$s = h(1-\delta/\delta_0')$$
$$v = -h\omega/\delta_0' \tag{6-3b}$$
$$a = 0$$

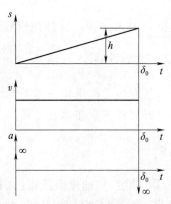

图 6-10   一次多项式运动规律的运动线图

图 6-10 是一次多项式运动规律的运动线图。由图中可见,当推杆的运动规律是一次多项式时,在运动开始和终止的瞬时,速度有突变,所以这时推杆的加速度在理论上将出现瞬时的无穷大值,理论上将产生无穷大的惯性力,因而使凸轮机构受到极大的冲击,这种冲击称为刚性冲击。此种运动规律只适用于低速运动的场合。

2)二次多项式运动规律

由式(6-1)可知,二次多项式运动规律的一般表达式为

$$s = C_0 + C_1\delta + C_2\delta^2$$
$$v = \mathrm{d}s/\mathrm{d}t = C_1\omega + 2C_2\omega\delta \tag{6-4}$$
$$a = \mathrm{d}v/\mathrm{d}t = 2C_2\omega^2$$

由上式(6-4)可见,推杆的加速度为常数。为了保证推杆运动平稳,通常应使推杆先做加速运动,然后再做减速运动,这样在运动的终止点能够保证速度为零。工程中常将推杆的运动时间平分为两段,前半段(对应凸轮转角为 $\delta_0/2$)采用等加速运动,后半段(对应凸轮转角为 $\delta_0/2 \sim \delta_0$)采用等减速运动。

对于等加速段的边界条件是:$\delta=0$ 时,$s=0$,$v=0$;$\delta=\delta_0/2$ 时,$s=h/2$。将这些条件代入式(6-4)可得 $C_0=0$,$C_1=0$,$C_2=2h/\delta_0^2$,故推杆等加速段的运动方程为

$$s = 2h\delta^2/\delta_0^2$$
$$v = 4h\omega\delta/\delta_0^2 \tag{6-5}$$
$$a = 4h\omega^2/\delta_0^2$$

式中,δ 的变化范围为 $0 \sim \delta_0/2$。

同理,对于等减速段的边界条件是:$\delta = \delta_0/2$,$s = h/2$;$\delta = \delta_0$,$s = h$,$v = 0$。代入式(6-4),得 $C_0 = -h$,$C_1 = 4h/\delta_0$,$C_2 = -2h/\delta_0^2$,推杆等减速段运动方程为

$$s = h - 2h(\delta_0 - \delta)^2/\delta_0^2$$
$$v = 4h\omega(\delta_0 - \delta)/\delta_0^2 \qquad (6\text{-}6)$$
$$a = -4h\omega^2/\delta_0^2$$

式中,δ 的变化范围为 $\delta_0/2 \sim \delta_0$。

等加速等减速运动规律的运动曲线如图 6-11 所示。从图中可以看出,推杆在起始点和终止点速度没有突变,在运动过程中速度变化也很连续,所以没有刚性冲击。但在起始点、终止点以及等加速与等减速运动规律的转折点处,推杆的加速度有突变,但因为这种突变为有限值,因而引起的惯性冲击也有限,称这种冲击为柔性冲击。因此,等加速等减速运动规律通常用在中、低速轻载的场合。

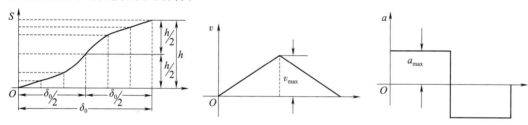

图 6-11 等加速等减速运动曲线

3)五次多项式运动规律

由式(6-1)可知,五次多项式运动规律的一般表达式为

$$s = C_0 + C_1\delta + C_2\delta^2 + C_3\delta^3 + C_4\delta^4 + C_5\delta^5$$
$$v = \mathrm{d}s/\mathrm{d}t = C_1\omega + 2C_2\omega\delta + 3C_3\omega\delta^2 + 4C_4\omega\delta^3 + 5C_5\omega\delta^4 \qquad (6\text{-}7)$$
$$a = \mathrm{d}v/\mathrm{d}t = 2C_2\omega^2 + 6C_3\omega^2\delta + 12C_4\omega^2\delta^2 + 20C_5\omega^2\delta^3$$

上式中有六个待定系数 C_0,C_1,C_2,$\cdots$,C_5。根据推杆在运动起始点、终止点的位移、速度和加速度应该连续的要求,其边界条件是:$\delta = 0$,$s = 0$,$v = 0$,$a = 0$;$\delta = \delta_0$,$s = h$,$v = 0$,$a = 0$。将边界条件代入式(6-7),得六个待定系数分别为 $C_0 = C_1 = C_2 = 0$,$C_3 = 10h/\delta_0^3$,$C_4 = -15h/\delta_0^4$,$C_5 = 6h/\delta_0^5$,因此推杆运动规律的位移方程为

$$s = h(10\delta^3/\delta_0^3 - 15\delta^4/\delta_0^4 + 6\delta^5/\delta_0^5) \qquad (6\text{-}8)$$

推杆推程运动曲线如图 6-12 所示。从图中可以看出,五次多项式运动规律,在运动的起始点和终止点,速度曲线和加速度曲线都没有不连续现象,即推杆在运动过程中既没有刚性冲击也没有柔性冲击,因此这种运动规律适合于高速中载的场合。

2. 三角函数运动规律

实际应用的凸轮机构推杆运动规律中,有余弦加速度和正弦加速度两种三角函数运动规律。

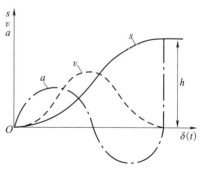

图 6-12 五次多项式运动曲线

1)余弦加速度运动规律

余弦加速度运动规律又称为简谐运动规律,推杆推程时的运动方程为

$$s = \frac{h}{2}\left[1 - \cos(\pi\delta/\delta_0)\right]$$

$$v = \frac{\pi h\omega}{2\delta_0}\sin(\pi\delta/\delta_0) \tag{6-9}$$

$$a = \frac{\pi^2 h\omega^2}{2\delta_0^2}\cos(\pi\delta/\delta_0)$$

推杆回程时的运动运动方程为

$$s = \frac{h}{2}\left[1 + \cos(\pi\delta/\delta_0')\right]$$

$$v = -\frac{\pi h\omega}{2\delta_0'}\sin(\pi\delta/\delta_0') \tag{6-10}$$

$$a = -\frac{\pi^2 h\omega^2}{2\delta_0'^2}\cos(\pi\delta/\delta_0')$$

推杆推程时的运动线图如图 6-13 所示。从图中可知,该运动规律的速度曲线连续,因此无刚性冲击。但在运动的起始点和终止点处加速度有突变,因此会产生有限的柔性冲击。如果推杆的运动规律中只有推程和回程(即没有远休止和近休止),则加速度曲线将会连续,也就不会有柔性冲击存在,因而也可以用于高速运动的场合。

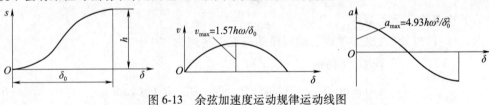

图 6-13　余弦加速度运动规律运动线图

2)正弦加速度运动规律

正弦加速度运动规律又称摆线运动规律,推杆推程时的运动方程为

$$s = h\left[\delta/\delta_0 - \sin(2\pi\delta/\delta_0)/(2\pi)\right]$$

$$v = \frac{h\omega}{\delta_0}\left[1 - \cos(2\pi\delta/\delta_0)\right] \tag{6-11}$$

$$a = \frac{2\pi h\omega^2}{\delta_0^2}\sin 2\pi\delta/\delta_0$$

推杆回程时的运动方程为

$$s = h\left[1 - (\delta/\delta_0') + \sin(2\pi\delta/\delta_0')/(2\pi)\right]$$

$$v = \frac{h\omega}{\delta_0'}\left[\cos(2\pi\delta/\delta_0') - 1\right] \tag{6-12}$$

$$a = -\frac{2\pi h\omega^2}{\delta_0'^2}\sin 2\pi\delta/\delta_0'$$

图 6-14 所示推杆推程时的正弦运动规律的运动曲线。从图中可以看出,该运动规律的速度和加速度曲线都光滑连续,所以既无刚性冲击也无柔性冲击,因此适用于中高速运动场合。

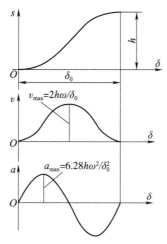

图 6-14　正弦加速度运动规律

上述各种基本运动规律各有一定的优点和缺点,表 6-1 是对上述运动规律的速度、加速度和跃度的最大值的比较。从表中可知,二次多项式运动规律和正弦加速度运动规律的速度峰值较大;除了等速运动规律由于速度有突变而使加速度无穷大之外,正弦加速度运动规律的加速度最大值最大。

表 6-1　凸轮机构推杆常用运动规律的性能比较及适用场合

运动规律	最大速度 v_{max} $(h\omega/\delta_0)\times$	最大加速度 a_{max} $(h\omega^2/\delta_0^2)\times$	最大跃度 j_{max} $(h\omega^3/\delta_0^3)\times$	冲击	应用
等速运动	1.00	∞	—	刚性	低速轻载
等加速等减速	2.00	4.00	∞	柔性	中速轻载
5 次多项式	1.88	5.77	60.0	—	高速中载
余弦加速度	1.57	4.93	∞	柔性	中低速中载
正弦加速度	2.00	6.28	39.5	—	中高速轻载

3. 组合式运动规律简介

在实际工程应用中,我们还可以根据需要,对上述运动规律进行修正和组合,达到取长补短的效果,即以某种基本运动规律为基础,用其他运动规律与其组合,从而获得组合运动规律,可将速度最大值或加速度最大值降低,或修掉速度或加速度突变的点,从而使速度和加速度连续。当采用不同的运动规律组合成组合式运动规律时,它们在连接点处的位移、速度、加速度应分别相等,这就是两运动规律组合时必需的边界条件。下面以等速运动规律为例,介绍运动规律进行组合的过程。

等速运动规律因为速度存在不连续,所以会产生刚性冲击,对机构破坏很大。下面采用正弦加速度运动规律对其进行修正。

设两修正区段对应的凸轮转角分别为 δ_1 和 δ_2，推杆相应的位移分别为 h_1 和 h_2，因此推杆的运动曲线分成三段，第一段为正弦加速度区段，即对应式(6-11)中有 $h=2h_1$，$\delta_0=2\delta_1$，代入式(6-11)得

$$s=h_1\left[\delta/\delta_1-\frac{1}{\pi}\sin(\pi\delta/\delta_1)\right]$$

$$v=\frac{h_1\omega}{\delta_1}\left[1-\cos(\pi\delta/\delta_1)\right]\qquad(\delta=0\sim\delta_1)\qquad(6\text{-}13a)$$

$$a=\frac{\pi h_1\omega^2}{\delta_1^2}\sin(\pi\delta/\delta_1)$$

第二段为等速运动区段，其运动方程为

$$s=h_1+(h-h_1-h_2)(\delta-\delta_1)/(\delta_0-\delta_1-\delta_2)$$

$$v=(h-h_1-h_2)\omega/(\delta_0-\delta_1-\delta_2)\qquad[\delta=\delta_1\sim(\delta_0-\delta_2)]\qquad(6\text{-}13b)$$

$$a=0$$

第三段取正弦加速度的减速区段，其运动方程

$$s=h-\frac{h_2}{\pi}\left[(\delta_0-\delta)/\delta_2+h_2\sin\left[\pi(\delta_0-\delta)/\delta_2\right]\right.$$

$$v=\frac{h_2\omega}{\delta_2}-\frac{h_2\omega}{\delta_2}\cos\left[\pi(\delta_0-\delta)/\delta_2\right]\qquad[\delta=(\delta_0-\delta_2)\sim\delta_0]\qquad(6\text{-}13c)$$

$$a=-\frac{\pi h_2\omega^2}{\delta_2^2}\sin\left[\pi(\delta_0-\delta)/\delta_2\right]$$

根据运动规律组合的原则，要保证在连接点处位移、速度、加速度连续。则根据 $\delta=\delta_1$ 时，式(6-13a)与式(6-13b)中的速度 v 相等，得

$$2h_1/\delta=(h-h_1-h_2)/(\delta_0-\delta_1-\delta_2)\qquad(6\text{-}14)$$

再根据 $\delta=\delta_0-\delta_2$ 时，式(6-13b)与式(6-13c)中的速度 v 相等，可得

$$2h_2/\delta_2=(h-h_1-h_2)/(\delta_0-\delta_1-\delta_2)\qquad(6\text{-}15)$$

联立式(6-14)和(6-15)可得

$$h_1=\delta_1 h/(2\delta_0-\delta_1-\delta_2)$$
$$h_2=\delta_2 h/(2\delta_0-\delta_1-\delta_2)\qquad(6\text{-}16)$$

在修正时，只要选定修正区段的凸轮转角 δ_1 和 δ_2，就可用式(6-16)求出对应的推杆位移 h_1 和 h_2。改进后的等速运动规律如图 6-15 所示。

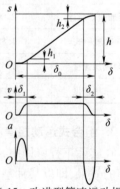

图 6-15 改进型等速运动规律

6.2.3 推杆运动规律的选择

选择或设计推杆规律时应考虑的问题:首先满足机器的工作要求,还应使机器具有良好

的动力特性,凸轮轮廓线便于加工、测量。

（1）当机器的工作过程只要求凸轮转过某一角度 δ_0 时,推杆完成行程 h 或角行程 ϕ,而对推杆的运动规律无特殊要求时,可考虑采用易于加工的运动规律,如圆弧与直线等简单曲线。

（2）当机器的工作过程对推杆的运动规律有完全确定的要求,则只能根据要求设计。

（3）当设计高速凸轮轮廓线时,应考虑惯性力、冲击和振动等各方面因素,应选择 $v_{\max}$, $a_{\max}$ 和 $j_{\max}$ 较小的运动规律。

知识链接

对于高速凸轮机构设计,由于构件的弹性变形不容忽视,凸轮机构的运动误差、噪声、表面磨损和振动程度等动态特性主要由从动件加速度曲线的平滑性和连续性决定,单一的基本运动规律已不能满足复杂的设计要求,所以常采用组合运动规律,即分段采用不同运动规律组合而成。

6.3　凸轮轮廓曲线的设计

凸轮机构设计的任务包括,根据实际要求选择凸轮机构的类型,确定凸轮机构的基本尺寸,以及选定推杆的运动规律,最终设计凸轮的轮廓曲线。凸轮轮廓曲线设计的方法有图解法和解析法,两种设计方法都是在保持凸轮与推杆的相对运动性质不变的基础上,采用"反转法"原理实现的。

6.3.1　凸轮廓线设计方法的基本原理

如图 6-16 所示对心直动尖顶推杆盘形凸轮机构,当凸轮绕其转动中心 O 逆时针匀速转动时,推杆在凸轮轮廓曲线的推动下沿其移动导路做上下往复移动。推杆与凸轮之间的相对运动有两部分组成,一是以 O 点为中心的相对转动（匀速）,二是沿推杆导路的相对移动。前一种运动是由于凸轮的旋转运动引起的,后一种相对运动是由凸轮廓线的形状引起的。"反转法"就是在保证上述两个相对运动不变的基础上实现凸轮廓线的设计的。具体做法是:假设凸轮固定不动,而给推杆及其移动导路施加一个以 O 点为转动中心,顺时针方向的旋转运动（速度为 $-\omega$）。则此时凸轮变为绝对静止,而推杆在原有的沿导路往复移动的基础上,增加了与导路一起绕凸轮原转动中心 O 反向匀速旋转的运动。经过上述变化后,凸轮和推杆的相对运动没有改变,但凸轮廓线设计问题就可以用下面方法实现:使推杆和导路以 $-\omega$ 速度转动（相当于凸轮绕 O 点以 ω 速度旋转）,根据推杆位移曲线确定推杆尖顶的相应位置（也就是凸轮轮廓线上的点）,然后用平滑的曲线将这些点连接起来就是待求

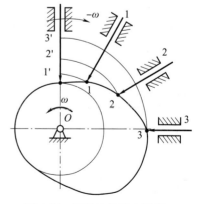

图 6-16　反转法的基本原理

的凸轮廓线。

6.3.2 用图解法设计凸轮的轮廓曲线

1. 偏置直动尖顶推杆盘形凸轮

设计一偏置直动尖顶推杆盘形凸轮机构。已知偏距 $e = 7.5$ mm，基圆半径 $r_0 = 15$ mm，凸轮以等角速度 ω 沿逆时针方向回转，推杆的运动规律见表6-2。

表6-2 推杆运动规律

序号	凸轮运动角(δ)	推杆的运动规律
1	0°~90°	等速上升 $h = 16$ mm
2	90°~180°	推杆远休止
3	180°~270°	正弦加速度下降 $h = 16$ mm
4	270°~360°	推杆近休止

作图法设计凸轮廓线的步骤如下：

（1）选取合适的比例尺 μ_l，根据已知的运动规律作出推杆的位移线图（图6-17），并分别将推程和回程的运动角分成若干等份，在位移曲线上找到对应的位移。而远休止和近休止则不需要等分。本例中，将推程和回程运动角各分成4等份，对应的点是1、2、3、4和6、7、8、9。过这些点作横轴的垂线，与位移曲线分别交于1′、2′、3′、4′和6′、7′、8′、9′点，则线段11′、22′、33′、44′和66′、77′、88′、99′就是凸轮转过相应的角度时推杆的位移。

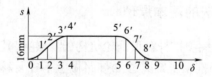

图6-17 推杆位移曲线

（2）如图6-18（a）所示，任选一点作为凸轮的转动中心 O，以 O 为圆心，$e = 7.5$ mm 为半径作偏距圆。以 O 为圆心 $r_0 = 15$ mm 为半径作凸轮的基圆。作偏距圆的一条切线，它代表了起始位置推杆的轨道，与基圆的交点 A 就是推杆在起始位置时与凸轮轮廓线的交点。

（3）如图6-18（b）所示，从 OA 开始按 $-\omega$ 的方向依次量取与推程角、远休止角、回程角和近休止角相等的角度，在基圆上分别得到 B、C、D 点。

（4）将 AB 圆弧分成4等份，分别对应点1、2、3、4。将 CD 圆弧也分成4等份，分别对应点6、7、8、9[图6-18（b）]。

（5）在凸轮基圆上过1，2，3，…，9点作偏距圆的切线（注意，切线方向应与起始位置相同），这些切线就是在反转过程中推杆导路所占据的位置。沿这些切线依次量取1′，2′，3′，…，9′各点，使11′，22′，…，99′等于位移线图上的11′，22′，…，99′。用光滑的曲线将1′、2′、3′、…、9′各点相连，这就是凸轮的廓线[图6-18（c）]。

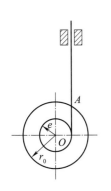 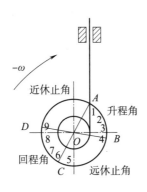 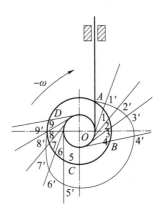

（a）画基圆和偏距圆　　　（b）等份推程运动角和回程运动角　　　（c）确定推杆尖顶的位置

图 6-18　图解法设计凸轮廓线

2. 对心直动滚子推杆盘形凸轮

直动滚子推杆盘形凸轮机构是在尖顶推杆盘形凸轮机构的推杆尖顶处安装一个能够绕自身轴线自由转动的滚子而得到的。滚子的转动不影响推杆与凸轮的相对运动，也不影响推杆的运动性质。滚子的引入只是改变了凸轮与推杆之间的摩擦形式，即有原来的滑动摩擦变为滚动摩擦，所以减轻了凸轮和推杆的摩擦磨损，延长了凸轮机构的使用寿命。

直动滚子推杆盘形凸轮机构的设计与直动尖顶推杆盘形凸轮机构的设计步骤基本相同，只是凸轮轮廓上要将滚子的半径去掉。

如图 6-19 所示，先按反转法确定出滚子中心 A 在推杆复合运动中依次占据的位置 $1'$，$2',3',\cdots$，然后再以点 $A,1',2',3',\cdots$ 为圆心，以滚子半径 r_r 为半径，作一系列的滚子圆，再作此圆族的包络线，即为凸轮的轮廓曲线。通常把滚子中心 A 在复合运动中的轨迹 β_0 称为凸轮的理论廓线，把与滚子直接接触的凸轮廓线 β 称为凸轮的工作廓线或实际廓线。凸轮的基圆半径通常是指尖顶对应的理论廓线上的最小半径。

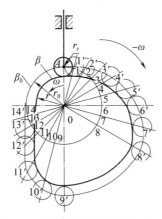

图 6-19　直动滚子推杆盘形凸轮机构

3. 摆动尖顶推杆盘形凸轮

摆动尖顶推杆盘形凸轮机构凸轮轮廓的设计，同样可以参照反转法进行。与直动推杆凸轮设计不同的是,推杆的运动规律反映的是推杆的角位移 ϕ 与凸轮转角 δ 的关系。只需将前面公式中的 s 改为角位移 ϕ,行程 h 改为角行程 Φ,就可以求摆动推杆的角位移了。在推杆的位移线图上,纵坐标代表的是推杆的摆角 ϕ(图 6-20)。

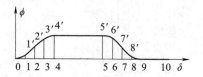

图 6-20　摆动推杆角位移线图

如图 6-21 所示,在反转运动中,摆动推杆的回转轴心 A 将沿着以凸轮轴心 O 为圆心,以 OA 为半径的圆上做圆周运动。图中点 $A_1,A_2,A_3,\cdots$ 是摆动推杆轴心 A 在反转运动中依次占据的位置。再以点 $A_1,A_2,A_3,\cdots$ 为圆心,以摆动推杆的长度 AB 为半径作圆弧,这些圆弧与基圆交于点 $B_1,B_2,B_3,\cdots$,则 $A_1B_1,A_2B_2,A_3B_3,\cdots$ 就是摆动推杆在反转运动中依次占据的位置。然后分别以 $A_1B_1,A_2B_2,A_3B_3,\cdots$ 为一个边,作 $\angle B_1A_1B_1',\angle B_2A_2B_2',\angle B_3A_3B_3',\cdots$,使它们分别等于位移线图中对应的角位移 $\varphi_1,\varphi_2,\varphi_3,\cdots$,得线段 $A_1B_1',A_2B_2',A_3B_3',\cdots$,这些线段代表反转过程中推杆顶部 B 依次占据的位置。点 $B_1',B_2',B_3',\cdots$ 即为摆动推杆的尖顶在复合运动中依次占据的位置。将起始点 B 及点 $B_1',B_2',B_3',\cdots$ 连成光滑曲线就是所要求的凸轮廓线。

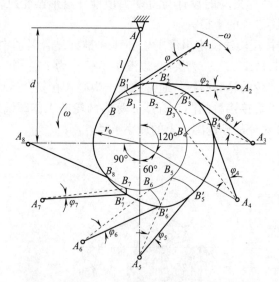

图 6-21　摆动尖顶推杆凸轮廓线的图解法设计

4. 直动平底推杆盘形凸轮

如图 6-22 所示,设计这种凸轮机构的凸轮廓线时,可将推杆导路的中心线与推杆平底交点 A 视为尖顶推杆的尖顶,按反转法步骤做出点 A 在运动过程中依次占据的位置 $1',2',3'\cdots$,然后过 $1',2',3'\cdots$ 点作代表平底的直线,这些直线的包络线 β 就是凸轮的工作轮廓线。

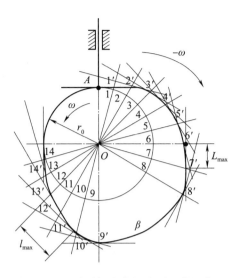

图 6-22　直动平底推杆盘形凸轮机构

6.3.3　用解析法设计凸轮的轮廓曲线

用图解法设计凸轮廓线,概念清晰,简便易行;但设计误差大、效率低。利用计算机技术,采用解析法设计凸轮廓线则计算精度高,近年来得到广泛应用。

1. 偏置直动滚子推杆盘形凸轮

1)凸轮理论廓线方程

图 6-23 所示为偏置直动滚子推杆盘形凸轮机构,求凸轮理论廓线的方程。建立如图 6-24 所示的直角坐标系,反转法给整个机构一个绕凸轮转动中心 O 的公共角速度$-\omega$,这时凸轮将固定不动,而推杆将沿$-\omega$ 方向转过角度 δ,滚子中心将位于 B 点。B 点的直角坐标为

$$\begin{cases} x=(s_0+s)\sin\delta+e\cos\delta \\ y=(s_0+s)s\cos\delta-e\sin\delta \end{cases} \tag{6-17}$$

式中:$s_0=\sqrt{r_0^2-e^2}$,e 为偏距,r_0 为凸轮基圆半径。式(6-17)即为凸轮理论廓线的方程式。

对于对心直动推杆凸轮机构,因 $e=0$,所以 $s_0=r_0$,凸轮的理论廓线方程为

$$\begin{cases} x=(r_0+s)\sin\delta \\ y=(r_0+s)\cos\delta \end{cases} \tag{6-18}$$

2)凸轮实际廓线方程

因为实际廓线与理论廓线在法线方向上为距离等于滚子半径 r_r 的等距曲线,因此,当理论廓线上任一点 $B(x,y)$ 的坐标已知时,只要沿理论廓线在该点的法线方向取距离为 r_r,即可得到凸轮实际廓线上的相应点 $B'(x',y')$。由高等数学可知,理论廓线 B 点处法线 nn 的斜率(与切线斜率互为负倒数)为

$$\tan\theta=\mathrm{d}x/\mathrm{d}y=(\mathrm{d}x/\mathrm{d}\delta)/(-\mathrm{d}y/\mathrm{d}\delta)=\sin\theta/\cos\theta \tag{6-19}$$

式中,θ 为凸轮理论廓线上 $B(x,y)$ 点的法线与 x 轴的夹角。根据式(6-17)有

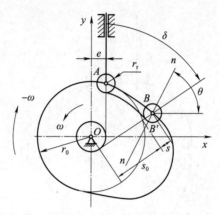

图 6-23 偏置直动滚子推杆盘形凸轮机构

$$dx/d\delta = (ds/d\delta - e)\sin\delta + (s_0 + s)\cos\delta$$
$$dy/d\delta = (ds/d\delta - e)\cos\delta - (s_0 + s)\sin\delta \tag{6-20}$$

因此

$$\sin\theta = (dx/d\delta)/\sqrt{(dx/d\delta)^2 + (dy/d\delta)^2}$$
$$\cos\theta = -(dy/d\delta)/\sqrt{(dx/d\delta)^2 + (dy/d\delta)^2} \tag{6-21}$$

凸轮实际廓线上对应点 $B'(x', y')$ 的坐标为

$$x' = x \pm r_r\cos\theta$$
$$y' = y \pm r_r\sin\theta \tag{6-22}$$

式(6-22)就是凸轮实际廓线的方程式,其中"−"号用于内等距曲线,"+"号用于外等距曲线。

另外,式(6-20)中,e 为代数值,其正负规定如下:如图 6-23 所示,当凸轮沿逆时针方向回转时,若推杆处于凸轮回转中心的右侧,e 为正,反之为负;如凸轮沿顺时针方向回转,则相反。

2. 摆动滚子推杆盘形凸轮

如图 6-24 所示的摆动推杆盘形凸轮机构,凸轮转动中心到从动摆杆摆动中心之间的距离为 a,摆杆的长度为 l,滚子半径为 r_r。建立如图 6-24 所示的直角坐标系,其中 y 轴通过凸轮转动中心与摆杆的摆动中心。在反转过程中,给整个机构一个绕 O 轴的 $-\omega$ 旋转运动,设当推杆反转 δ 角到 AB 位置时,推杆在凸轮廓线的推动下向外摆动的角位移为 φ,则 B 点的坐标为

$$x = a\sin\delta - l\sin(\delta + \varphi + \varphi_0)$$
$$y = a\cos\delta - l\cos(\delta + \varphi + \varphi_0) \tag{6-23}$$

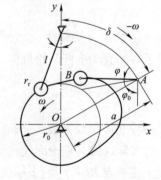

图 6-24 摆动滚子从动件盘形凸轮机构

式中,φ_0 为推杆在初始位置时与 OA 的夹角,且

$$\varphi_0 = \arccos\sqrt{(a^2 + l^2 - r_0^2)/2al} \tag{6-24}$$

式(6-23)为摆动推杆盘形凸轮机构理论廓线方程,实际廓线仍可按式(6-22)计算得到。

3. 直动平底推杆盘形凸轮

建立如图 6-25 所示的直角坐标系,取坐标系的 y 轴与推杆轴线重合。设推杆反转 δ 角后与凸轮廓线在 B 点相切,并在凸轮廓线的推动下沿移动导路从最低位置向外移动 s 距离。根据瞬心的相关知识可知,此时凸轮与推杆的相对瞬心在 P 点,故推杆的速度为

$$v = v_P = \overline{OP}\omega \tag{6-25}$$

因此

$$\overline{OP} = v/\omega = \mathrm{d}s/\mathrm{d}\delta$$

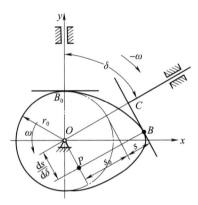

图 6-25　直动平底推杆盘形凸轮机构

则由图 6-25 可知 B 点的坐标为

$$\left.\begin{aligned} x &= (r_0 + s)\sin\delta + (\mathrm{d}s/\mathrm{d}\delta)\cos\delta \\ y &= (r_0 + s)\cos\delta - (\mathrm{d}s/\mathrm{d}\delta)\sin\delta \end{aligned}\right\} \tag{6-26}$$

式(6-26)就是直动平底推杆盘形凸轮理论廓线的方程式。对于平底推杆盘形凸轮来说,其理论廓线也就是实际廓线。

6.4　凸轮机构基本尺寸的确定

在上一节讨论凸轮廓线设计时,凸轮的基圆半径、推杆的滚子半径以及平底的尺寸等都假设已知。但实际中,这些参数要根据凸轮机构传力性能的要求、空间结构的要求以及运动保真度等条件的要求,由设计者确定。下面就这些问题分别进行讨论。

6.4.1　凸轮机构中的作用力和凸轮机构的压力角

1)凸轮机构的压力角

凸轮机构的压力角是指推杆在其与凸轮接触点处所受正压力的方向(接触点处凸轮轮廓的法线方向)与推杆上力作用点的速度方向所夹锐角 α,如图 6-26 所示。

👉 **特别提示**

凸轮机构的压力角和连杆机构中提到的压力角在含义上是一样的。

2）凸轮机构的压力角和受力的关系

由图 6-26 可以看出,凸轮对推杆的作用力 F 可以分解成两个分力,即沿着推杆运动方向的分力 F' 和垂直于运动方向的分力 F''。其中,前者 F' 是推动推杆克服工作载荷的有效分力,而后者 F'' 将增大推杆与导路之间的滑动摩擦,是有害分力。

从图 6-26 中可以看出,$\tan \alpha = F''/F'$,因此压力角 α 越大,则有害分力 F'' 越大,由 F'' 引起的摩擦阻力也越大,推动推杆越费劲,即凸轮机构在同样外载荷 G 下所需的推动力 F 将增大。当 α 增大到某一数值时,因 F'' 而引起的摩擦阻力将超过 F',这时,无论凸轮给推杆的推力有多大,都不能推动推杆,这时机构将发生自锁。

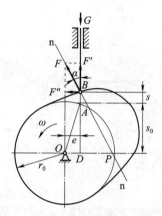

图 6-26 凸轮机构中的压力角

因此,从减小推力,避免自锁,使机构具有良好的受力状况来看,压力角应越小越好。

在图 6-26 中,P 为凸轮与推杆的相对速度瞬心,且 $\overline{OP} = v/\omega = \mathrm{d}s/\mathrm{d}\delta$,可得凸轮机构压力角的计算式如下

$$\tan \alpha = \frac{\frac{\mathrm{d}s}{\mathrm{d}\delta} \mp e}{\sqrt{r_0^2 - e^2} + s} \tag{6-27}$$

由式(6-27)可以看出:

(1)当其他条件不变时,推杆偏置方向使 e 前为减号,可使压力角减小,从而改善其受力情况;e 前面正负号的判定原则是,若凸轮逆时针方向转动,当推杆导路中心偏在凸轮转动中心的右侧时,e 前面取"−"号,推程的压力角将减小;偏在左侧时,取"+"号,推程的压力角将增大。若凸轮沿顺时针方向匀速转动,则符号的取法与上述相反(见表 6-3)。

表 6-3

e 前面的正负号	凸轮转向	推杆位置
+	顺时针	凸轮右侧
	逆时针	凸轮左侧
−	顺时针	凸轮左侧
	逆时针	凸轮右侧

（2）当运动规律确定后，s 和 $ds/d\delta$ 均为定值，因此，α 愈小则基圆半径 r_0 愈大，整个机构的尺寸也愈大，所以，欲使机构紧凑就应把压力角尽可能取大一些。

为了兼顾机构受力和机构紧凑两个方面，在凸轮设计中，通常要求在压力角 α 不超过许用值 $[\alpha]$ 的原则下尽可能采用最小的基圆半径，上述 $[\alpha]$ 称为许用压力角。

在一般设计中，许用压力角 $[\alpha]$ 的数值推荐如下：

对直动从动杆，推程许用压力角 $[\alpha]=30°$；对摆动从动杆，推程许用压力角 $[\alpha]=35°\sim45°$。机构在回程时发生自锁的可能性很小，故回程许用压力角 $[\alpha]'$ 可取得大些，不论直动推杆还是摆动推杆，通常取 $[\alpha]'=70°\sim80°$。

6.4.2　凸轮基圆半径的确定

将式（6-27）整理后得凸轮基圆半径的表达式为

$$r_0=\sqrt{\left(\dfrac{\dfrac{ds}{d\delta}\mp e}{\tan\alpha}-s\right)^2+e^2}\qquad(6\text{-}28)$$

由上式看出，若推杆的偏距 e 和运动规律已定，则当机构的压力角 α 越大，基圆半径就越小，机构越紧凑。所以，凸轮基圆半径选择时要考虑如下因素：

（1）在满足压力角条件（即 $\alpha\leqslant[\alpha]$）的基础上，基圆半径尽可能小，便于设计出结构紧凑的凸轮机构。

（2）当凸轮与轴做成整体式时，r_0 略大于轴的半径 r。

（3）当凸轮与轴做成分体式即 $r_0=(1.6\sim2)r$ 时，r 为轴的半径，以保证键槽处有足够的厚度。

6.4.3　滚子推杆滚子半径的选择

采用滚子推杆时，滚子半径的选择要考虑滚子的结构、强度及凸轮廓线形状等因素。如图 6-27 所示，令 ρ 为理论廓线某点的曲率半径，ρ_a 为实际廓线对应点的曲率半径，r_r 为滚子半径。

（1）当理论廓线内凹时，由图 6-27（a）可见，$\rho_a=\rho+r_r$，此时，实际廓线总可以画出。

（2）当理论廓线外凸时，$\rho_a=\rho-r_r$，它又可分为三种情况：

①$\rho>r_r$［图 6-27（b）］，这时 $\rho_a>0$，可求出实际廓线；

②$\rho=r_r$［图 6-27（c）］，这时 $\rho_a=0$，实际轮廓变尖，称为变尖现象，凸轮极易磨损，实际中不能用；

③$\rho<r_r$［图 6-27（d）］，这时 $\rho_a<0$，实际廓线出现交叉。当进行加工时，交点以外的部分将被刀具切去，即加工后相交部分不再存在，因而导致推杆不能准确地实现预期的运动规律，这种现象称为运动失真。

根据上述分析可知，欲保证凸轮轮廓曲线不发生"变尖"或"失真"现象，滚子半径 r_r 必须小于理论廓线外凸部分的最小曲率半径 ρ_{min}，即：$r_r<\rho_{min}$。实际中，凸轮实际工作廓线的最小曲率半径一般不应小于 $1\sim5$ mm，如果不能满足此要求时，就应增大基圆半径或适当减小滚子半径，必要时，则必须修改推杆的运动规律。另一方面，滚子的尺寸还受其强度、结构的

限制,也不能太小,通常取 $r_r < (0.1 \sim 0.5) r_0$。

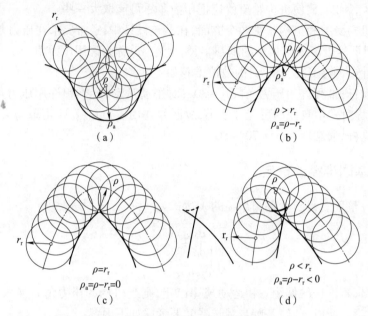

图 6-27　滚子半径的确定

由此可见,避免出现尖点或失真应采取的措施有:适当减少滚子半径 r_r;或增大基圆半径 r_0。

6.4.4　平底推杆平底尺寸的确定

如图 6-25 所示,推杆平底中心至推杆平底与凸轮廓线的接触点间的距离 $\overline{BC}$ 为

$$\overline{OP} = \overline{BC} = \mathrm{d}s/\mathrm{d}\delta$$

其最大距离 $l_{\max} = \overline{BC}_{\max} = \left| \mathrm{d}s/\mathrm{d}\delta \right|_{\max}$,$\left| \mathrm{d}s/\mathrm{d}\delta \right|_{\max}$ 应根据推程和回程推杆的运动规律分别进行计算,取其最大值。设平底两侧取同样长度,则推杆平底长度 l 为

$$l = 2 \left| \mathrm{d}s/\mathrm{d}\delta \right|_{\max} + (5-7) \ \mathrm{mm} \tag{6-29}$$

综上所述,在设计凸轮廓线之前需先选定凸轮的基圆半径,而凸轮基圆半径的选择需考虑到实际的结构条件、压力角以及凸轮工作廓线是否会出现变尖和失真等。除此之外,当为直动推杆时,应在结构许可的条件下,取较大的导轨长度和较小的悬臂尺寸,并恰当地选取滚子半径和平底尺寸等。合理选择这些尺寸是保证凸轮机构具有良好工作性能的重要因素。

🔗 **知识链接**

凸轮机构能实现任意的运动,但凸轮轮廓加工困难,输出运动缺乏柔性。电子凸轮的出现克服了这一缺陷。电子凸轮机构系统由计算机实现凸轮机构的功能。系统由硬件和软件两部分组成,硬件由微机、轴位置编码器,D/A 转换器和执行机构组成;软件产生凸轮轮廓的算法。凸轮的多个轮廓可同时存储在可编程存储器中,相应的凸轮轮廓能按命令送到执行机构中去。电子凸轮机构的突出特点是可按不同的从动件的运动规律选择存储器中的凸轮

轮廓曲线。输出运动改变时只需简单地改变一下数值或设定,而不是更换机器的物理部件,机构的输出柔性好。此外,电子凸轮还减少了凸轮和从动件等机械部件的制造误差、动态磨损,因此能获得较高的精度。

实例 6-1 设计一对心直动滚子推杆盘形凸轮机构。已知凸轮以等角速度 ω 逆时针方向转动。在凸轮的一个运转周期 6 s 时间内,要求推杆在 1 s 内等速上升 10 mm,0.5 s 内静止不动,0.5 s 内等速上升 6 mm,2 s 内静止不动,2 s 内等速下降 16 mm。

(1)画出推杆的位移线图 s—δ。

(2)画出推杆的速度线图 v—δ。

(3)该凸轮的基圆半径为多少?(按推程许用压力角 $[\alpha]=30°$ 选择基圆半径)

解:(1)将凸轮转动的各时间段换算成凸轮基圆的转角,得推杆位移 s 和凸轮基圆转角 δ 间的关系如表 6-4 所示。

表 6-4

t/s	1	0.5	0.5	2	2
δ/rad	$\pi/3$	$\pi/6$	$\pi/6$	$2\pi/3$	$2\pi/3$
s/mm	10	0	6	0	−16

根据表 6-4 数据绘制位移线图如图 6-28(a)所示。

(2)根据表 6-4 数据绘制速度线图如图 6-28(b)所示。

(3)根据凸轮基圆半径与压力角的关系式 $\tan\alpha=\dfrac{\frac{ds}{d\delta}\mp e}{\sqrt{r_0^2-e^2}+s}$,可知 $ds/d\delta$ 取最大,同时 s 取最小时,凸轮机构的压力角最大。由图 6-28 可知,这点可能在 1 s 内等速上升 10 mm 段的开始处或 0.5 s 内等速上升 6 mm 段的开始处。根据

$$\tan\alpha=\frac{\frac{ds}{d\delta}\mp e}{\sqrt{r_0^2-e^2}+s}=\frac{\frac{ds}{d\delta}}{r_0+s}\le\tan 30°$$

得

$$r_0\ge\frac{ds/d\delta}{\tan 30°}-s$$

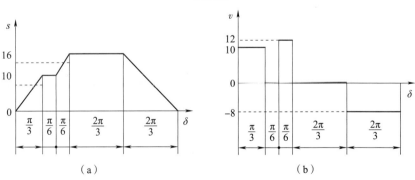

图 6-28 位移线图和速度线图

在 1 s 内等速上升 10 mm 段的开始处，$ds/d\delta = 30/\pi$，$s = 0$，解得 $r_0 \geqslant 16.54$ mm，在 0.5 s 内等速上升 6 mm 段的开始处，$ds/d\delta = 36/\pi$，$s = 10$ mm，解得 $r_0 \geqslant 9.85$ mm，所以 $r_0 \geqslant 17$ mm。

本章小结

凸轮机构可以实现任意的运动，在工程上应用广泛，特别是在自动控制机械上。

凸轮机构由凸轮、推杆和机架组成。凸轮机构有直动推杆、摆动推杆等多种类型。

凸轮机构推杆的常用运动规律主要有多项式和三角函数两大类，它们各有特点，适用于不同的应用场合。为了满足特殊需要，可设计组合式运动规律。

凸轮廓线设计是凸轮机构设计的核心环节，其所依据的基本原理是"反转法原理"，运用此原理可用图解法和解析法两种设计方法设计凸轮的轮廓曲线。

在设计凸轮廓线之前，应先确定凸轮机构的一些基本尺寸，如压力角、基圆半径、滚子半径和平底推杆平底尺寸等。

习题

1. 判断题

(1)凸轮机构中，只要合理设计凸轮廓线，则推杆可以实现各种复杂形式的运动规律。
（　　）

(2)推杆是在凸轮轮廓的推动下实现预定运动的，所以凸轮廓线形状的不同，推杆所实现的运动也就不同。（　　）

(3)以凸轮转动中心为圆心，以凸轮最小半径为半径所做的圆称为凸轮的基圆。（　　）

(4)凸轮机构运动时，加速度突变为有限值，引起的惯性冲击也是有限值，称这种冲击为刚性冲击。（　　）

(5)凸轮机构的压力角是指推杆在其与凸轮接触点处所受正压力的方向（接触点处凸轮轮廓的法线方向）与推杆上力作用点的速度方向所夹锐角。（　　）

(6)适当减少滚子半径可避免凸轮轮廓曲线出现尖点或失真现象。（　　）

2. 选择题

(1)与连杆机构相比，凸轮机构最大的缺点是（　　）。

A. 惯性力难以平衡　　　　　　　　　　B. 点、线接触，易磨损

C. 设计较为复杂　　　　　　　　　　　D. 不能实现简谐运动

(2)与其他机构相比，凸轮机构的最大优点是（　　）。

A. 可实现各种预期的运动　　　　　　　B. 便于润滑

C. 制造方便，易获得较高精度　　　　　D. 推杆行程较大

(3)（　　）盘形凸轮机构的压力角恒等于常数。

A. 摆动尖顶推杆　　　　　　　　　　　B. 直动滚子推杆

C. 摆动平底推杆　　　　　　　　　　　D. 摆动滚子推杆

(4)对于直动推杆盘形凸轮来讲,在其他条件相同的情况下,偏置直动推杆与对心直动推杆相比,两者在推程段最大压力角的关系为( )。

A. 偏置比对心大　　　　　　　　B. 对心比偏置大

C. 一样大　　　　　　　　　　　D. 不一定

(5)凸轮机构的推杆选用等速运动规律时,其运动( )。

A. 将产生刚性冲击　　　　　　　B. 将产生柔性冲击

C. 没有冲击　　　　　　　　　　D. 既有刚性冲击又有柔性冲击

3. 简答题

(1)凸轮机构推杆常用的运动规律有哪些? 他们各自有什么特点? 适合用于什么场合?

(2)何为凸轮廓线变尖现象和推杆运动的失真现象? 它对凸轮机构的工作有何影响? 如何加以避免?

(3)何谓凸轮机构传动中的刚性冲击和柔性冲击? 试补全图 6-29 所示各段 s—δ、v—δ、a—δ 曲线,并指出哪些地方有刚性冲击,哪些地方有柔性冲击?

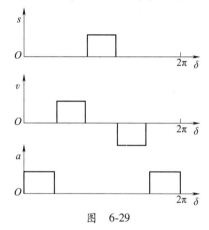

图 6-29

(4)什么是正偏置和负偏置? 在图 6-30 所示两个机构中,若为了减小推杆推程压力角,凸轮的转向应该如何设置?

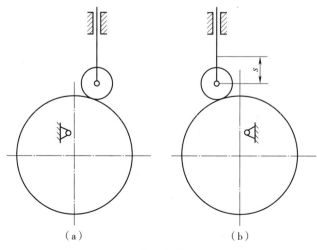

（a）　　　　　　　　（b）

图 6-30

(5)何为凸轮的理论廓线？何为凸轮的实际廓线？两者的区别和联系是怎样的？

(6)何为凸轮机构的压力角？若发现凸轮机构的压力角超过许用值,可采用什么措施减小推程压力角？

(7)试说明对心直动尖顶推杆盘形凸轮机构和偏置尖顶直动推杆盘形凸轮机构在绘制凸轮轮廓的方法上有什么不同？

(8)理论廓线相同而实际廓线不同的两个对心直动推杆盘形凸轮机构,其推杆的运动规律是否相同？为什么？

(9)不同运动规律进行组合推杆运动曲线时,应遵循的原则是什么？

4. 计算题

(1)试以作图法设计一偏置直动滚子推杆盘形凸轮机构凸轮的轮廓曲线。已知凸轮以等角速度顺时针回转,正偏距 $e=10$ mm,基圆半径 $r_0=30$ mm,滚子半径 $r_r=10$ mm。推杆运动规律为:凸轮转角 $\delta=0°\sim150°$ 时,推杆等速上升 16 mm;$\delta=150°\sim180°$ 时推杆远休止,$\delta=180°\sim300°$ 时推杆等加速等减速回程 16 mm;$\delta=300°\sim360°$ 时推杆近休止。

(2)图 6-31 所示为对心直动滚子推杆盘形凸轮机构。已知凸轮的实际廓线为一圆,半径 $R=40$ mm,凸轮逆时针转动。圆心 A 至转轴 O 的距离 $l_{OA}=25$ mm,滚子半径 $r_r=8$ mm。试确定:① 凸轮的理论廓线;② 凸轮的基圆半径 r_0;③ 推杆的行程 h;④ 在图 6-31 所示位置机构的压力角 α。

(3)图 6-32 所示为偏置移动滚子推杆盘形凸轮机构。该凸轮为绕 A 点转动的偏心圆盘,圆盘的圆心在 O 点。试在图上:① 作出凸轮的理论廓线;② 画出凸轮的基圆和凸轮机构的初始位置;③ 当推杆推程作为工作行程时,标出凸轮的合理转向。

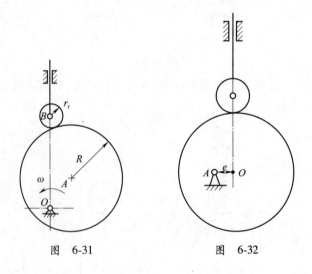

图 6-31   图 6-32

(4)试设计一个偏置直动尖顶推杆盘形凸轮。凸轮为顺时针转动,基圆半径 $r_0=25$ mm,偏距 $e=10$ mm(偏置方向使机构推程压力角变小)。推程阶段推杆做正弦加速度运动,推程运动角为 120°;远休止角 60°;回程阶段做等加速等减速运动,回程运动角 90°;推杆行程 $h=20$ mm。用作图法作出凸轮推程的轮廓线。

（5）图 6-33 所示为凸轮机构的初始位置，试用反转法直接在图上标出：

① 凸轮按 ω 方向转过 45°时推杆的位移；

② 凸轮按 ω 方向转过 45°时凸轮机构的压力角。

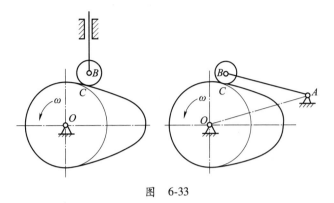

图　6-33

第7章　齿轮机构及其设计

主要内容

　　齿轮机构的特点和类型;齿轮的齿廓曲面;渐开线齿廓及其啮合特性;渐开线标准齿轮的基本参数和几何尺寸;渐开线直齿圆柱齿轮的啮合传动;渐开线齿廓的加工与变位;斜齿圆柱齿轮传动;直齿锥齿轮传动;蜗杆蜗轮传动。

学习目的

　　(1)了解齿轮机构的特点和类型。
　　(2)理解齿廓啮合基本定律,了解齿廓曲线的选择。
　　(3)理解渐开线的性质、方程以及渐开线齿廓的啮合特点。
　　(4)掌握渐开线标准直齿圆柱齿轮传动的基本尺寸计算、正确啮合条件、无侧隙啮合条件、连续传动条件。
　　(5)了解渐开线齿轮的加工原理,对变位齿轮有明确的概念。
　　(6)了解斜齿圆柱齿轮传动的特点和基本尺寸计算。
　　(7)了解直齿圆锥齿轮传动、蜗杆蜗轮传动的特点和基本尺寸计算。

引例

　　古代指南车如图7-1所示。指南车,又称司南车,是中国古代用来指示方向的一种机械装置。

　　相传早在5000多年前,黄帝时代就已经发明了指南车,当时黄帝曾凭着它在大雾弥漫的战场上指示方向,战胜了蚩尤。西周初期,当时南方的越棠氏人因回国迷路,周公就用指南车护送越棠氏使臣回国。三国马钧所造的指南车除用齿轮传动外,还有自动离合装置,可利用齿轮传动系统和离合装置来指示方向。

图7-1　指南车

　　指南车与司南、指南针等相比较为复杂,它是利用差速齿轮原理,根据车轮的转动,由车上木人指示方向。不论车子转向何方,木人的手始终指向南方“车虽回运而手常指南”。

　　指南车是一辆双轮独辕车,车上立一木人,引臂南指。车厢内部设置有一套可自动离合的齿轮传动机构。当车子行进中偏离正南方向,向东(左)转弯时,东辕前端向左移动,而后端向右(向西)移动,即将右侧传动齿轮放落,使车轮的转动能带动木人下方的大齿轮向右转动,恰好抵消车辆向左转弯的影响,使木人手臂仍指南方。当车子向西(右)转弯时,则左侧的传动齿轮放落,使大齿轮向左转,以抵消车子右转的影响。而车子向正前方行进时,车轮与齿轮系是分离的,因此木人手臂所指的方向不受车轮转动的影响。如此,不管车子的运动方向如何变化,车上木人的手臂总是指向南方,起着指引方向的作用。《宋史·舆服志》分别记载了这些齿轮的直径、圆周以及其中一些齿轮的齿距与齿数。由齿数、转动数保证木人指南的目的,可见古人掌握了关于齿轮的知识和控制齿轮离合的方法。

李约瑟博士在对指南车的差动齿轮作详细研究后指出:无论如何,指南车是人类历史上第一架有共协稳定的机械。

7.1　齿轮机构的特点及类型

齿轮是工业的象征,是现代机械中应用最广泛的一种传动机构。齿轮机构主要用来传递空间任意两轴间的运动和动力,也可以将转动转化为移动。

7.1.1　齿轮机构的特点

齿轮机构具有传动比准确、圆周速度高(可达 300 m/s)、传递功率范围大(从几瓦到几万千瓦)、传动效率高(可达 99%)、工作可靠、使用寿命长、结构紧凑等优点。缺点是要求较高的制造和安装精度,因而成本较高,不宜用于两轴距离大的传动。与带传动、链传动相比,齿轮传动最大优点就是能够实现连续高速,目前没有更好的机构可以替代它。

7.1.2　齿轮机构的类型

1. 按传动比是否恒定进行划分

(1)定传动比传动的齿轮机构。由于这种机构中的齿轮都是圆形的,所以又称圆形齿轮机构。这种齿轮机构的传动角速度之比固定不变,传动平稳,满足了现代机械日益向高速重载发展的需要,得到了广泛应用。

(2)变传动比传动的齿轮机构。由于这种齿轮机构一般都是非圆形的,所以又称为非圆齿轮机构。这种齿轮机构常用于某些有特殊要求的机械中,用以实现某种特定要求的函数关系或改善机械的运动和动力的性能等。

本章主要讨论实现定传动比的圆形齿轮机构。

2. 按齿轮两轴间相对位置进行划分

(1)用于平行轴间传动的齿轮机构。

平行轴齿轮机构是指两齿轮的传动轴线平行,这是一种平面齿轮机构。

①直齿圆柱齿轮传动。直齿圆柱齿轮简称直齿轮,其轮齿与轴线平行。轮齿排列在圆柱体外表面上的称为外齿轮,轮齿排列在空心圆柱体内表面上的称为内齿轮,轮齿排列在平面上的称为齿条。直齿圆柱齿轮又可分为:外啮合齿轮传动,两轮齿的转动方向相反;内啮合齿轮传动,两轮齿的转动方向相同;齿轮与齿条传动,分别如图 7-2 所示。

（a）外啮合齿轮传动　　　（b）内啮合齿轮传动　　　（c）齿轮与齿条传动

图 7-2　直齿圆柱齿轮传动

②斜齿圆柱齿轮传动。斜齿圆柱齿轮简称斜齿轮,其轮齿相对其轴线倾斜了一个角度（称为螺旋角）,如图 7-3 所示。斜齿圆柱齿轮传动也可分为外啮合齿轮传动、内啮合齿轮传动和齿轮与齿条传动三种形式。

③人字齿轮传动。人字齿轮的齿向呈人字形,如图 7-4 所示。可视为由两个螺旋角大小相等、方向相反的斜齿轮所组成。在实际制造中,可制成整体式的或拼凑式的。

图 7-3　斜齿圆柱齿轮传动　　　　　　　　图 7-4　人字齿轮传动

（2）用于相交轴间传动的齿轮机构。

两齿轮的传动轴线相交于一点,这是一种空间齿轮机构。图 7-5 所示为用于相交轴间的圆锥齿轮机构。圆锥齿轮简称锥齿轮,其轮齿排列在圆锥体的表面上,有直齿、斜齿和曲齿三种,分别如图 7-5 所示。其中直齿应用最广,而斜齿和曲齿轮传动平稳,承载能力高,常用于高速重载的传动中。

（a）直齿　　　　　　　（b）斜齿　　　　　　　（c）曲齿

图 7-5　相交轴间传动

（3）用于交错轴间传动的齿轮机构。

两齿轮的传动轴线为空间任意交错位置,它也是空间齿轮机构。

①交错轴斜齿轮传动。如图 7-6 所示,两斜齿轮用于两交错轴之间运动和动力的传递,就单个齿轮来说与斜齿轮相同。交错轴斜齿轮传动和斜齿轮传动的区别在于:斜齿轮传动属于平面传动,而交错轴斜齿轮传动则属于空间运动。

图 7-6 交错轴斜齿轮传动

②蜗杆蜗轮传动。蜗杆蜗轮传动也是用于交错轴之间的传动,但其交错角一般为 90°,如图 7-7 所示。

③准双曲面齿轮传动。准双曲面齿轮传动也是用于两交错轴的传动,如图 7-8 所示。

齿轮机构的类型虽然很多,但直齿圆柱齿轮传动是齿轮机构中最简单、最基本,也是应用最广泛的一种,而且直齿轮啮合原理是研究其他类型齿轮机构的基础。因此,下面将以直齿圆柱齿轮传动为重点,就其啮合原理、啮合传动特点、齿轮的基本参数及其几何尺寸计算等问题进行详细的分析。在此基础上,再对其他类型的齿轮传动的特点进行介绍。

图 7-7 蜗杆蜗轮传动　　　图 7-8 准双曲面齿轮传动

7.2　齿轮的齿廓曲线

一对齿轮传递扭矩和运动的过程,是通过这对齿轮主动轮上的齿廓与从动轮上的齿廓依次相互接触来实现的。对齿轮传动的基本要求是传动准确、平稳,即要求在传动过程中,瞬时传动比保持不变。因此主动轮以等角速度 ω_1 回转时,从动轮必须以某一等角速度 ω_2 回转,否则将产生加速度和惯性力。这种惯性力不仅影响齿轮寿命,而且还会引起机器的振动和噪声,影响工作精度,甚至可能招致轮齿过早地破坏。

两齿轮传动时,其瞬时传动比的变化规律与两齿轮齿廓曲线的形状(简称齿廓形状)有关。齿廓形状不同,两轮瞬时传动比的变化规律也不同。那么,轮齿的齿廓形状应符合什么条件才能满足齿轮传动比保持一定的要求呢? 下面就对齿廓曲线与齿轮传动比的关系进行分析。

7.2.1　齿廓啮合基本定律

图 7-9 所示为一对相啮合的齿轮齿廓,设 O_1、O_2 为两轮的转动中心,E_1、E_2 为两轮相互啮合的一对齿廓。若两齿廓某一瞬时在任一点 K 接触,齿轮 1 为主动件,以瞬时角速度 ω_1 绕 O_1 顺时针转动,带动齿轮 2 以瞬时角速度 ω_2 绕 O_2 逆时针转动,则在此瞬时两轮在 K 点的速度分别为

$$v_{K_1} = \omega_1 \overline{O_1 K}(\text{方向} \perp \overline{O_1 K})$$

$$v_{K_2} = \omega_2 \overline{O_2 K}(\text{方向} \perp \overline{O_2 K})$$

(7-1)

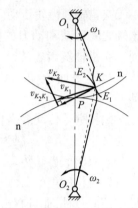

图 7-9 相啮合的齿轮齿廓

由于两轮的齿廓是刚体,且连续接触,故其速度 v_{K_1} 和 v_{K_2} 在公法线上的速度分量应相等。其相对速度 $v_{K_1 K_2}$ 的方向只能沿两齿廓接触点处的公切线方向。过点 K 作两齿廓的公法线 nn 交连心线 $O_1 O_2$ 于点 P。由三心定理可知,点 P 是两轮的相对瞬心,根据瞬心是两构件上相对速度为零的重合点,即瞬心也是两构件在该瞬时具有相同绝对速度的重合点。两构件在任一瞬时的相对运动都可以看成绕瞬心的相对转动,故有

$$v_P = \omega_1 \overline{O_1 P} = \omega_2 \overline{O_2 P}$$

(7-2)

由此可得,瞬时传动比

$$i_{12} = \frac{\omega_1}{\omega_2} = \frac{\overline{O_2 P}}{\overline{O_1 P}}$$

(7-3)

式(7-3)表明,要使两轮的瞬时传动比恒定不变,比值 $\overline{O_2 P}/\overline{O_1 P}$ 应为常数。因两轮中心距 $O_1 O_2$ 为定长,若要满足上述要求,则必须使点 P 为连心线上的一个固定点,此固定点 P 称为节点。以 O_1 和 O_2 为圆心,过节点 P 所作的相切的圆,称为节圆。

由此得齿廓啮合的基本定律:相互啮合传动的一对齿轮,在任一位置时的传动比,都与其连心线 $O_1 O_2$ 被其啮合齿廓在接触点处的公法线所分成的两线段长成反比。

👉 **特别提示**

(1)一对齿轮在传动过程中,它的一对节圆在做纯滚动,因而其外啮合中心距恒等于其节圆半径之和。

(2)只有当一对齿轮相互啮合传动时才存在节圆,单个齿轮不存在节圆。

(3)变传动比齿轮机构的节点 P 不再是一个定点,而是按一定规律在连心线上移动,节点 P 在两轮转动平面上的轨迹不是两个圆,而是两条封闭曲线(如在椭圆齿轮机构中,这两条封闭曲线是两个椭圆),一般称该封闭曲线为节线。

7.2.2 齿廓曲线的选择

理论上,凡能满足齿廓啮合基本定律的一对齿廓(称为共轭齿廓)曲线,均可作为齿轮机构的齿廓。实际上,可作为共轭齿廓的曲线有无限多条,只要给出一轮的齿廓曲线,就可根据齿廓啮合基本定律,求出与其啮合传动的另一轮上的共轭齿廓曲线。但是,在生产实践中,选择齿廓曲线时,不仅要满足传动比的要求,还必须从设计、制造、安装和使用等方面予以综合考虑。对于定传动比传动的齿轮来说,目前最常用的齿廓曲线是渐开线,其次是摆线和变态摆线,近年来还有圆弧齿廓和抛物线齿廓等。

由于渐开线齿廓具有良好的传动性能,而且便于制造、安装、测量和互换使用,因此它的应用最为广泛,故本章着重介绍渐开线齿廓的齿轮。

7.3　渐开线齿廓及其啮合特点

7.3.1　渐开线的形成及其特性

如图 7-10 所示,当直线 nn 沿一圆周做相切纯滚动时,直线 nn 上任一点 K 的轨迹 AK 就是该圆的渐开线。该圆称为渐开线的基圆,它的半径用 r_b 表示;直线 nn 称为渐开线的发生线;角 θ_K 称为渐开线上 K 点的展角。

根据渐开线的形成过程,可知渐开线具有下列特性:

(1)发生线沿基圆滚过的长度等于基圆上被滚过的弧长,即 $\overline{BK}=\overparen{AB}$。

(2)发生线 BK 即为渐开线在 B 点的法线,又因发生线恒切于基圆,故知渐开线上任意点的法线恒与其基圆相切。

(3)发生线与基圆的切点 B 是渐开线在 K 点处的曲率中心,线段 $\overline{BK}$ 是渐开线在 K 处的曲率半径。渐开线上愈接近基圆部分的曲率半径愈小,在基圆上其曲率半径等于零。

(4)渐开线的形状取决于基圆的大小。在展角相同处,基圆半径愈大,其渐开线的曲率半径也愈大,如图 7-11 所示。当基圆半径为无穷大时,其渐开线就变成一条直线,故齿条的齿廓曲线为直线。

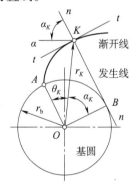

图 7-10　渐开线的形成

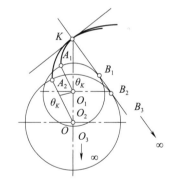

图 7-11　基圆大小对渐开线的影响

(5)基圆内无渐开线。渐开线的上述特性是研究渐开线齿轮啮合传动的基础。

7.3.2　渐开线方程与渐开线函数

在图 7-10 中,设 r_K 为渐开线在任意点 K 的向径。当此渐开线与共轭齿廓在 K 点啮合时,此齿廓在该点所受正压力的方向(法线 nn 方向)与该点的速度方向(沿 α 方向)之间所夹的锐角,称为渐开线在该点的压力角。

✎ 特别提示

压力角 α_K 的定义在物理意义上与连杆机构、凸轮机构中压力角的定义是一致的。显然,渐开线齿廓上各点具有不同的压力角。点 K 离圆心 O 愈远(即 r_K 愈大),其压力角也愈大,当 $r_K=r_b$ 时,$\alpha_K=0$,即渐开线在基圆上的压力角等于零。

由 $\triangle BOK$ 可知:

$$\cos \alpha_K = r_b/r_K \tag{7-4}$$

又因

$$\tan \alpha_K = \frac{\overline{BK}}{r_b} = \frac{\widehat{AB}}{r_b} = \frac{r_b(\alpha_K+\theta_K)}{r_b} = \alpha_K+\theta_K$$

故得

$$\theta_K = \tan \alpha_K - \alpha_K$$

由上式可知,展角 θ_K 是随压力角 α_K 的大小而变化的,只要知道渐开线上某点的压力角 α_K,则该点的展角 θ_K 便可由上式求出,即展角 θ_K 为压力角 α_K 的渐开线函数,用 $\mathrm{inv}\alpha_K$ 表示,即

$$\mathrm{inv}\alpha_K = \theta_K = \tan \alpha_K - \alpha_K \tag{7-5}$$

由式(7-4)和式(7-5)可得渐开线的极坐标参数方程为

$$\begin{cases} r_K = \dfrac{r_b}{\cos \alpha_K} \\ \theta_K = \mathrm{inv}\alpha_K = \tan \alpha_K - \alpha_K \end{cases} \tag{7-6}$$

☞ **特别提示**

展角和渐开线函数:是同一个函数的两个不同的名称,它们表示的是同一个角度。

7.3.3 渐开线齿廓的啮合特点

渐开线齿廓啮合传动具有下列特点:

1)能保证定传动比传动且具有可分性

设 C_1、C_2 为相互啮合的一对渐开线齿廓(图 7-12),它们的基圆半径分别为 r_{b1}、r_{b2}。当 C_1、C_2 在任意点 K 啮合时,过 K 点所作这对齿廓的公法线为 N_1N_2。根据渐开线的特性可知,此公法线必同时与两轮的基圆相切。

由图 7-12 可知,$\triangle O_1N_1P \backsim \triangle O_2N_2P$,故两轮的传动比又可以写成:

$$i_{12} = \frac{\omega_1}{\omega_2} = \frac{\overline{O_2P}}{\overline{O_1P}} = \frac{r_{b2}}{r_{b1}} \tag{7-7}$$

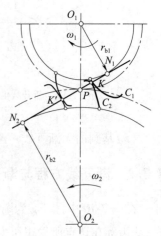

图 7-12　渐开线齿廓啮合传动

由上式可知:渐开线齿轮的传动比取决于两基圆半径的比值,而在渐开线齿廓加工完成之后,它的基圆大小就已经完全确定。所以,即使两齿轮的实际中心距与设计中心距略有偏差,也不会影响两齿轮的传动比。渐开线齿廓传动的这一特性称为传动的可分性。这种传动的可分性,对于渐开线齿轮的加工和装配都是十分有利的。

2）渐开线齿廓之间的正压力方向不变

既然一对渐开线齿廓在任何位置啮合时，接触点的公法线都是同一条直线 N_1N_2，这就说明了一对渐开线齿廓从开始啮合到脱离接触，所有的啮合点都在 N_1N_2 上。因此，直线 N_1N_2 是两齿廓接触点的轨迹，称其为啮合线。渐开线齿轮在传递运动过程中，由于啮合线与两齿廓接触点的公法线重合，且啮合线 N_1N_2 为一条定直线，故齿廓之间的正压力方向始终不变，这对于齿轮传动的平稳性是很有利的。

渐开线齿轮除具上述的两个优点外，还有工艺性能好、互换性好等优点，所以应用特别广泛。

7.4 渐开线标准齿轮的基本参数和几何尺寸

为了进一步研究齿轮传动的设计和使用问题，必须先熟悉齿轮各部分的名称、基本参数和几何尺寸的计算。

7.4.1 齿轮各部分的名称和符号

图 7-13 所示为一标准直齿圆柱外齿轮的一部分。过轮齿顶端所作的圆称为齿顶圆，其半径用 r_a 表示；过轮齿槽底所作的圆称为齿根圆，其半径用 r_f 表示；两相邻轮齿之间的空间称为齿间或齿槽，一齿槽两侧齿廓间在任意圆周上的弧长，称为该圆上的齿槽宽，用 e_i 表示；在任意半径的圆周上，一个轮齿两侧齿廓间的弧长，称为该圆上的齿厚，用 s_i 表示；相邻两齿同侧两齿廓间在某一圆上的弧长，称为该圆上的齿距，用 p_i 表示。在同一圆周上，齿距等于齿厚与齿槽宽之和，即

$$p_i = s_i + e_i \tag{7-8}$$

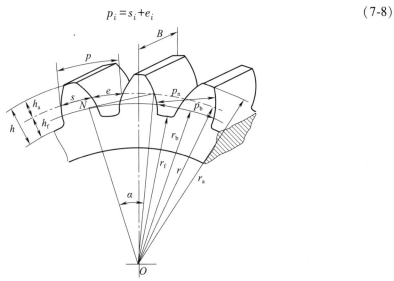

图 7-13 标准直齿圆柱外齿轮

为了便于计算齿轮各部分的尺寸，在齿轮上选择一个圆作为计算基准，称该圆为齿轮的分度圆。其半径、齿厚、齿槽宽和齿距分别以 r、s、e 和 p 表示。轮齿介于分度圆与齿顶圆之

间的部分称为齿顶,其径向高度称为齿顶高,以 h_a 表示;介于分度圆与齿根圆之间的部分称为齿根,其径向高度称为齿根高,以 h_f 表示;齿顶高与齿根高之和称为齿全高,以 h 表示,显然

$$h = h_a + h_f \tag{7-9}$$

7.4.2　渐开线齿轮的基本参数

（1）齿数

在齿轮的整个圆周上轮齿的总数称为齿数,常用 z 表示。

（2）模数

模数是齿轮的一个重要参数,用 m 表示,模数的定义为齿距与圆周率的比值,即

$$m = p/\pi \tag{7-10}$$

故齿轮的分度圆直径 d 可表示为

$$d = mz \tag{7-11}$$

模数 m 已经标准化了,表 7-1 为国家标准《通用机械和重型机械用圆柱齿轮模数》（GB/T 1357—2008）规定的标准模数系列。在设计齿轮时,若无特殊需要,应选用标准模数。

表 7-1　标准模数系列（GB/T 1357—2008）

第一系列	0.12　0.15　0.2　0.25　0.3　0.4　0.5　0.6　0.8　1　1.25　1.5　2　2.5　3　4　5　6　8 10　12　16　20　25　32　40　50
第二系列	0.35　0.7　0.9　1.75　2.25　2.75　（3.25）　3.5　（3.75）　4.5　5.5　（6.5）　7　9　（11） 14　18　22　28　36　45

注:选用模数时,优先采用第一系列,其次是第二系列,括号内的模数尽量不使用。

特别提示

分度圆与节圆:

分度圆是齿轮上一个人为约定的用于计算齿轮各部分尺寸的基准圆,任何一个齿轮都有且仅有一个分度圆,其值为 $d = mz$,即只要确定了齿数和模数,这个齿轮的分度圆半径就确定下来了。在加工、安装、传动时分度圆都不会改变。通常,分度圆就是齿轮上具有标准模数和标准压力角的圆。除了分度圆以外,齿轮上的其他圆的模数和压力角不一定是标准值。

节圆是在一对齿轮啮合传动时,以齿轮的轴心为圆心,过齿轮啮合的节点所作的圆。对于单个齿轮来说,因无节点,所以也就无所谓节圆。因此,节圆只有在两齿轮啮合传动时才存在,而且其大小将随两轮中心距的改变而改变。一般情况下节圆半径与分度圆的半径不相等,只有当两齿轮的中心距为标准中心距时,两齿轮的节圆才与各自的分度圆相重合。

3)压力角

同一渐开线齿廓各点的压力角不同。通常所说的齿轮压力角是指在分度圆上的压力角,以 α 表示。根据式(7-4)有

$$\alpha = \arccos(r_b/r) \tag{7-12}$$

或
$$r_{\mathrm{b}} = r\cos \alpha = \frac{mz}{2}\cos \alpha \qquad\qquad (7\text{-}13)$$

压力角是决定齿廓形状的主要参数,已经标准化了,国家标准《通用机械和重型机械圆柱齿轮标准基本齿条齿廓》(GB/T 1356—2001)中规定,分度圆上的压力角为标准值,$\alpha = 20°$;为了提高综合强度,推荐 $\alpha = 25°$;而在精密机械中,推荐 $\alpha = 15°$。

4)齿顶高系数与顶隙系数

根据国家标准(GB/T 1356—2001),齿轮参数间的关系为

$$h_{\mathrm{a}} = h_{\mathrm{a}}^* m \qquad\qquad (7\text{-}14)$$
$$c = c^* m \qquad\qquad (7\text{-}15)$$

式中:c——为顶隙;

h_{a}^*——为齿顶高系数;

c^*——为顶隙系数。

顶隙是指一对相啮合齿轮中,一齿轮的齿根圆与另一齿轮齿顶圆之间在连心线上度量的距离。留有一定的顶隙是为了避免一齿轮的齿顶与另一齿轮的齿槽相抵触发生干涉,同时也便于储存润滑油。

齿顶高系数和顶隙系数均已标准化,其值为 $h_{\mathrm{a}}^* = 1, c^* = 0.25$。

特别提示

五个基本参数 z、m、α、h_{a}^*、c^*,除齿数外,其余四个参数都应取标准值。模数 m 是一个长度比例参数,它与齿距 p 的几何意义相同,两者之间的关系为:$m = p/\pi$。

标准齿轮是指模数(m)、压力角(α)、齿顶高系数(h_{a}^*)和顶隙系数(c^*)均为标准值,且分度圆上的齿厚(s)等于齿槽宽(e)的齿轮。分度圆上的齿厚是否等于齿槽宽,是区别标准齿轮与非标准齿轮(变位齿轮)的一个重要标志。对于标准齿轮,分度圆以外的其他圆上,齿厚与齿槽宽不相等。

7.4.3 渐开线齿轮各部分的几何尺寸

外啮合标准直齿圆柱齿轮几何尺寸计算的有关公式如表 7-2 所示。

表 7-2 外啮合标准直齿圆柱齿轮几何尺寸的计算公式

名 称	符 号	计算公式	
		小齿轮	大齿轮
模数	m	根据齿轮强度定出的标准值	
压力角	α	$\alpha = 20°$	
分度圆直径	d	$d_1 = mz_1$	$d_2 = mz_2$
齿顶高	h_{a}	$h_{\mathrm{a}1} = h_{\mathrm{a}2} = h_{\mathrm{a}}^* m$	
齿根高	h_{f}	$h_{\mathrm{f}1} = h_{\mathrm{f}2} = (h_{\mathrm{a}}^* + c^*) m$	
齿全高	h	$h_1 = h_2 = (2h_{\mathrm{a}}^* + c^*) m$	
顶隙	c	$c = c^* m$	
齿顶圆直径	d_{a}	$d_{\mathrm{a}1} = (z_1 + 2h_{\mathrm{a}}^*) m$	$d_{\mathrm{a}2} = (z_2 + 2h_{\mathrm{a}}^*) m$

续上表

名　称	符　号	计算公式	
		小齿轮	大齿轮
齿根圆直径	d_f	$d_{f1} = (z_1 - 2h_a^* - 2c^*)m$	$d_{f2} = (z_2 - 2h_a^* - 2c^*)m$
基圆直径	d_b	$d_{b1} = d_1\cos\alpha$	$d_{b2} = d_2\cos\alpha$
齿距	p	$p = \pi m$	
基圆齿距(法向齿距)	p_b	$p_b = p\cos\alpha$	
齿厚	s	$s = \dfrac{\pi m}{2}$	
任意圆(半径为s_i)齿厚	s_i	$s_i = sr_i/r - 2r_i(\mathrm{inv}\,\alpha_i - \mathrm{inv}\,\alpha)$	
齿槽宽	e	$e = \dfrac{p}{2}$	
标准中心距	a	$a = \dfrac{1}{2}(z_1 + z_2)m$	
节圆直径	d'	(当中心距为标准中心距 a 时)$d' = d$	
传动比	i	$i_{12} = \omega_1/\omega_2 = z_2/z_1 = d_2'/d_1' = d_2/d_1 = d_{b2}/d_{b1}$	

☞ **特别提示**

　　法向齿距与基圆齿距的长度相等($p_n = p_b$),都是相邻两个轮齿同侧齿廓之间度量的长度,但是法向齿距是在渐开线齿廓上任意一点的法线上度量的相邻两齿同侧廓之间的直线长度,而基圆齿距是在基圆上度量的相邻两齿同侧齿廓之间的弧长。

7.4.4 齿条和内齿轮的几何尺寸

　　1)齿条
　　如图 7-14 所示,齿条与齿轮相比有以下三个主要特点:

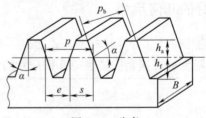

图 7-14　齿条

　　(1)齿条相当于齿数无穷多的齿轮,故齿轮中的圆在齿条中都变成了直线,即齿顶线、分度线、齿根线等。
　　(2)齿条的齿廓是直线,所以齿廓上各点的法线是平行的,又由于齿条作直线移动,故其齿廓上各点的压力角相同,并等于齿廓直线的齿形角 α。
　　(3)齿条上各同侧齿廓是平行的,所以在与分度线平行的各直线上其齿距相等(即 $p_i = p = \pi m$)。
　　齿条的基本尺寸可参照外齿轮的计算公式进行计算。

2）内齿轮

图 7-15 所示为一内圆柱齿轮。它的轮齿分布在空心圆柱体的内表面上,与外齿轮相比有下列特点:

（1）内齿轮的轮齿相当于外齿轮的齿槽,内齿轮的齿槽相当于外齿轮的轮齿。

（2）内齿轮的齿根圆大于齿顶圆。

（3）为了使内齿轮齿顶的齿廓全部为渐开线,其齿顶圆必须大于基圆。

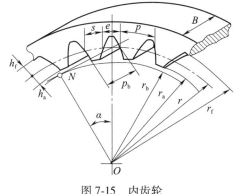

图 7-15　内齿轮

7.5　渐开线标准直齿圆柱齿轮的啮合传动

7.5.1　一对渐开线齿轮正确啮合的条件

以上主要是就单个渐开线齿轮进行了研究,现在来讨论一对渐开线齿轮啮合传动的问题。

前面已经说明,渐开线齿廓能够满足定传动比传动,但这不等于说任意两个渐开线齿轮都能搭配起来正确地啮合传动。譬如说,假如两个齿轮的齿距相差很大,则它们是无法搭配传动的,因为一轮的轮齿将无法进入另一轮的齿槽而进行啮合。那么一对渐开线齿轮需要满足什么条件才能正确啮合传动呢?现就图 7-16 所示加以说明。

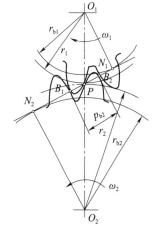

如前所述,一对渐开线齿轮在传动时,它们的齿廓啮合点都应位于啮合线 N_1N_2 上,因此要齿轮能正确啮合传动,应使处于啮合线上的各对轮齿都能同时进入啮合,为此两齿轮的法向齿距应相等,即

$$p_{b1} = \pi m_1 \cos \alpha_1 = p_{b2} = \pi m_2 \cos \alpha_2$$
$$m_1 \cos \alpha_1 = m_2 \cos \alpha_2$$

图 7-16　渐开线齿轮啮合传动

式中,m_1、m_2 及 α_1、α_2 分别为两轮的模数和压力角。由于模数和压力角均已标准化,为满足上式应使

$$m_1 = m_2 = m \quad , \alpha_1 = \alpha_2 = \alpha \tag{7-16}$$

结论:一对渐开线齿轮正确啮合的条件是两轮的模数和压力角分别相等。

7.5.2 齿轮传动的中心距及啮合角

齿轮传动中心距的变化虽然不影响传动比,但会改变顶隙和齿侧间隙的大小。在确定中心距时,应满足以下两点要求:

(1)保证两轮的理论齿侧间隙为零。虽然在一对齿轮传动时,为了便于在相互啮合的齿廓间进行润滑,避免出于制造和装配误差,以及轮齿受力变形和因摩擦发热而膨胀所引起的挤轧现象,在两轮的非工作齿侧间总要留有一定的间隙。但为了减小或避免轮齿间的反向冲撞和空程,这种齿侧间隙一般都很小,并由制造公差来保证。而在计算齿轮的公称尺寸和中心距时,都是按齿侧间隙为零来考虑的,但由图 7-16 可见,一对齿轮侧隙的大小显然与其中心距的大小有关。

(2)保证两轮的顶隙为标准值。在一对齿轮传动时,为了避免一轮的齿顶与另一轮的齿槽底部及齿根过渡曲线部分相抵触,并且为了有一些空隙以便储存润滑油,故在一轮的齿顶圆与另一轮的齿根圆之间留有一定的间隙,称为顶隙。顶隙的标准值为 $c=c^* m$;而由图 7-17(a)可见,两轮的顶隙大小也与两轮的中心距有关。

当顶隙为标准值时,两轮的中心距为 a,则

$$a=r_{a1}+c+r_{f2}=(r_1+h_a^* m)+c^* m+(r_2-h_a^* m-c^* m)=r_1+r_2=m(z_1+z_2)/2 \qquad (7-17)$$

即两轮的中心距应等于两轮分度圆半径之和。我们把这种中心距称为标准中心距。

我们知道,一对齿轮啮合时两轮的节圆总是相切的,而当两轮按标准中心距安装时,两轮的分度圆也是相切的,即 $r_1'+r_2'=r_1+r_2$。又因 $i_{12}=r_2'/r_1'=r_2/r_1$,故在此情况下,两轮的节圆分别与其分度圆相重合,即此时齿轮的节圆与其分度圆大小相等。

现在我们再来分析当一对标准齿轮按标准中心距安装时,是否能满足侧隙为零的要求。我们知道,欲使一对齿轮在传动时其齿侧间隙为零,需使一个齿轮在节圆上的齿厚等于另一个齿轮在节圆上的齿槽宽。今两轮的节圆与其分度圆重合,而分度圆上的齿厚与齿槽宽相等,因此有 $s_1'=e_1'=s_2'=e_2'=\pi m/2$。

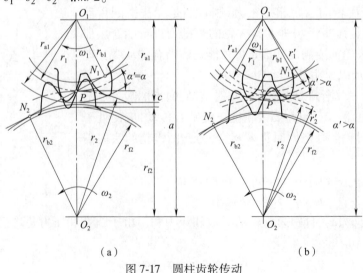

(a)   (b)

图 7-17   圆柱齿轮传动

结论:两个标准齿轮如果按照标准中心距安装,就能满足无齿侧间隙啮合条件,能实现无齿侧间隙啮合传动。

所谓齿轮传动的啮合角,是指两齿轮啮合传动时,其节点 P 的圆周速度方向与啮合线 N_1N_2 之间所夹的锐角,通常以 α' 表示。根据啮合角的定义可知,啮合角就等于节圆压力角。当两轮按标准中心距安装时,由于齿轮的节圆与其分度圆重合,所以此时的啮合角也等于齿轮的分度圆压力角。

当两轮的实际中心距 a' 与标准中心距不相同时,两轮的分度圆将不再相切。设将原来的中心距 a 增大[图 7-17(b)],这时两轮的分度圆不再相切,而是相互分离开一段距离。两轮的节圆半径将大于各自的分度圆半径,其啮合角 α' 也将大于分度圆的压力角 α。因 $r_b = r\cos\alpha = r'\cos\alpha'$,故有 $r_{b1}+r_{b2}=(r_1+r_2)\cos\alpha=(r_1'+r_2')\cos\alpha'$,则齿轮的中心距与啮合角的关系式为

$$a'\cos\alpha'=a\cos\alpha \tag{7-18}$$

上面是就图 7-17 所示的一对圆柱齿轮传动进行的讨论。对于图 7-18 所示的齿轮齿条传动,由于齿条的渐开线齿廓变为直线,而且不论齿轮与齿条是标准安装(此时齿轮的分度圆与齿条的分度线相切),还是齿条沿径向线 O_1P 远离或靠近齿轮(相当于中心距改变),齿条的直线齿廓总是保持原始方向不变,因此使啮合线 N_1N_2 及节点 P 的位置也始终保持不变。这说明,对于齿轮和齿条传动,不论两者是否为标准安装,齿轮的节圆恒与其分度圆重合,其啮合角 α' 恒等于齿轮的分度圆压力角 α,只是在非标准安装时,齿条的节线与其分度线将不再重合而已。

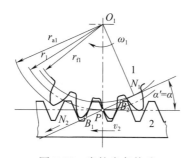
图 7-18 齿轮齿条传动

特别提示

渐开线齿廓上各点压力角的大小是不相等的(齿条齿廓例外)。

啮合角在数值上等于渐开线齿廓在节圆上的压力角。

当两轮的中心距为标准中心距时节圆与分度圆重合,所以啮合角在数值上也就等于齿轮的压力角。但是啮合角和压力角是两个不同的概念。

7.5.3 一对轮齿的啮合过程及连续传动条件

图 7-19 所示为一对渐开线直齿圆柱齿轮的啮合传动,设齿轮 1 为主动轮,齿轮 2 为从动轮,转向如图 7-19 所示。在正常情况下,当两轮齿开始啮合时,必为主动轮的根部齿廓与从动轮的齿顶相接触。又由于齿廓接触点必在啮合线上,所以一对轮齿在啮合线上的起点就

是从动轮 2 的齿顶圆与啮合线 N_1N_2 的交点 B_2。随着啮合传动的进行,接触点便由点 B_2 沿着啮合线向 N_2 的方向移动,直到主动轮 1 的齿顶与从动轮 2 的齿根部齿廓相接触(如图中虚线所示位置)时,两齿廓即将脱离在啮合线 N_1N_2 上的接触。所以,一对轮齿在啮合线上啮合的终止点就是主动轮 1 的齿顶圆与啮合线 N_1N_2 的交点 B_1。线段 $\overline{B_1B_2}$ 是一对轮齿啮合点在与机架固连的坐标系上的实际轨迹,称为实际啮合线。若将两轮的齿顶圆加大,则点 B_1 和 B_2 将分别趋近于啮合线与两基圆的切点 N_1 和 N_2,因基圆内没有渐开线,所以,两轮齿顶圆与啮合线的交点不可能超过点 N_1 和 N_2,线段 $\overline{N_1N_2}$ 是理论上可能的最长啮合线段,称之为理论啮合线。

由此可见,一对齿轮啮合传动的区间是有限的。所以,为了两齿轮能够连续地传动,必须保证在前一对轮齿尚未脱离啮合时,后一对齿轮能及时进入啮合。为了达此目的,要求实际啮合线段 $\overline{B_1B_2}$ 应大于齿轮的法向齿距 p_b(图 7-20)。$\overline{B_1B_2}$ 与 p_b 的比值 ε_α 称为齿轮传动的重合度。为了确保齿轮传动的连续,应使 ε_α 值大于或等于许用值 $[\varepsilon_\alpha]$,即

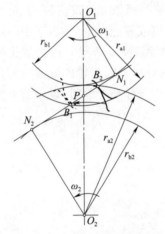

图 7-19 齿轮的啮合过程

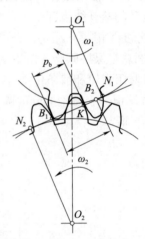

图 7-20 齿轮的连续传动条件

$$\varepsilon_\alpha = \frac{\overline{B_1B_2}}{p_b} \geqslant [\varepsilon_\alpha] \qquad (7-19)$$

根据齿轮机构的使用要求和制造精度的不同,$[\varepsilon_\alpha]$ 可取不同的值,常用的 $[\varepsilon_\alpha]$ 值推荐如表 7-3 所示。

表 7-3 $[\varepsilon_\alpha]$ 的推荐值

使用场合	一般机械制造业	汽车、拖拉机	金属切削机床
$[\varepsilon_\alpha]$	1.4	1.1~1.2	1.3

特别提示

为保证一对渐开线直齿圆柱齿轮能够稳定而连续地实现定传动比传动,并且在正、反转时没有冲击,必须满足的三个条件,即正确啮合条件、连续传动条件和无齿侧间隙啮合条件。

正确啮合条件和连续传动条件,是保证一对齿轮能够正确啮合并连续平稳传动的缺一

不可的条件。如前者不满足,两轮轮齿不能正确进入啮合,也就谈不上传动是否连续的问题;但仅满足前者,后者得不到保证,则两轮的啮合传动将会出现中断。

重合度 ε_α 的计算,由图 7-21 不难推得

$$\varepsilon_\alpha = \frac{1}{2\pi}[z_1(\tan\alpha_{a1}-\tan\alpha')+z_2(\tan\alpha_{a2}-\tan\alpha')] \qquad (7\text{-}20)$$

式中,α' 为啮合角;z_1、z_2 分别为齿轮 1、2 的齿数;α_{a1}、α_{a2} 分别为齿轮 1、2 的齿顶圆压力角。

由式(7-20)可见,重合度 ε_α 与模数 m 无关,而随齿数 z 的增多而增大。对于按标准中心距安装的标准齿轮传动,当两轮的齿数趋于无穷大时的极限重合度 $\varepsilon_{\alpha\max}=1.981$。重合度 ε_α 还随啮合角 α' 的减小和齿顶高系数 h_a^* 的增大而增大。

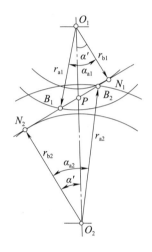

图 7-21 重合度与基本参数的关系

重合度的大小表示同时参与啮合的轮齿对数的平均值。重合度大,意味着同时参与啮合的轮齿对数多,对提高齿轮传动的平稳性和承载力都有重要意义。

实例 7-1 设计一对渐开线外啮合标准直齿圆柱齿轮机构。已知 $z_1=18$,$z_2=37$,$m=5$ mm,$\alpha=20°$,$h_a^*=1$,$c^*=0.25$,按标准中心距安装时,试求:

(1)两轮几何尺寸及中心距;

(2)齿轮传动的重合度 ε_α。

解:(1)两轮几何尺寸及中心距。

$$r_1 = \frac{1}{2}mz_1 = \frac{1}{2}\times5\times18 \text{ mm} = 45 \text{ mm}$$

$$r_{a1} = r_1 + h_a^* m = (45+5) \text{ mm} = 50 \text{ mm}$$

$$r_{f1} = r_1 - (h_a^* + c^*)m = (45-1.25\times5) \text{ mm} = 38.75 \text{ mm}$$

$$r_{b1} = r_1\cos\alpha = 45\cos20° \text{ mm} = 42.286 \text{ mm}$$

$$s_1 = s_2 = \frac{\pi m}{2} = \frac{5\pi}{2} \text{ mm} = 7.854 \text{ mm}$$

$$r_2 = \frac{1}{2}mz_2 = \frac{1}{2} \times 5 \times 37 \text{ mm} = 92.5 \text{ mm}$$

$$r_{a2} = r_2 + h_a^* m = (92.5 + 5) \text{ mm} = 97.5 \text{ mm}$$

$$r_{f2} = r_2 - (h_a^* + c^*)m = (92.5 - 1.25 \times 5) \text{ mm} = 86.25 \text{ mm}$$

$$r_{b2} = r_2 \cos\alpha = 92.5 \cos 20° \text{ mm} = 86.922 \text{ mm}$$

$$a = \frac{\pi}{2}(z_1 + z_2) = \frac{5}{2} \times (18 + 37) \text{ mm} = 137.5 \text{ mm}$$

（2）重合度 ε_α

$$\alpha_{a1} = \arccos\frac{r_{b1}}{r_{a1}} = \arccos\frac{r_1 \cos\alpha}{r_{a1}} = \arccos\frac{45\cos 20°}{50} = 32.25°$$

$$\alpha_{a2} = \arccos\frac{r_{b2}}{r_{a2}} = \arccos\frac{r_2 \cos\alpha}{r_{a2}} = \arccos\frac{92.5\cos 20°}{97.5} = 26.94°$$

$$\begin{aligned}\varepsilon_\alpha &= \frac{1}{2\pi}[z_1(\tan\alpha_{a1} - \tan\alpha') + z_2(\tan\alpha_{a2} - \tan\alpha')] \\ &= \frac{1}{2\pi}[18(\tan 32.25° - \tan 20°) + 37(\tan 26.94° - \tan 20°)] = 1.61\end{aligned}$$

$$p_b = \pi m\cos\alpha = 5\pi\cos 20° \text{ mm} = 14.761 \text{ mm}$$

$$\overline{B_2 B_1} = \varepsilon_\alpha \cdot p_b = 1.61 \times 14.761 \text{ mm} = 23.765 \text{ mm}$$

知识链接

渐开线作为齿廓曲线虽有许多优点，但也存在一些固有的缺陷，主要有：①渐开线齿廓的曲率半径相对较小，齿轮的承载能力受到限制；②渐开线齿廓易产生载荷向齿轮一端集中的现象，降低了齿轮的承载能力；③两渐开线齿廓在啮合时，在不同啮合位置的相对滑动速度不同，使齿廓各部分的磨损不均匀。为了克服上述不足，人们一直在研究新型的齿廓曲线，主要有圆弧齿轮和双圆弧齿轮。

7.6 渐开线齿廓的加工与变位

7.6.1 渐开线齿廓的加工

目前齿轮齿廓的加工方法很多，如铸造、模锻、冷轧、热轧、切削加工等，但最常用的是切削加工方法。切削加工方法又可分为仿形法和范成法（展成法）两种。

1）仿形法

仿形法是利用与齿廓曲线形状相同的刀具，将轮坯的齿槽部分切去而形成轮齿。通常用圆盘铣刀［图 7-22（a）］或指状铣刀［图 7-22（b）］在万能铣床上铣削加工。每切完一个齿槽，轮坯转过一个齿，再切第二个齿槽，直到切完所有的齿槽才加工出一个完整的齿轮。

当齿轮的齿数或模数改变时，齿轮的基圆随之而改变，渐开线的形状也就发生变化。因此要铣出正确的齿形,就要求同一模数下,对于每一种齿数应有一把铣刀。这样要求,将使铣刀的数量太多,实际上是不可能的。同一模数的铣刀,通常有八把。每把铣刀可铣一定齿数范围的齿轮,具体规定见表 7-4。

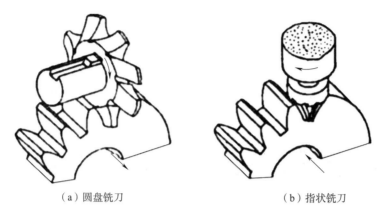

（a）圆盘铣刀 （b）指状铣刀

图 7-22 铣刀形状

表 7-4 刀号及其加工齿数的范围

刀 号	1	2	3	4	5	6	7	8
加工齿数范围	12~13	14~16	17~20	21~25	26~34	35~54	55~134	135 以上

仿形法加工齿轮的优点是:可以在普通铣床上加工,不需专用机床。

仿形法加工齿轮的缺点是:因加工好一个齿槽后要转过一个角度,故生产效率较低;因铣刀数量有限,故加工出来的齿轮精度较低。

2)范成法(展成法)

一对齿轮(或齿轮与齿条)在啮合过程中,其共轭齿廓曲线互为包络线,范成法就是利用这个原理切齿的。属于范成法加工的有:插齿、滚齿、磨齿、剃齿等,其中磨齿和剃齿是精加工。

(1)插齿。

图 7-23(a)所示为用插齿刀加工齿轮的情形,插齿刀相当于一个具有刀刃的齿轮。插齿时,插齿刀与轮坯按一对齿轮的传动比作范成运动,同时插齿刀沿轮坯轴线做上下的切削运动,插齿刀刃相对于轮坯的各个位置所组成的包络线[图 7-23(b)],即为被加工齿轮的齿廓。

当齿轮插刀齿数增加到无穷多时,既变成齿条插刀,如图 7-24(a)所示。在加工时,轮坯以角速度 ω 转动,齿条插刀以速度 $v_{刀}=r\omega$ 移动,这就是范成运动,式中 r 为被加工齿轮的分度圆半径。刀具的切削运动,仍是齿条插刀沿轮坯轴线的上下运动。齿条插刀的刀刃相对轮坯各个位置所组成的包络线[图 7-24(b)],就是被加工齿轮的齿廓。

(2)滚齿。

图 7-25 所示为用齿轮滚刀加工齿轮的情形。滚齿加工原理就相当于交错轴斜齿轮啮合。在加工时,滚刀和轮坯分别以角速度 $\omega_{刀}$ 和 ω 各自绕其轴线转动,这就是范成运动。为了使滚刀不断地切削轮坯,滚刀的轴线应沿轮坯轴线以速度 v 做平移进给运动。

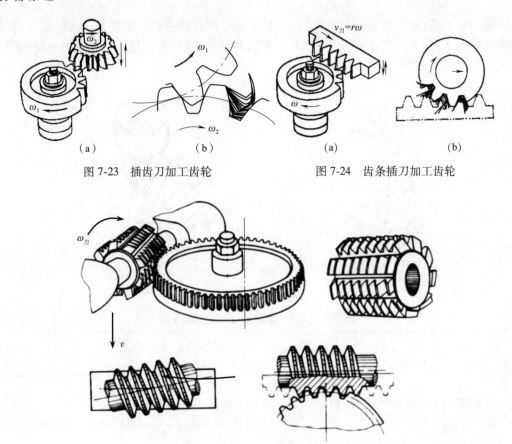

（a）　　　　　　（b）　　　　　　　　　　（a）　　　　　　（b）

图 7-23　插齿刀加工齿轮　　　　　　　　图 7-24　齿条插刀加工齿轮

图 7-25　齿轮滚刀加工齿轮

范成法加工齿轮的主要优点是：加工同一模数、同一压力角而齿数不相同的齿轮时，只要用一把刀具即可，且齿轮加工精度较高；同时，生产率较高。主要缺点是：切齿时必须在专用机床上进行，因而加工成本较高。

7.6.2　渐开线齿廓的根切现象

用范成法加工齿轮时，如果齿轮的齿数太少，则刀具切削加工时，其顶部刃口将会被加工齿轮根部的渐开线齿廓切去一部分[图 7-26（a）]，这种现象称为根切现象。

产生根切后，齿根的抗弯强度被削弱。严重根切时，会切去较多的渐开线，使一对轮齿的啮合过程缩短，即实际啮合线段长度缩短，因此使重合度减少，从而影响齿轮传动的平稳性。

产生根切的原因是，当被加工齿轮的齿数少到一定程度时，齿条型刀具的齿顶线超过被加工齿轮的基圆与啮合线的切点，即啮合极限点 N_1[图 7-26（c）中虚线所示]，可以证明，在这种情况下加工出来的轮齿，将会产生根切。因此，若要求不产生根切，则应使刀具的齿顶线如图中实线所示，即 $PN_1 \sin \alpha \geqslant h_a^* m$，因 $PN_1 = r \sin \alpha = \dfrac{mz}{2} \sin \alpha$，所以

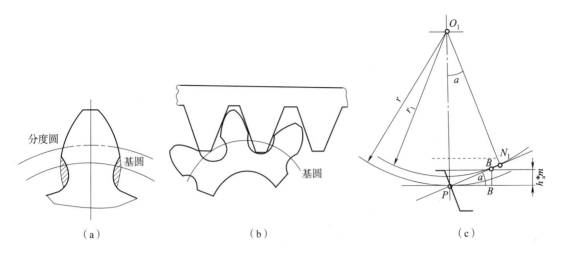

图 7-26 根切现象的形成

$$\frac{mz}{2}\sin^2\alpha \geqslant h_a^* m$$

故
$$z \geqslant \frac{2h_a^*}{\sin^2\alpha}$$

因此,用齿条型刀具切制标准直齿轮时,其不产生根切的最少齿数为

$$z_{\min} = \frac{2h_a^*}{\sin^2\alpha} \tag{7-21}$$

运用上式可以求得标准直齿轮不产生根切的最少齿数。当 $h_a^* = 1$、$\alpha = 20°$ 时,$z_{\min} = 17$。当齿轮产生轻微根切时,由于增大了齿根圆角半径,对轮齿抗弯强度有利,故工程上也常允许轮齿产生轻微根切,这时可取 $z_{\min} = 14$。

7.6.3 渐开线变位齿轮

1)变位齿轮的概念

前面讨论的是渐开线标准齿轮的啮合传动。如前所述,渐开线标准齿轮的特性是其基本参数 m、α、h_a^*、c^* 均为标准值,而且其齿厚 s 与齿槽宽 e 相等。标准齿轮传动具有设计简单、互换性好等一系列优点,因而得到十分广泛的应用。但是随着机械工业的发展,尤其是在高速重载传动的情况下,它也暴露出了许多不足之处,如以下三种情况。

(1)在一对相互啮合的标准齿轮中,由于小齿轮齿廓渐开线的曲率半径较小,齿根厚度也较薄,而且参与啮合的次数又较多,因而强度较低,容易损坏,从而影响了整个齿轮传动的承载能力。

(2)标准齿轮不适用于中心距 $a' \neq a = m(z_1 + z_2)/2$ 的场合,因为当 $a' < a$ 时,就根本无法安装;而当 $a' > a$ 时,虽然可以安装,但将产生过大的齿侧间隙,而且其重合度也将随之降低,影响传动的平稳性。

（3）要求齿轮齿数 $z \geqslant z_{\min}$，否则将产生根切现象。

为了改善和解决标准齿轮存在的上述不足之处，就必须突破标准齿轮的限制，对齿轮进行必要的修正。对齿轮进行修正的方法有多种，不过较为广泛采用的则是所谓"变位修正法"。

如果需要制造齿数少于17，而又不产生根切现象的齿轮，由式（7-21）可见，为了使不产生根切的被切齿轮的齿数更少，可以采用减小齿顶高系数 h_a^* 及加大压力角 α 的方法。但是，减小 h_a^* 将使重合度减小，而增大 α 将使功率损耗增加，而且要采用非标准刀具。因此，这两种方法应尽量不采用。解决上述问题的最好方法是将齿条刀具由切削标准齿轮的位置相对于轮坯中心向外移出一段距离 xm（由图 7-27 中的虚线位置移至实线位置），从而使刀具的齿顶线不超过点 N_1 点，这样就不会再发生根切现象了。这种用改变刀具与轮坯的相对位置来切制齿轮的方法，即所谓变位修正法。由于刀具与齿轮轮坯相对位置的改变，使刀具的分度线与齿轮轮坯的分度圆不再相切，这样加工出来的齿轮由于 $s \neq e$ 已不再是标准齿轮，故称其为变位齿轮。齿条刀具分度线与齿轮轮坯分度圆之间的距离 xm 称为径向变位量，其中 m 为模数，x 称为径向变位系数（简称变位系数）。当把刀具由齿轮轮坯中心移远时，称为正变位，x 为正值（$x>0$），这样加工出来的齿轮称为正变位齿轮；如果被切齿轮的齿数比较多，为了满足齿轮传动的某些要求，有时刀具也可以由标准位置移近被切齿轮的中心，此称为负变位，x 为负值（$x<0$），这样加工出来的齿轮称为负变位齿轮。

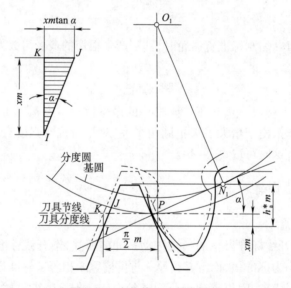

图 7-27　变位修正法切制齿轮

2）变位齿轮的几何尺寸

如图 7-27 所示，对于正变位齿轮，由于与被切齿轮分度圆相切的已不再是刀具的分度线，而是刀具节线。刀具节线上的齿槽宽比分度线上的齿槽宽增大了 $2\overline{KJ}$，由于轮坯分度圆与刀具节线做纯滚动，故知其齿厚也增大了 $2\overline{KJ}$。而由 $\triangle IJK$ 可知，$\overline{KJ}=xm\tan \alpha$。因此，正变位齿轮的齿厚为

$$s = \pi m/2 + 2\overline{KJ} = (\pi/2 + 2x\tan\alpha)m \tag{7-22}$$

又由于齿条型刀具的齿距恒等于 πm，故知正变位齿轮的齿槽宽为

$$e = (\pi/2 - 2x\tan\alpha)m \tag{7-23}$$

又由图 7-27 可见，当刀具采取正变位 xm 后，这样切出的正变位齿轮，其齿根高比标准齿轮减小了 xm，即

$$h_f = h_a^* m + c^* m - xm = (h_a^* + c^* - x)m \tag{7-24}$$

而其齿顶高，若暂不计它对顶隙的影响，为了保持齿全高不变，应较标准齿轮增大 xm，这时其齿顶高为

$$h_a = h_a^* m + xm = (h_a^* + x)m \tag{7-25}$$

其齿顶圆半径为

$$r_a = r + (h_a^* + x)m \tag{7-26}$$

对于负变位齿轮，上述公式同样适用，只需注意到其变位系数 x 为负即可。

将相同模数、压力角及齿数的变位齿轮与标准齿轮的尺寸相比较，由图 7-28 不难看出它们之间的明显差别来。

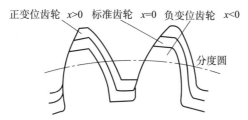

正变位齿轮 $x>0$ 标准齿轮 $x=0$ 负变位齿轮 $x<0$

分度圆

图 7-28 标准齿轮和变位齿轮的比较

3）变位齿轮传动

上面介绍了有关变位齿轮的一些基本知识，下面来介绍变位齿轮的啮合传动及其设计问题。

（1）变位齿轮传动的正确啮合条件及连续传动条件与标准齿轮传动相同。

（2）变位齿轮传动的中心距。与标准齿轮传动一样，在确定变位齿轮传动的中心距时，也需要满足两轮的齿侧间隙为零和两轮的顶隙为标准值这两方面的要求。

首先，一对变位齿轮要做无侧隙啮合传动，其一轮在节圆上的齿厚应等于另一轮在节圆上的齿槽宽，由此条件即可推得下式：

$$\mathrm{inv}\,\alpha' = 2\tan\alpha(x_1 + x_2)/(z_1 + z_2) + \mathrm{inv}\,\alpha \tag{7-27}$$

式（7-27）称为无侧隙啮合方程。式中 z_1、z_2 分别为两轮的齿数；α 为分度圆压力角；α' 为啮合角；x_1、x_2 分别为两轮的变位系数。

该式表明：若两轮变位系数之和 $(x_1 + x_2)$ 不等于零，则其啮合角 α' 将不等于分度圆压力角。这就说明此时两轮的实际中心距不等于标准中心距。

设两轮做无侧隙啮合时的中心距为 a'，它与标准中心距之差为 ym，其中 m 为模数，y 称为中心距变动系数，则

$$a' = a + ym \tag{7-28}$$

即
$$ym = a' - a = (r_1 + r_2) \cos \alpha / \cos \alpha' - (r_1 + r_2)$$

故
$$y = (z_1 + z_2)(\cos \alpha / \cos \alpha' - 1)/2 \qquad (7\text{-}29)$$

此外,为了保证两轮之间具有标准顶隙 $c = c^* m$,则两轮的中心距 a'' 应等于

$$a'' = r_{a1} + c + r_{f2} = r_1 + (h_a^* + x_1)m + c^* m + r_2 - (h_a^* + c^* - x_2)m = a + (x_1 + x_2)m \qquad (7\text{-}30)$$

由式(7-28)与(7-30)可知,如果 $y = x_1 + x_2$,就可同时满足上述两个条件。但经证明:只要 $x_1 + x_2 \neq 0$,总是 $x_1 + x_2 > y$,即 $a'' > a'$。工程上为了解决这一矛盾,采用如下办法:两轮按无侧隙中心距 $a' = a + ym$ 安装,而将两轮的齿顶高各减短 Δym,以满足标准顶隙要求。Δy 称为齿顶高降低系数,其值为

$$\Delta y = (x_1 + x_2) - y \qquad (7\text{-}31)$$

这时,齿轮的齿顶高为

$$h_a = h_a^* m + xm - \Delta ym = (h_a^* + x - \Delta y)m \qquad (7\text{-}32)$$

根据上述分析,现将变位齿轮传动的几何尺寸计算公式列于表 7-5。

表 7-5 变位齿轮传动的计算公式

名 称	符号	标准齿轮传动	等变位齿轮传动	不等变位齿轮传动
变位系数	x	$x_1 = x_2 = 0$	$x_1 = -x_2$ $x_1 + x_2 = 0$	$x_1 + x_2 \neq 0$
节圆直径	d'	$d_i' = d_i = z_i m \quad (i = 1, 2)$		$d_i' = d_i \cos \alpha / \cos \alpha'$
啮合角	α'	$\alpha' = \alpha$		$\cos \alpha' = (a \cos \alpha)/a'$
齿顶高	h_a	$h_a = h_a^* m$	$h_{ai} = (h_a^* + x_i)m$	$h_{ai} = (h_a^* + x_i - \Delta y)m$
齿根高	h_f	$h_f = (h_a^* + c^*)m$	$h_{fi} = (h_a^* + c^* - x_i)m$	
齿顶圆直径	d_a	$d_{ai} = d_i + 2h_{ai}$		
齿根圆直径	d_f	$d_{fi} = d_i - 2h_{fi}$		
中心距	a	$a = (d_1 + d_2)/2$		$a' = (d_1' + d_2')/2$
中心距变动系数	y	$y = 0$		$y = (a' - a)/m$
齿顶高降低系数	Δy	$\Delta y = 0$		$\Delta y = x_1 + x_2 - y$

特别提示

齿轮的变位修正,一般多从避免根切问题引出,这可能会给人造成一个先入为主的错误概念,似乎对齿轮采取变位修正,就是为了避免齿廓的根切。而实际上,各种机械中所采用的齿轮其齿数绝大多数均大于 z_{min},因而一般并不存在根切问题。可是,在现代机械中,许多齿数大于 z_{min} 的齿轮仍然进行变位修正。这是因为齿轮的变位修正,除了对于齿数 $z < z_{min}$ 的齿轮可以避免根切外,更主要的目的是通过变位修正,可以提高其承载能力,改善齿轮的工作性能,或满足中心距的要求等。所以,对于齿轮变位修正的目的,必须有一个全面的认识。

7.6.4 变位齿轮传动的类型及其特点

按照相互啮合的两齿轮的变位系数和 $(x_1 + x_2)$ 之值的不同,可将变位齿轮传动分为三种

基本类型。

（1）$x_1+x_2=0$，且 $x_1=x_2=0$。此类齿轮传动就是标准齿轮传动。

（2）$x_1+x_2=0$，且 $x_1=-x_2\neq0$。此类齿轮传动称为等变位齿轮传动（又称高度变位齿轮传动）。

根据式（7-27）、式（7-18）、式（7-29）和式（7-31），由于 $x_1+x_2=0$，故

$$\alpha'=\alpha,a'=a,y=0,\Delta y=0$$

即其啮合角等于分度圆压力角，中心距等于标准中心距，节圆与分度圆重合，且齿顶高不需要降低。

等变位齿轮传动的变位系数，既然是一正一负，从强度观点出发，显然小齿轮应采用正变位，而大齿轮应采用负变位，这样可使大、小齿轮的强度趋于接近，从而使一对齿轮的承载能力可以相对地提高。而且，因为采用正变位可以制造 $z<z_{min}$ 而无根切的小齿轮，因而可以减少小齿轮的齿数。这样，在模数和传动比不变的情况下，能使整个齿轮机构的尺寸更加紧凑。

（3）$x_1+x_2\neq0$。此类齿轮传动称为不等变位齿轮传动（又称为角度变位齿轮传动）。其中，$x_1+x_2>0$ 时称为正传动；$x_1+x_2<0$ 时称为负传动。

① 正传动。由于此时 $x_1+x_2>0$，根据式（7-27）、式（7-18）、式（7-29）和式（7-31），可知：

$$\alpha'>\alpha,a'>a,y>0,\Delta y>0$$

即在正传动中，其啮合角 α' 大于分度圆压力角 α，中心距 a' 大于标准中心距 a，又由于 $\Delta y>0$，故两轮的齿全高都比标准齿轮减短了 Δym。

正传动的优点是，可以减小齿轮机构的尺寸，且由于两轮均采用正变位，或小轮采用较大的正变位，而大轮采用较小的负变位，能使齿轮机构的承载能力有较大提高。

正传动的缺点是，由于啮合角增大和实际啮合线段减短，故使重合度减小较多。

② 负传动。由于 $x_1+x_2<0$，根据式（7-27）、式（7-18）、式（7-29）和式（7-31），可知：

$$\alpha'<\alpha,a'<a,y<0,\Delta y<0$$

负传动的优缺点正好与正传动的优缺点相反，即其重合度略有增加，但轮齿的强度有所下降，所以负传动只用于配凑中心距这种特殊需要的场合中。

综上所述，采用变位修正法来制造渐开线齿轮，不仅当被切齿轮的齿数 $z<z_{min}$ 时可以避免根切，而且与标准齿轮相比，这样切出的齿轮除了分度圆、基圆及齿距不变外，其齿厚、齿槽宽、齿廓曲线的工作段、齿顶高和齿根高等都发生了变化。因此，可以运用这种方法来提高齿轮机构的承载能力、配凑中心距和减小机构的几何尺寸等，而且在切制这种齿轮时，仍使用标准刀具，并不增加制造的困难。正因如此，变位齿轮传动在各种机械中被广泛地采用。

7.7　斜齿圆柱齿轮传动

7.7.1　斜齿轮齿廓曲面的形成

在前面研究直齿圆柱齿轮时，是仅就齿轮端面（即垂直于齿轮轴线的平面）来讨论的。

当一对直齿轮相啮合时,从端面看两轮的齿廓曲线接触于一点。但齿轮总是有宽度的,故实际上是两轮的齿廓曲面沿一条平行于齿轮轴的直线 KK' 接触,如图7-29所示。KK' 与发生面在基圆柱上的切线 NN' 平行(即平行于齿轮轴线),当发生面沿基圆柱做纯滚动时,直线 KK' 在空间形成的轨迹就是一个渐开面,即直齿轮的齿廓曲面。

当一对直齿轮相互啮合时,两轮齿面的接触线为平行于轴线的直线,如图7-29(b)所示。这种齿轮的啮合特点是,沿整个齿宽同时进入啮合并沿整个齿宽同时脱离啮合。因此,直齿圆柱齿轮的传动平稳性较差,冲击噪声大,不适合于高速传动。为了克服这种缺点,改善啮合性能,工程中采用斜齿圆柱齿轮机构。

斜齿圆柱齿轮齿面的形成原理和直齿圆柱齿轮的情况相似,所不同的是发生面上的直线 KK' 与直线 NN' 不平行,即与齿轮轴线不平行,而是与基圆柱母线 NN' 成一夹角 β_b,如图7-30(a)所示。

故当发生面沿基圆柱作纯滚动时,直线 KK' 上的每一点都依次从基圆柱面的接触点开始展成一条渐开线,而直线 KK' 上各点所展成渐开线的集合就是斜齿轮的齿面。由此可知,斜齿轮齿廓曲面与齿轮端面(与基圆柱轴线垂直的平面)上的交线(即端面上的齿廓曲线)仍是渐开线。而且由于渐开线有相同的基圆柱,所以它们的形状都是一样的,只是展成的起始点不同而已,即起始点依次处于螺旋线 K_0K_0' 上的各点,所以其齿面为渐开螺旋面。螺旋角 β_b 越大,轮齿偏斜也越厉害,但若 $\beta_b = 0$,就成为直齿轮了。因此,可将直齿圆柱齿轮看成斜齿圆柱齿轮的一个特例。从端面看,一对渐开线斜齿轮传动就相当于一对渐开线直齿轮传动,所以它也满足齿廓啮合基本定律。

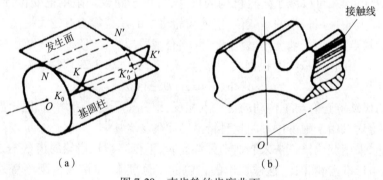

（a）　　　　　　　　　　（b）

图 7-29　直齿轮的齿廓曲面

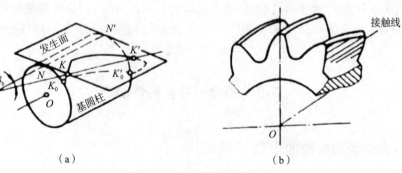

（a）　　　　　　　　　　（b）

图 7-30　斜齿轮的齿廓曲面

特别提示

从理论上讲,斜齿轮的端面齿廓是准确的渐开线齿廓,而法面齿廓不是渐开线齿廓,形状很复杂,为了研究和应用方便,往往把法面齿廓近似地看作一条渐开线。

研究法面齿廓的意义:铣齿加工时,要根据法面齿廓选择盘形刀具;强度计算时,齿面的受力是作用在法面上。

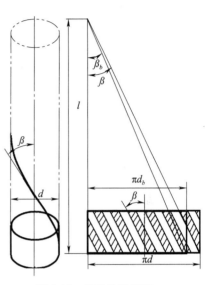

7.7.2　斜齿轮的基本参数与几何尺寸

斜齿圆柱齿轮的齿面是一渐开螺旋面,其端面齿形和垂直于螺旋线方向的法面齿形是不相同的。由于制造斜齿轮时常用齿条形刀具或盘形齿轮铣刀切齿,且在切齿时刀具是沿着螺旋线方向进刀的,所以就必须按齿轮的法面参数来选择刀具。故工程中通常规定斜齿轮法面上的参数为标准值,但在计算斜齿轮的基本尺寸时却需要按端面参数计算,因此,有必要建立端面参数与法面参数的换算关系。斜齿轮展开图如图 7-31 所示。

图 7-31　斜齿轮展开图

1)基本参数

(1)螺旋角。

基圆柱上的螺旋角 β_b 为

$$\tan \beta_b = \pi d_b / l$$

式中:l——螺旋线的导程,即为螺旋线绕基圆柱一周后上升的高度;

d_b——基圆柱直径。

分度圆柱螺旋角 β 为

$$\tan \beta = \pi d / l$$

$$\tan \beta_b / \tan \beta = d_b / d$$

斜齿轮的分度圆柱直径:$d = m_t z$,斜齿轮的基圆柱直径:$d_b = m_t z \cos \alpha_t$,其中 α_t 为端面压力角,所以　　　　　　　　　　　$\tan \beta_b = \tan \beta \cos \alpha_t$　　　　　　　　　　　　(7-33)

(2)模数。

图 7-32 所示为斜齿轮分度圆柱展开图的一部分图 7-32 中 p_t 为端面齿距,p_n 为法面齿距,由图可得

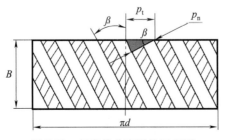

图 7-32　斜齿轮分度圆柱展开图

$$p_n = p_t \cos \beta$$

而
$$p_t = \pi m_t , p_n = \pi m$$

故
$$m_n = m_t \cos \beta \tag{7-34}$$

式中：m_t——端面模数；

　　m_n——法面模数。

（3）压力角。

为了便于分析斜齿轮的端面压力角 α_t 与法面压力角 α_n 的关系，现用斜齿条来说明。如图 7-33（a）所示，在直齿条上，法面与端面是重合的，所以 $\alpha_n = \alpha_t = \alpha$。

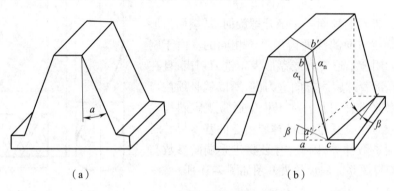

（a）　　　　　　　　　　　　　　（b）

图 7-33　端面压力角和法面压力角

如图 7-33（b）所示，在斜齿条上由于轮齿与端面的垂直线有一夹角 β，所以法面和端面就不重合了。图中 $\triangle abc$ 在端面上，而 $\triangle a'b'c'$ 在法面上，由图可见：

$$\tan \alpha_n = \tan \angle a'b'c = \overline{a'c}/\overline{a'b'} , \tan \alpha_t = \tan \angle abc = \overline{ac}/\overline{ab}$$

由于 $\overline{ab} = \overline{a'b'}, \overline{a'c} = \overline{ac}\cos \beta$，故得

$$\tan \alpha_n = \tan \alpha_t \cos \beta \tag{7-35}$$

2）基本尺寸计算

外啮合斜齿圆柱标准齿轮的基本尺寸计算，可采用直齿圆柱齿轮的有关公式，不过，首先应当利用上述的有关法面参数与端面参数的关系公式，由法面参数求得端面参数，然后将求得的端面参数表达式带入相关的直齿圆柱齿轮基本尺寸计算式中，这样得到的外啮合斜齿圆柱标准齿轮的基本尺寸计算公式如表 7-6。

表 7-6　外啮合斜齿圆柱标准齿轮的基本尺寸计算公式

名　称	符　号	计算公式
螺旋角	β	一般取 $8° \sim 20°$
基圆柱螺旋角	β_b	$\tan \beta_b = \tan \beta \cos \alpha_t$
法面模数	m_n	按表 7-1 取标准值
端面模数	m_t	$m_t = m_n / \cos \beta$
法面压力角	α_n	$\alpha_n = 20°$

名　称	符　号	计算公式
端面压力角	α_t	$\tan \alpha_t = \tan \alpha_n / \cos \beta$
法面齿距	p_n	$p_n = \pi m_n$
端面齿距	p_t	$p_t = \pi m_t = p_n / \cos \beta$
法面基圆齿距	p_{bn}	$p_{bn} = p_n \cos \alpha_n$
法面齿顶高系数	h_{an}^*	$h_{an}^* = 1$
法面顶隙系数	c_n^*	$c_n^* = 0.25$
分度圆直径	d	$d = z m_t = z m_n / \cos \beta$
基圆直径	d_b	$d_b = d \cos \alpha_t$
最少齿数	z_{min}	$z_{min} = z_{vmin} \cos^3 \beta$
端面变位系数	x_t	$x_t = x_n \cos \beta$
齿顶高	h_a	$h_a = m_n (h_{an}^* + x_n)$
齿根高	h_f	$h_f = m_n (h_{an}^* + c_n^* - x_n)$
齿顶圆直径	d_a	$d_a = d + 2h_a$
齿根圆直径	d_f	$d_f = d - 2h_f$
法面齿厚	s_n	$s_n = (\pi/2 + 2x_n \tan \alpha_n) m_n$
端面齿厚	s_t	$s_t = (\pi/2 + 2x_t \tan \alpha_t) m_t$
当量齿数	z_v	$z_v = z \cos^3 \beta$

☞ **特别提示**

设计斜齿轮时,法面参数选取标准值(主要从加工考虑);计算斜齿轮的几何尺寸时,应先根据法面参数求出对应的端面参数,然后,在端面上计算斜齿轮的尺寸。

斜齿圆柱齿轮的基本参数和渐开线标准直齿圆柱齿轮相比,多了一个基本参数螺旋角 β,并且其模数、压力角、齿顶高系数及顶隙系数有法面和端面之分。斜齿圆柱齿轮的法面参数 m_n,α_n,h_{an}^* 和 c_n^* 为标准值,螺旋角 β 有左、右旋之分(一般用正、负号来区分)。

7.7.3　一对斜齿轮的啮合传动

1)正确啮合条件

斜齿轮能正确啮合的条件,除了模数和压力角分别相等($m_{n1} = m_{n2}$,$\alpha_{n1} = \alpha_{n2}$)外,它们的螺旋角还必须满足如下条件:外啮合,$\beta_1 = -\beta_2$;内啮合,$\beta_1 = \beta_2$。

2)重合度

为了便于说明斜齿圆柱齿轮机构的重合度,现将斜齿圆柱齿轮传动和其端面尺寸相同的一对直齿圆柱齿轮传动进行对比。如图 7-34 分别表示直齿圆柱齿轮传动和斜齿轮传动的啮合面。对于直齿圆柱齿轮传动而言,轮齿前端在点 B_2 处开始啮合,沿整个齿宽同时进入啮合,轮齿前端在 B_1 处终止啮合时,也将沿这个齿宽同时脱离啮合,所以其重合度为 $\varepsilon_\alpha = \overline{B_1 B_2} / p_n$。

对于斜齿圆柱齿轮传动而言,轮齿前端也在点 B_2 处开始进入啮合,但这时不是整个齿宽同时进入啮合,而是由齿轮的前端先进入啮合,随着齿轮的传动,才逐渐达到沿全齿宽接触。当轮齿前端在点 B_1 处终止啮合时,也是轮齿的前端先脱离接触,轮齿后端还继续啮合,待轮齿后端到达终止点 B_1' 后,轮齿才完全脱离啮合。由图 7-34 可知,斜齿圆柱齿轮传动的实际啮合区比直齿圆柱齿轮传动的啮合区增大了 $b\tan\beta_b$,故斜齿圆柱齿轮传动的重合度大于直齿圆柱齿轮传动的重合度,其增大量为

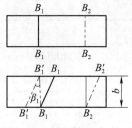

图 7-34　斜齿轮重合度

$$\varepsilon_\beta = \frac{b\tan\beta_b}{p_{nt}} \tag{7-36}$$

式中:p_{nt}——端面上的法向齿距。

将式 7-33 及式 $p_{nt} = \pi m_n \cos\alpha_t / \cos\beta$ 代入式(7-36),得

$$\varepsilon_\beta = \frac{b\sin\beta}{\pi m_n} \tag{7-37}$$

因此斜齿圆柱齿轮传动的重合度为

$$\varepsilon_\gamma = \varepsilon_\alpha + \varepsilon_\beta \tag{7-38}$$

式中:ε_α——端面重合度,其值等于与斜齿圆柱齿轮端面齿廓相同的直齿圆柱齿轮传动的重合度;

　　ε_β——轴向重合度,它是由于轮齿齿向的倾斜而增加的重合度。

由此可知,斜齿圆柱齿轮传动的重合度随齿宽和螺旋角的增大而增大。但 β 增大后会使轴向力增大,造成轴承结构复杂化,因此 β 不宜过大。斜齿轮 $\beta = 8° \sim 15°$;人字齿轮 $\beta = 15° \sim 40°$。斜齿圆柱齿轮的总重合度 ε_γ 可以大于 2,这是斜齿圆柱齿轮传动平稳、承载能力较大的原因之一。

7.7.4　斜齿轮的当量齿轮与当量齿数

在用仿形法加工斜齿轮时(图 7-35),铣刀是沿垂直于其法面的方向进刀的,故应按法面上的齿形来选择铣刀,在计算轮齿的强度时,由于刀是作用在法面内,因而也需要知道法面的齿形。由前述可知,渐开线齿轮的齿形取决于基圆半径 r_b 的大小,在模数、压力角一定的情况下,基圆的半径取决于齿数,即齿形与齿数有关。因此,在研究斜齿轮的法面齿形时,可以虚拟一个与斜齿轮齿形相当的直齿轮,称这个虚拟的直齿轮为该斜齿轮的当量齿轮;这个当量齿轮的模数和压力角即为斜齿轮的法面模数和压力角,其齿数称为该斜齿轮的当量齿数。

为了确定斜齿轮的当量齿数,如图 7-35 所示,过斜齿轮分度圆螺旋线上一点 C,作该斜齿轮螺旋线的法向剖面,该剖

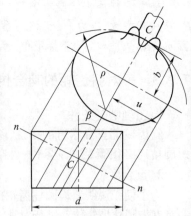

图 7-35　斜齿轮的当量齿数

面与分度圆柱的交线为一椭圆。在该剖面上,点 C 附近的齿形可近似地视为斜齿轮法面上的齿形;将以椭圆上点 C 的曲率半径为半径所作的圆作为虚拟直齿轮的分度圆,即该斜齿轮的当量齿轮的分度圆,其模数和压力角即为斜齿轮的法面模数和法面压力角,其齿数则称为该斜齿轮的当量齿数,用 z_v 表示。

由图 7-35 可知,椭圆的长半轴半径 $a=d/(2\cos\beta)$,短半轴 $b=d/2$,故椭圆上点的曲率半径可根据高等数学知识求得为

$$\rho=a^2/b=d/(2\cos^2\beta)$$

故得该渐开线斜齿轮的当量齿数为

$$z_v=\frac{2\rho}{m_n}=\frac{d}{m_n\cos^2\beta}=\frac{m_t z}{m_n\cos^2\beta}=\frac{z}{\cos^3\beta} \tag{7-39}$$

一般情况下,当量齿数不是整数。在斜齿轮强度计算时,要用当量齿数 z_v 决定其齿形系数;在用仿形法加工斜齿轮时,也要用当量齿数来决定铣刀的号数。

渐开线标准斜齿轮不发生根切的最少齿数可由上式求得

$$z_{min}=z_{vmin}\cos^3\beta \tag{7-40}$$

式中:z_{vmin}——当量直齿标准齿轮不发生根切的最少齿数。

7.7.5　斜齿圆柱齿轮的传动特点

与直齿圆柱齿轮相比,斜齿圆柱齿轮有以下特点:

(1)由于两斜齿圆柱齿轮齿面的接触线为倾斜的直线,且在啮合过程中是逐渐进入和逐渐退出啮合,所以接触情况好、传动平稳、冲击和噪声小。

(2)斜齿圆柱齿轮的重合度大,降低了每对轮齿的载荷,提高了齿轮的承载能力。

(3)斜齿圆柱齿轮不发生根切的最少齿数 z_{min} 比直齿轮小。

(4)斜齿圆柱齿轮传动时要产生轴向力,如图 7-36 所示,为此在结构上必须采取相应措施来保证其正常工作(如采用人字齿轮来抵消轴向力,但人字齿轮制造麻烦)。螺旋角 β 直接影响到轴向力的大小,β 越大,轴向力也越大,但 β 过小则显不出斜齿轮的优点,所以螺旋角 β 一般取 $8°\sim20°$。

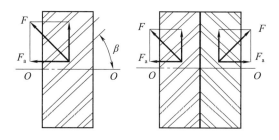

图 7-36　斜齿圆柱齿轮传动的轴向力

知识链接

交错轴斜齿轮机构是用来传递两交错轴之间的运动的。就其单个齿轮而言,就是斜齿

圆柱齿轮。

1) 正确啮合条件

图 7-37 所示为一对交错轴斜齿轮传动,两轮的分度圆柱相切于点 P,两轮轴线在两轮分度圆柱公切面上的投影之间的夹角 Σ 为两轮的轴交角。设两斜齿轮的螺旋角分别为 β_1 和 β_2,交错轴斜齿轮传动的正确啮合条件为

$$\begin{cases} m_{n1} = m_{n2}, \alpha_{n1} = \alpha_{n2} \\ \Sigma = |\beta_1| + |\beta_2| \end{cases} \qquad (7-41)$$

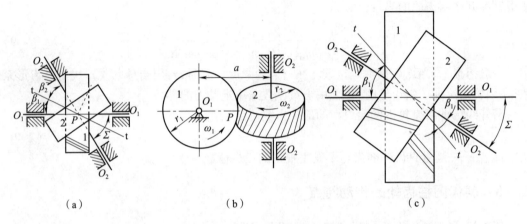

$$(a) \qquad\qquad (b) \qquad\qquad (c)$$

图 7-37 交错轴斜齿轮传动图

2) 传动比

设两轮的齿数分别为 z_1、z_2,其端面模数分别为 m_{t1}、m_{t2},因 $z_1 = \dfrac{d_1}{m_{t1}}$,$z_2 = \dfrac{d_2}{m_{t2}}$,$m_{t1} = \dfrac{m_{n1}}{\cos \beta_1}$,$m_{t2} = \dfrac{m_{n2}}{\cos \beta_2}$,$m_{n1} = m_{n2}$,所以两轮的传动比为

$$i_{12} = \frac{\omega_1}{\omega_2} = \frac{z_2}{z_1} = \frac{d_2 \cos \beta_2}{d_1 \cos \beta_1} \qquad (7-42)$$

3) 中心距

如图 7-37(b) 所示,过点 P 作两交错轴斜齿轮轴线的公垂线,此公垂线的长度就是交错轴斜齿轮传动的中心距 a,即

$$a = r_1 + r_2 = \frac{m_n}{2} \left(\frac{z_1}{\cos \beta_1} + \frac{z_2}{\cos \beta_2} \right) \qquad (7-43)$$

4) 交错轴斜齿轮机构的特点

(1) 当要满足两轮中心距的要求时,可用选取两轮螺旋角的方法来凑中心距。

(2) 在两轮分度圆直径不变时,可用改变齿轮螺旋角的方法来得到不同的传动比。

(3) 交错轴斜齿轮传动时,相互啮合的齿廓为点接触,而且齿廓间的相对滑动速度大,造成齿轮磨损较快,机械效率也较低。所以,交错轴斜齿轮传动一般不宜用于高速、重载传动的场合,仅用于仪表或载荷不大的辅助传动中。

实例7-2 为改装某设备,需要配一对斜齿圆柱齿轮传动。已知传动比 $i=3.5$,法向模数 $m_n=2$ mm,中心距 $a=92$ mm。试计算该对齿轮的结构尺寸。

解:(1)先选定小齿轮的齿数 $z_1=20$,则大齿轮齿数 $z_2=iz_1=3.5\times20=70$。

(2)知道齿数、法向模数及中心距,由 $a=\dfrac{m_n(z_1+z_2)}{2\cos\beta}$ 得

$$\cos\beta=\frac{m_n(z_1+z_2)}{2a}=\frac{2\times(20+70)}{2\times92}=0.978$$

$$\beta=11°5'87''$$

(3)按表7-6计算其他几何尺寸

分度圆直径 $d_1=\dfrac{z_1m_n}{\cos\beta}=\dfrac{20\times2\text{ mm}}{\cos11°5'87''}=40.89$ mm

$$d_2=\frac{z_2m_n}{\cos\beta}=\frac{70\times2\text{ mm}}{\cos11°5'87''}=143.11\text{ mm}$$

齿顶圆直径 $d_{a1}=d_1+2m_n=(40.89+2\times2)\text{ mm}=44.89$ mm

$$d_{a2}=d_2+2m_n=(143.11+2\times2)\text{ mm}=147.11\text{ mm}$$

齿根圆直径 $d_{f1}=d_1-2.5m_n=(40.89-2.5\times2)\text{ mm}=35.89$ mm

$$d_{f2}=d_2-2.5m_n=(143.11-2.5\times2)\text{ mm}=138.11\text{ mm}$$

7.8 直齿锥齿轮传动

7.8.1 锥齿轮传动的特点

锥齿轮是圆锥齿轮的简称,用来传递两相交轴之间的运动和动力。锥齿轮的特点是轮齿分布在一个圆锥面上,如图 7-38 所示。与直齿圆柱齿轮相对应,直齿锥齿轮传动中有五对圆锥:节圆锥、分度圆锥、齿顶圆锥、齿根圆锥和基圆锥等。此外,在直齿圆柱齿轮传动中,用中心距 a 表示两回转轴线间的位置关系;而在锥齿轮传动中,则用轴交角 Σ 来表示两回转轴线间的位置关系。一对锥齿轮两轴之间的交角 Σ 可根据传动的实际需要来确定。在一般机械中,多采用 $\Sigma=90°$ 的传动;而在某些机械中也有采用 $\Sigma\neq90°$ 的传动情况。

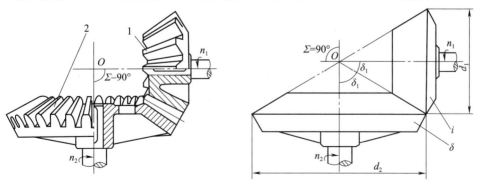

图 7-38 齿锥齿轮传动

锥齿轮的轮齿有直齿、斜齿及曲齿(圆弧齿、螺旋齿)等多种形式。由于直齿圆锥齿轮的设计、制造和安装均较简便,故应用最为广泛。曲齿锥齿轮传动平稳,承载能力较强,故常用于高速重载的传动,如汽车的差速齿轮机构、石油钻机转盘中的减速机构等。斜齿圆锥齿轮应用较少,下面仅讨论直齿圆锥齿轮传动。

7.8.2 直齿锥齿轮的背锥及当量齿轮

图 7-39 所示为一对锥齿轮传动。其中轮 1 的齿数为 z_1,分度圆半径为 r_1,分度圆锥角 δ_1;轮 2 的齿数为 z_2,分度圆半径为 r_2,分度圆锥角 $\delta_2 = 90°$(当分度圆锥角为 90° 时,分度圆锥表面为一平面,这种齿轮称为冠轮)。

过轮 1 大端节点 P,作其分度圆锥母线 OP 的垂线,交其轴线于 O_1 点,再以点 O_1 为锥顶,以 O_1P 为母线,作一圆锥与轮 1 的大端相切,该圆锥为轮 1 的背锥。同理可作轮 2 的背锥,但由于轮 2 为一冠轮,故其背锥成为一圆柱面。若将两轮的背锥展开,则轮 1 的背锥将展成为一个扇形齿轮,而轮 2 的背锥则展成为一个齿条,如图 7-39(b)所示,即在其背锥展开后,两者相当于齿轮与齿条的啮合传动。

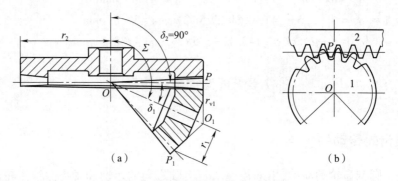

图 7-39　直齿锥齿轮的背锥及当量齿轮

现在设想把由圆锥齿轮背锥展成的扇形齿轮的缺口补满,则将获得一个圆柱齿轮。这个假想的圆柱齿轮称为圆锥齿轮的当量齿轮,其齿数 z_v 称为圆锥齿轮的当量齿数。当量齿轮的齿形和圆锥齿轮在背锥上的齿形(即大端齿形)是一致的,故当量齿轮的模数和压力角与圆锥齿轮大端的模数和压力角是一致的。而当量齿数的值,则可按如下方法求得。

由图 7-39 可见,轮 1 的当量齿轮的分度圆半径为

$$r_{v1} = \overline{O_1P} = r_1 / \cos \delta_1 = z_1 m / (2\cos \delta_1)$$

又知

$$r_{v1} = z_{v1} m / 2$$

故得

$$z_{v1} = z_1 / \cos \delta_1$$

对于任一圆锥齿轮有

$$z_v = z / \cos \delta \tag{7-44}$$

👉 **特别提示**

当量齿数 z_v 一般不是整数。

借助锥齿轮当量齿轮的概念,可以把前面对应圆柱齿轮传动所研究的一些结论直接应用于锥齿轮传动。例如,一对锥齿轮的正确啮合条件为两轮大端的模数和压力角分别相等;锥齿轮不产生根切的最少齿数 $z_{min}=z_{vmin}\cos\delta$ 等。

7.8.3 直齿锥齿轮传动的几何参数和尺寸计算

由于直齿锥齿轮是一个锥体,故有大端和小端之分。由于大端的尺寸比较大,利于测量和计算,所以通常取锥齿轮大端的参数为标准值。

如图 7-40 所示,两锥齿轮的分度圆直径分别为

$$d_1=2R\sin\delta_1,\quad d_2=2R\sin\delta_2 \tag{7-45}$$

式中:R——分度圆锥锥顶到大端的距离,称为锥距;

δ_1、δ_2——分别为两锥齿轮的分度圆锥角(简称分锥角)。

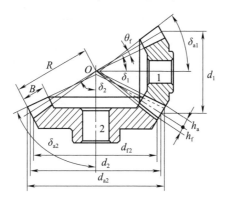

图 7-40 分度圆直径

两轮的传动比为

$$i_{12}=\omega_1/\omega_2=z_2/z_1=d_2/d_1=\sin\delta_2/\sin\delta_1 \tag{7-46}$$

当两轮轴间的夹角 $\Sigma=90°$ 时,则因 $\delta_1+\delta_2=90°$,上式变为

$$i_{12}=\omega_1/\omega_2=z_2/z_1=d_2/d_1=\cot\delta_1=\tan\delta_2 \tag{7-47}$$

在设计锥齿轮传动时,可根据给定的传动比 i_{12},按上式确定两齿轮分锥角的值。

由于锥齿轮齿顶圆锥角和齿根圆锥角的大小,与两圆锥齿轮啮合传动时对其顶隙的要求有关。根据国家标准《直齿及斜齿锥齿轮基本齿廓》(GB/T 12369—1990)、《锥齿轮和准双曲面齿轮》(GB/T 12370—1990)规定,现多采用等顶隙圆锥齿轮传动。在这种传动中,两轮的顶隙从轮齿大端到小端相等,两轮的分度圆锥及齿根圆锥的锥顶重合于一点。但两齿轮的齿顶圆锥,因其母线各自平行于与之啮合传动的另一圆锥齿轮的齿根圆锥的母线,其锥顶就不再与分度圆锥锥顶相重合。这种圆锥齿轮相当于降低了轮齿小端的齿顶高,从而减小了齿顶过尖的可能性;且可以把齿根圆角半径取大一点,从而有利于提高轮齿的承载能力和刀具寿命;此外,也有利于储油润滑。

锥齿轮的主要几何尺寸的计算公式列于表7-7。

表 7-7　标准直齿圆锥齿轮的几何参数及尺寸

名　称	代　号	计算公式	
		小齿轮	大齿轮
分锥角	δ	$\delta_1 = \arctan(z_1/z_2)$	$\delta_2 = 90° - \delta_1$
齿顶高	h_a	$h_a^* = h_a^* m = m$	
齿根高	h_f	$h_f^* = (h_a^* + c^*)m = 1.2m$	
分度圆直径	d	$d_1 = mz_1$	$d_2 = mz_2$
齿顶圆直径	d_a	$d_{a1} = d_1 + 2h_a\cos\delta_1$	$d_{a2} = d_2 + 2h_a\cos\delta_2$
齿根圆直径	d_f	$d_{f1} = d_1 - 2h_f\cos\delta_1$	$d_{f2} = d_2 - 2h_f\cos\delta_2$
锥距	R	$R = m\sqrt{z_1^2 + z_2^2}/2$	
齿根角	θ_f	$\tan\theta_f = h_f/R$	
顶锥角	δ_a	$\delta_{a1} = \delta_1 + \theta_f$	$\delta_{a2} = \delta_2 + \theta_f$
根锥角	δ_f	$\delta_{f1} = \delta_1 - \theta_f$	$\delta_{f2} = \delta_2 - \theta_f$
顶隙	c	$c = c^* m$（一般取 $c^* = 0.2$）	
分度圆齿厚	s	$s = \pi m/2$	
当量齿数	z_v	$z_{v1} = z_1/\cos\delta_1$	$z_{v2} = z_2/\cos\delta_2$
齿宽	B	$B \le R/3$（取整）	

知识链接

为了改善传动性能，也可以采用变位修正的方法加工圆锥齿轮。工程上多采用等变位修正法，其计算按照当量齿轮进行。

7.9　蜗杆传动

7.9.1　蜗杆传动及其特点

蜗杆机构用于传递空间两交错轴之间的运动和动力。最常用的是两轴夹角为90°的减速传动。

如图7-41所示，在分度圆柱上具有完整螺旋齿的构件1称为蜗杆，与蜗杆相啮合的构件2则称为蜗轮。通常，以蜗杆为原动件做减速运动。当其反行程不自锁时，也可以蜗轮为原动件做增速运动。

蜗杆与螺旋相似，也有右旋与左旋之分，通常取右旋居多。

蜗杆传动的主要特点是：

（1）由于蜗杆的轮齿是连续不断的螺旋齿，故传动平稳，啮合冲击小。

（2）由于蜗杆的齿数（头数）少，故单级传动可获得较大的传动比（可达1 000），且结

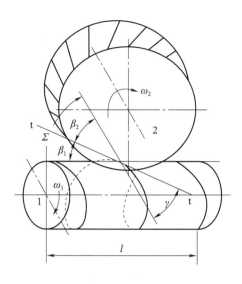

图 7-41 蜗杆蜗轮传动

构紧凑。在做减速动力传动时，传动比的范围为 $5 \leqslant i_{12} \leqslant 70$；增速时，传动比 $i_{21} = \dfrac{1}{15} \sim \dfrac{1}{5}$。

（3）由于蜗杆蜗轮啮合轮齿间的相对滑动速度较大，摩擦磨损大，传动效率较低，易出现发热现象，常需用较贵的减摩耐磨材料来制造蜗轮，成本较高。

（4）当蜗杆的导角 γ_1 小于啮合轮齿间的当量摩擦角 φ_v 时，机构反行程具有自锁性。在此情况下，只能由蜗杆带动蜗轮（此时效率小于 50%），而不能由蜗轮带动蜗杆。

知识链接

蜗杆导程角（又称升角）γ 是蜗杆分度圆柱上螺旋线的切线与蜗杆端面之间的夹角。

$$\tan \gamma = \frac{L}{\pi d_1} = \frac{z_1 p}{\pi d_1} = \frac{z_1 m}{d_1}$$

式中：L——导程；

d_1——分度圆直径；

p——蜗杆轴向齿距。

导程角 γ 的范围为 $3.5° \sim 33°$，导程角的大小与效率有关。导程角大时，效率高，通常 $\gamma = 15° \sim 30°$。并多采用多头蜗杆。但导程角过大，蜗杆车削困难。导程小时，效率低，但可以自锁，通常 $\gamma = 3.5° \sim 4.5°$。

蜗杆传动的类型很多，其中阿基米德蜗杆传动是最基本的，下面仅就这种蜗杆传动作一简略介绍。

7.9.2 蜗杆蜗轮正确啮合的条件

1）阿基米德蜗杆的加工

车削阿基米德蜗杆与车削梯形螺纹相似，是用梯形车刀在车床上加工的。两切削刃的夹

角 $2\alpha = 40°$，加工时将车刀的切削刃放于水平位置，并与蜗杆轴线在同一水平面内，如图 7-42 所示。这样加工出来的蜗杆，在轴剖面 I—I 内的齿形为直线，在法向剖面 n—n 内的齿形为曲线。在垂直轴线的端面上，其齿形为阿基米德螺旋线，故称为阿基米德蜗杆。这种蜗杆工艺性能好，是目前应用最广泛的一种蜗杆。

2）正确啮合条件

图 7-43 所示为阿基米德蜗杆与蜗轮啮合的情况。过蜗杆的轴线且垂直于蜗轮轴线的截面叫主截面。在主截面内（蜗杆的齿形为直线，蜗轮的齿形为渐开线），蜗轮与蜗杆的啮合就相当于齿轮与齿条的啮合。因此，蜗杆机构的正确啮合条件为：在主截面内，蜗轮与蜗杆的模数和压力角应分别相等，即蜗轮的端面模数应等于蜗杆的轴面模数，且为标准值；蜗轮的端面压力角应等于蜗杆的轴面压力角，且为标准值，即

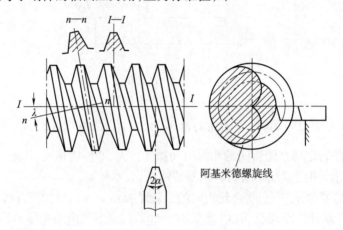

图 7-42 阿基米德圆柱蜗杆

$$\begin{cases} m_{t2} = m_{a1} = m \\ \alpha_{t2} = \alpha_{a1} = \alpha \end{cases} \tag{7-48}$$

由于蜗杆蜗轮两轴交错，其两轴夹角 $\Sigma = 90°$，正确啮合的条件还需保证蜗杆的导程角等于蜗轮的螺旋角，即 $\gamma_1 = \beta_2$，而且蜗轮与蜗杆螺旋线方向必须相同。

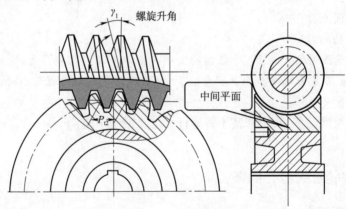

图 7-43 蜗杆蜗轮传动

7.9.3　蜗杆传动的主要参数及几何尺寸

（1）齿数。

蜗杆的齿数亦称为蜗杆的头数,用 z_1 表示。一般可取 $z_1=1\sim10$,推荐取 $z_1=1、2、4、6$。选择的原则是:当要求传动比较大,或要求传递大的转矩时,则 z_1 取小值;当要求传动比大或反行程具有自锁时,常取 $z_1=1$,即单头蜗杆;要求具有高的传动效率,或高速传动时,则 z_1 取较大值。

蜗轮齿数的多少,影响运转的平稳性,并受到两个限制:最少齿数应避免发生根切与干涉,理论上应使 $z_{2min}\geqslant17$,但 $z_2<26$ 时,啮合区显著减小,影响平稳性,而在 $z_2\geqslant30$ 时,则可始终保持有两对齿以上啮合,因而通常规定 $z_2>28$;另一方面 z_2 也不能过多,当 $z_2>80$ 时(对于动力传动),蜗轮直径将增大过多,在结构上相应就须增大蜗杆两支承点间的跨距,影响蜗杆轴的刚度和啮合精度。对一定直径的蜗轮,如 z_2 取得过多,模数 m 就减小甚多,将影响轮齿的弯曲强度;故对于动力传动,常用的范围为 $z_2\approx29\sim70$;对于运动传递,z_2 可达 $200\sim300$,甚至可到 $1\,000$。z_1 和 z_2 的推荐值见表 7-8。

表 7-8　蜗杆和蜗轮齿数的推荐值

$i=z_2/z_1$	z_1	z_2
≈5	6	$29\sim31$
$7\sim14$	4	$29\sim61$
$15\sim29$	2	$29\sim61$
$30\sim82$	1	$29\sim82$

知识链接

以前采用蜗杆传动,大多利用一级蜗杆传动的大减速比(如飞机空气动力试验的风洞中,用来改变飞机俯仰状态的蜗杆传动的减速比将近 $1\,000$)和反行程能自锁等优点,小减速比一般不采用蜗杆传动。但又有一种新的动向,由于蜗杆传动特别平稳,噪声极小,故在要求传动平稳性高和噪声低的地方,即使传动比不大($i\approx4\sim5$),也有采用蜗杆传动的。为了适应这种情况,蜗杆的头数由以前的 $1\sim4$ 增加到 $1\sim10$。

（2）模数。

蜗杆模数系列与齿轮模数系列有所不同,蜗杆模数系列见表 7-9。

表 7-9　蜗杆模数 m 值

第一系列	1,1.25,1.6,2,2.5,3.15,4,5,6.3,8,10,12.5,16,20,25,31.5,40
第二系列	1.5,3,3.5,4.5,5.5,6,7,12,14

注:摘自《圆柱蜗杆模数和直径》(GB/T 10088—2018),优先采用第一系列。

（3）压力角。

国家标准《圆柱蜗杆基本齿廓》(GB/T 10087—2018)规定,阿基米德蜗杆的压力角 $\alpha=20°$。在动力传动中,允许增大压力角,推荐用 25°;在分度传动中,允许减小压力角,推荐用

15°或12°。

（4）分度圆直径。

因为在用蜗轮滚刀切制蜗轮时，滚刀的分度圆直径必须与工作蜗杆的分度圆直径相同，为了限制蜗轮滚刀的数目，国家标准规定将蜗杆的分度圆直径标准化，且与模数相匹配。d_1 与 m 匹配的标准系列见表7-10。

表 7-10 蜗杆分度圆直径与其模数的匹配标准系列

m	d_1	m	d_1	m	d_1	m	d_1
1	18		(22.4)		40	6.3	(80)
1.25	20	2.5	28	4	(50)		112
	22.4		(35.5)		71		
1.6	20		45		(40)	8	(63)
	28			5	50		80
		3.15	(28)		(63)		(100)
2	(18)		35.5		90		140
	22.4		(45)				
	(28)		56	6.3	(50)	10	(71)
	35.5	4	(31.5)		63		90
							...

注:摘自《圆柱蜗杆传动基本参数》(GB/T 10085—2018),括号中的数字尽量不采用。

知识链接

加工蜗轮时，用与蜗杆相当的滚刀切齿，不但滚刀模数与压力角必须与蜗杆相同，而且滚刀直径也应和蜗杆直径一致(但滚刀外直径比蜗杆外直径大 $2c^*m$)。为了减少滚刀的规格品种，便于刀具标准化，对于蜗杆直径与模数的比值做了规定，用 q 表示，即

$$q = \frac{d_1}{m} = \frac{z_1}{\tan \gamma} \text{ 或 } d_1 = mq$$

式中:q——蜗杆直径系数。

在 m 一定时，q 大则 d_1 大，蜗杆轴的刚度及强度相应增大；在 z_1 一定时，q 小则导程角 γ 增大，传动效率相应提高。

在变位修正的蜗杆传动中，为了仍能应用标准蜗杆滚刀，一般只改变蜗轮的尺寸，而不改变蜗杆的尺寸，即取 $x_1 = 0$，$x_2 \neq 0$。

（5）中心距

$$a = r_1 + r_2 \tag{7-49}$$

（6）传动比

$$i_{12} = \frac{\omega_1}{\omega_2} = \frac{z_2}{z_1} = \frac{d_2}{d_1 \tan \gamma} = \frac{d_2}{d_1 \tan \beta} \tag{7-50}$$

特别提示

蜗轮蜗杆机构的传动比并不完全等于 $\frac{d_2}{d_1}$,这和直齿轮、斜齿轮机构的传动比是不同的。

知识链接

随着科技的进步,人们对齿轮传动系统提出了越来越高的要求。齿轮系统的静态分析和设计方法已难以满足现代设备对齿轮传动所提出的高要求,因此,齿轮机构动力学问题一直受到人们的广泛关注。

齿轮机构动力学是研究齿轮系统在传递动力和运动过程中的动力学行为的一门科学。它从动态激励、响应特性、系统设计等方面全面研究齿轮系统产生振动和噪声的机理、性质、特点和影响因素,探索降低齿轮系统的振动和噪声,以及提高传动可靠性的措施,为高质量齿轮系统设计提高理论基础。

齿轮机构动力学经历了由线性振动理论向非线性振动理论的发展,由一对齿轮副组成的单自由度系统向同时包含齿轮、传动轴、轴承和箱体结构的多自由度系统的过渡。现代齿轮机构动力学将齿轮系统作为弹性系统,以振动理论进行研究。

本章小结

本章介绍了齿轮传动的特点和类型。

介绍了渐开线的形成、性质及其方程,并利用渐开线性质证明渐开线齿廓满足齿廓啮合基本定律,即保证定传动比。

以渐开线直齿圆柱齿轮机构为基础,讨论齿轮传动的啮合特点。接着,从工程实际出发,讨论了渐开线标准齿轮的基本参数(齿数、模数、压力角、齿顶高系数、顶隙系数)和几何尺寸计算,提出齿轮机构必须保证正确啮合和连续传动的基本要求,即正确啮合条件、连续传动条件以及无侧隙啮合条件。

介绍了渐开线齿廓的切削原理、齿廓的根切现象、产生的原因及避免的方法;渐开线齿轮的变位修正及变位齿轮传动。

介绍了平行轴斜齿圆柱齿轮传动、直齿圆锥齿轮传动和蜗杆传动的啮合特点及其参数和几何尺寸计算。

习题

1. 判断题

(1)一对外啮合的直齿圆柱标准齿轮,小轮的齿根厚度比大轮的齿根厚度大。　　(　　)

(2)一对相互啮合的直齿圆柱齿轮的安装中心距加大时,其分度圆压力角也随之加大。

(　　)

(3)一个渐开线圆柱外齿轮,当基圆大于齿根圆时,基圆以内部分的齿廓曲线都不是渐开线。　　(　　)

(4)一个圆柱直齿轮和一个圆柱斜齿轮可以正确配对而啮合。　　(　　)

(5)两轴线垂直的直齿圆锥齿轮的传动比可由其分度圆锥角的比值确定。　　(　　)

(6) 对于一对渐开线直齿圆柱齿轮机构，为获得大的重合度，可增大模数。　　（　　）

(7) 渐开线直齿圆柱齿轮上齿厚等于齿槽宽的圆称为分度圆。　　（　　）

(8) 从受力的观点看，齿轮的压力角越小越好。　　（　　）

(9) 若斜齿圆柱齿轮 A 比直齿圆柱齿轮 B 的齿数少得多，但轮 A 的法面模数、压力角与轮 B 的模数、压力角相同，则这两个齿轮还是可能用同一把齿轮滚刀加工的。　　（　　）

(10) 与圆柱直齿轮一样，正常切制的渐开线直齿圆锥齿轮的齿顶高系数 $h_a^* = 1$，顶隙系数 $c^* = 0.25$。　　（　　）

2. 选择题

(1) 已知一渐开线标准直齿圆柱齿轮，齿数 25，齿顶高系数为 1，齿顶圆直径 135 mm，则其模数大小应为（　　）。

    A. 2 mm　　　　　　B. 4 mm　　　　　　C. 5 mm　　　　　　D. 6 mm

(2) 当两轴垂直相交时，两轴之间的传动可用（　　）。

    A. 圆柱直齿轮传动　　　　　　　　B. 圆锥齿轮传动

    C. 蜗杆蜗轮传动　　　　　　　　　D. 圆柱斜齿轮传动

(3) 已知两直齿圆柱齿轮的齿数 $z_1 = 10$，$z_2 = 22$，则该齿轮传动采用（　　）。

    A. 标准齿轮传动　　　　　　　　　B. 等变位齿轮传动

    C. 正传动　　　　　　　　　　　　D. 负传动

(4) 斜齿圆柱齿轮的当量齿数是用来（　　）。

    A. 计算传动比　　　　　　　　　　B. 计算重合度

    C. 选择盘形铣刀　　　　　　　　　D. 计算几何尺寸

(5) 渐开线齿轮传动的轴承磨损后，中心距变大，这时传动比将（　　）。

    A. 增大　　　　　　　　　　　　　B. 减小

    C. 不变　　　　　　　　　　　　　D. 不确定

(6) $\varepsilon = 1.5$ 说明齿轮传动过程中（　　）。

    A. 两对齿比一对齿啮合时间短

    B. 两对齿比一对齿啮合时间长

    C. 两对齿与一对齿啮合时间相等

    D. 只有一对齿啮合。

(7) 直齿圆柱齿轮的渐开线在基圆上的压力角为（　　）。

    A. 20°　　　　　　　B. 0°　　　　　　　C. 15°　　　　　　　D. 25°

(8) 在一对渐开线标准直齿圆柱齿轮啮合传动中，其啮合角 α' 的大小是（　　）。

    A. 由大到小逐渐变化

    B. 由小到大逐渐变化

    C. 由小到大再到小逐渐变化

    D. 始终保持不变

(9) 蜗轮和蜗杆的正确啮合条件中，应除去（　　）。

    A. $m_{a1} = m_{t2}$　　　　　　　　　B. $\alpha_{a1} = \alpha_{t2}$

C. $\beta_1 = \beta_2$ 　　　　　　　　　　　　　　D. 螺旋线方向相同

(10)如图 7-44 所示两对蜗杆传动中,图 7-44(a)所示蜗轮的转向和图 7-44(b)所示蜗杆的螺旋方向分别为(　　)。

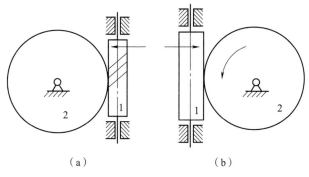

图　7-44

A. 顺时针;左旋　　　B. 顺时针;右旋　　　C. 逆时针;左旋　　　D. 逆时针;右旋

3. 简答题

(1)渐开线齿廓为什么能满足啮合基本定律,实现定传动比?

(2)一对渐开线齿廓啮合时,在任一啮合点上两轮的压力角是否相等?

(3)传动用齿条与刀具齿条有何异同?

(4)何谓齿轮的"根切现象"? 它是怎么产生的? 有何危害?

(5)除了免除根切外,变位齿轮尚有哪些用途?

(6)选择变位系数时应满足哪些主要要求?

(7)当一对直齿圆柱齿轮的实际中心距要求大于其标准中心距时,除了可采用正传动的办法去凑中心距外,还有其他设计方案吗?

(8)斜齿轮传动具有哪些优点? 可用哪些方法来调整斜齿轮传动的中心距?

(9)什么是直齿锥齿轮的背锥和当量齿轮? 一对锥齿轮大端的模数和压力角分别相等是否是其能正确啮合的充要条件?

(10)蜗杆传动可用作增速传动吗?

4. 计算题

(1)一标准渐开线直齿圆柱齿轮,$m = 2$ mm,$z = 20$,$\alpha = 20°$,$h_a^* = 1$,$c^* = 0.25$,求其分度圆、基圆及齿顶圆处渐开线的压力角。

(2)在某项技术革新中需要采用一对齿轮传动,其中心距为 144 mm,传动比为 2。现在零件库房中存有四种现成的齿轮,已知他们都是国产的正常渐开线标准齿轮,压力角都是 20°。这四种齿轮的齿数 z 和齿顶圆直径 d_a 分别为 $z_1 = 24$,$d_{a1} = 104$ mm;$z_2 = 47$,$d_{a2} = 196$ mm;$z_3 = 48$,$d_{a1} = 250$ mm;$z_4 = 48$,$d_{a1} = 200$ mm,试分析能否从这四种齿轮中选出符合要求的一对齿轮来?

(3)如图 7-45 所示,O_1 和 O_2 为一对直齿圆柱齿轮的回转中心,该对齿轮齿数相等,$z_1 = z_2 = 12$,$\alpha = 20°$,$h_a^* = 1$,$c^* = 0.25$,实际中心距 $a' = 123.921$ mm,$\alpha' = 24.5°$,两轮的变位系数

相等 $x_1 = x_2$。试求：

① 两齿轮的模数；

② 两齿轮的基圆齿距 p_{b1} 和 p_{b2}；

③ 两齿轮的变位系数 x_1 和 x_2，传动类型；

④ 两齿轮的齿根圆半径 r_{f1} 和 r_{f2}；

⑤ 两齿轮的齿顶圆半径 r_{a1} 和 r_{a2}；

⑥ 在图上标出理论啮合线 $\overline{N_1 N_2}$ 及实际啮合线 $\overline{B_1 B_2}$，并量取 $\overline{B_1 B_2}$ 长度计算重合度 ε。

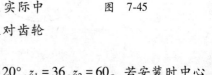

图　7-45

（4）已知一对渐开线外啮合齿轮的齿数 $z_1 = z_2 = 15$，实际中心距 $a' = 325$ mm，$m = 20$ mm，$\alpha = 20°$，$h_a^* = 1$，试设计这对齿轮传动。

（5）已知一对标准齿轮传动的参数为：$m = 4$ mm，$\alpha = 20°$，$z_1 = 36$，$z_2 = 60$。若安装时中心距比标准中心距大 1 mm，试计算：

① 两齿轮节圆半径；

② 啮合角；

③ 在节圆上所产生的侧隙。

（6）设已知一对斜齿轮传动的 $z_1 = 20$，$z_2 = 40$，$m_n = 8$ mm，$\beta = 15°$（初选值），$B = 30$ mm，$h_a^* = 1$，试求 a（应圆整，并精确重算 β）、ε_γ、z_{v1} 和 z_{v2}。

（7）已知一对直齿锥齿轮的 $z_1 = 15$，$z_2 = 30$，$m = 5$ mm，$h_a^* = 1$，$\Sigma = 90°$，试确定这对锥齿轮的几何尺寸。

（8）一蜗轮的齿数 $z_2 = 40$，$d_2 = 200$ mm，与一单头蜗杆啮合，试求：

① 蜗轮端面模数 m_{t2} 及蜗杆轴面模数 m_{a1}；

② 蜗杆的轴面齿距 P_{a1} 及导程 l；

③ 两轮的中心距 a；

④ 蜗杆的导程角 λ_1、蜗轮的螺旋角 β_2 及两者轮齿的旋向。

第8章 轮系及其设计

主要内容

轮系及其分类;定轴轮系的传动比;周转轮系的传动比;复合轮系的传动比;轮系的功用;行星轮系的效率;行星轮系的类型选择及其设计。

学习目的

(1)了解轮系的类型、特点,能正确划分轮系。

(2)掌握定轴轮系、周转轮系和复合轮系传动比的计算方法。

(3)了解轮系的功用。

(4)了解行星轮系的效率、选型以及设计的基本知识。

引 例

现代都市人生活中都熟悉一个画面,出租车依靠行驶的里程计向乘客收取服务费,所以出租车又称计程车。计程车并非现代人的发明,中国古代用来记录行过距离的马车记里鼓车便是古代的计程车,如图8-1所示。每当车行1里(1里=0.5千米)时,木头人便敲一下鼓,车行10里时另一个木头人便敲一下鼓。专人记录敲鼓的声音次数,就可以知道最终行驶的里程。巧妙的是这种计程方式无论白天还是黑夜都可以使用,这体现了我国古代劳动人民的智慧。

无论是记里鼓车还是计程车,原理都是一样的。因为车轮每转一圈走出的路程,就是车轮的周长,这是一个恒定不变的数。那么反过来想,车子每走出1里路,车轮转的圈数也就是一个恒定不变的数,所以只要将车轮转动的圈数累计下来,除以车轮走1里路转的圈数,就可以得到行驶的里程了。这在现代科学中是一件简单的事情,在古代却是不容易做到的。聪明的古人用巧妙的机械机构实现了对行驶里程的测量,使得车轮每走出1里路,车上的木偶就敲一下鼓。

这套巧妙装置的核心便是齿轮减速系统,这部车子在一侧车轮上装有一个立轮,上面有轮齿和车厢里的齿轮啮合。车子里面装有不同大小的齿轮。古人精确计算了齿轮的直径、齿数、齿距,使得整个车子行走1里时,中间的平轮只转1圈,平轮上的短钉拨动拨子就带动了木头人击鼓。继续行走,到10里时,上平轮正好转动1圈,则上平轮上的短钉拨动拨子使另

图8-1 记里鼓车

一木头人击鼓。

　　汽车的里程表克服了计里鼓车不能累计里程的缺点,用滚轮计数器将累计出的里程显示在小窗口。当然,技术是日新月异的,当前广泛使用的是脉冲发生器的电子式里程表。

　　在前一章仅对一对齿轮的传动和几何设计问题进行了研究,但是在实际机械中,为了满足不同的工作需要,采用仅由一对齿轮组成的齿轮机构通常是不够的。例如,在各种机床中,为了将电动机的一种转速变为主轴的多级转速,在钟表中为了使时针、分针和秒针的转速具有一定的比例关系,在直升机中为了将发动机的高转速变为螺旋桨的较低转速,都需要由互相啮合的一系列齿轮所组成的齿轮系统来传动。这种由一系列齿轮所组成的齿轮传动系统称为齿轮系,简称轮系。

8.1　轮系及其分类

　　轮系通常介于原动机和执行机构之间,把原动机的运动和动力传给执行机构,根据轮系运转中齿轮轴线的空间位置是否固定,将轮系分为定轴轮系和周转轮系两大类。

8.1.1　定轴轮系

　　在图 8-2 所示的轮系中,设运动由齿轮 1 输入,通过一系列齿轮传功,带动从动齿轮 5 转动,在这个轮系中,每个齿轮几何轴线的位置都是固定不变的,这种所有齿轮几何轴线的位置在运转过程中均固定不变的轮系,称为定轴轮系。

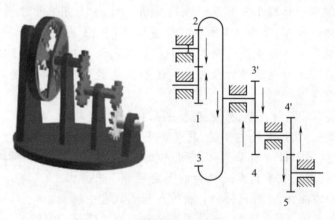

图 8-2　定轴轮系

8.1.2　周转轮系

　　如果在轮系运转时,其各齿轮中有一个或几个齿轮轴线的位置并不固定,而是绕着其他齿轮的固定轴线回转,则这种轮系称为周转轮系,如图 8-3(a)所示。在此轮系中,外齿轮 1 和内齿轮 3 都是绕着固定的轴线 OO 回转的,这种齿轮称为太阳轮。齿轮 2 的轴承则是装在构件 H 上,而构件 H 只是绕固定轴线 OO 回转,所以当轮系运转时,齿轮 2 一方面绕着自

己的轴线 O_1O_1 回转,另一方面又随着构件 H 一起绕着固定轴线 OO 回转,就像行星的运动一样,兼有自转和公转,故称齿轮 2 为行星轮,装有行星轮 2 的构件 H 则称为行星架(转臂或系杆)。在周转轮系中,由于一般都以太阳轮和行星架作为运动的输入和输出构件,故又常称它们为周转轮系的基本构件。基本构件都是围绕着同一固定轴线回转的。由上述可见,一个周转轮系必定具有一个行星架,具有一个或几个行星轮,以及与行星轮相啮合的太阳轮。

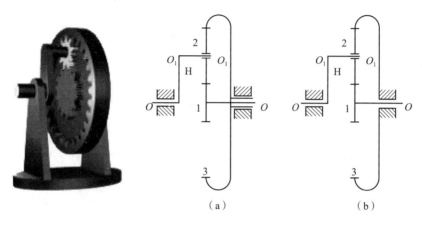

(a)　　　　　　　　(b)

图 8-3　周转轮系

特别提示

一对齿轮传动及其倒置机构都是一种最简单的轮系。

周转轮系的类型很多,为了便于分析结构,通常按以下方法进行分类。

1)按其自由度的数目分类

(1)行星轮系。在图 8-3(b)所示的周转轮系中,若将太阳轮 3(或 1)固定,则整个轮系的自由度数为 $F = 3n - 2P_L - P_H = 3 \times 3 - 2 \times 3 - 2 = 1$。这种自由度数为 1 的周转轮系称为行星轮系。为了确定该轮系的运动,只需一个原动件。

(2)差动轮系。在图 8-3(a)所示的周转轮系中,若太阳轮 1 和 3 均不固定,则整个轮系的自由度故为 $F = 3n - 2P_L - P_H = 3 \times 4 - 2 \times 4 - 2 = 2$。这种自由度度数为 2 的周转轮系称为差动轮系。为了使其具有确定的运动,需要两个原动件。

2)按基本构件的不同分类

周转轮系还可根据基本构件的不同分类。以 K 表示太阳轮,以 H 表示系杆,按照这个特点周转轮系可分为以下两种类型。

(1)2K-H 型。它是由两个太阳轮(2K)和一个系杆(H)组成。图 8-4 所示的 2K-H 型周转轮系的几种不同形式,其中图 8-4(a)所示为单排形式,图 8-4(b)所示和图 8-4(c)所示为双排形式。

(2)3K 型。图 8-5 所示的轮系中有 3 个太阳轮(图中的齿轮 1、3 和 4)故称为 3K 型周转轮系,该轮系的系杆 H 仅起支承行星轮 2—2′ 的作用,不传递外力矩,因而不是基本构件。

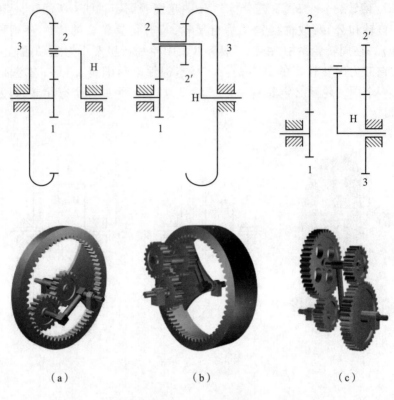

（a）　　　　　　　　（b）　　　　　　　　（c）

图 8-4　2K-H 周转轮系

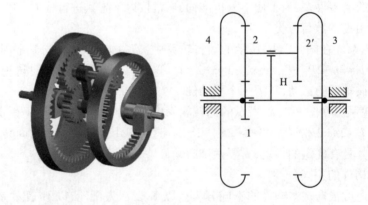

图 8-5　3K 周转轮系

8.1.3　复合轮系

在各种实际机械中所用的轮系,往往既包含定轴轮系部分,又包含周转轮系部分,或者是由几部分周转轮系组成的,这种复杂的轮系称为复合轮系。如图 8-6 所示的轮系,该机构左半部分由齿轮 1、2、2′和 3 组成定轴轮系,而其右半部分则为周转轮系。

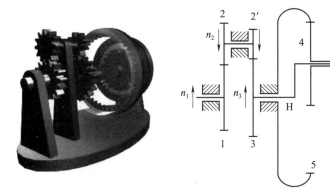

图 8-6　复合轮系

我们知道,一对齿轮的传动比是指该两齿轮的角速度之比,而所谓轮系的传动比,则是指在所研究的轮系中,其首、末两构件的角速度之比。轮系的传动比包括首、末两构件角速度比的大小和两构件的转向关系两个方面。

8.2.1　平面定轴轮系的传动比

1. 传动比大小的计算

以图 8-2 所示的定轴轮系为例,设齿轮 1 为主动轮,齿轮 5 为最后的从动轮,则该轮系的总传动比 $i_{15}=\omega_1/\omega_5$(或 n_1/n_5)。

由图 8-2 可见,主动轮 1 到从动轮 5 之间的传动,是通过一对对齿轮依次啮合来实现的。为此,首先求出该轮系中各对啮合齿轮传动比的大小

$$i_{12}=\frac{\omega_1}{\omega_2}=\frac{z_2}{z_1}$$

$$i_{23}=\frac{\omega_2}{\omega_3}=\frac{z_3}{z_2}$$

$$i_{3'4}=\frac{\omega_{3'}}{\omega_4}=\frac{z_4}{z_{3'}}$$

$$i_{4'5}=\frac{\omega_{4'}}{\omega_5}=\frac{z_5}{z_{4'}}$$

又因 $\omega_{3'}=\omega_3$,$\omega_{4'}=\omega_4$,所以将以上各式两边分别连乘后得

$$i_{12}\cdot i_{23}\cdot i_{3'4}\cdot i_{4'5}=\frac{\omega_1}{\omega_2}\cdot\frac{\omega_2}{\omega_3}\cdot\frac{\omega_{3'}}{\omega_4}\cdot\frac{\omega_{4'}}{\omega_5}=\frac{\omega_1}{\omega_5}=\frac{z_2z_3z_4z_5}{z_1z_2z_{3'}z_{4'}}$$

即

$$i_{15}=\frac{\omega_1}{\omega_5}=i_{12}\cdot i_{23}\cdot i_{3'4}\cdot i_{4'5}=\frac{z_2z_3z_4z_5}{z_1z_2z_{3'}z_{4'}} \tag{8-1}$$

上式表明:定轴轮系的传动比等于组成该轮系的各对啮合齿轮传动比的连乘积;其大小等于各对啮合齿轮中所有从动轮齿数的连乘积与所有主动轮齿数的连乘积之比。

由图 8-2 可以看出,齿轮 2 同时与齿轮 1 和齿轮 3 相啮合,对于齿轮 1 来说,它是从动轮,对于齿轮 3 来讲,它是主动轮。因此,其齿数 z_2 在式(8-1)中可以约去,表明齿轮 2 的齿数不影响该轮系传动比的大小,仅仅是改变齿轮 3 的转向,这种齿轮通常称为惰轮。

☞ **特别提示**

式(8-1)中的主动轮与从动轮是针对每一对相啮合的齿轮而言的,即相应每一个啮合点,必然有一个主动轮和从动轮,因此,式(8-1)的分母中主动轮的数量与分子中从动轮的数量总是一一对应相等。通常一根传动轴上各有一个主动轮和从动轮。

2. 主、从动轮转向关系的确定

平面定轴轮系是工程实际中最为常见的轮系,所有齿轮均为直齿或斜齿圆柱齿轮。由于一对内啮合圆柱齿轮的转向相同,而一对外啮合圆柱齿轮的转向相反,所以每经过一对外啮合就改变一次转向,故可用轮系中外啮合圆柱齿轮的对数来确定轮系中主、从动轮的转向关系。即若用 m 表示轮系中外啮合的对数,则可用 $(-1)^m$ 来确定轮系传动比的正负号。若计算结果为正,则说明主、从动轮转向相同;若结果为负,则说明主、从动轮转向相反。对于图 8-2 所示的轮系,$m = 3$,所以传动比为

$$i_{15} = \frac{\omega_1}{\omega_5} = (-1)^3 \frac{z_2 z_3 z_4 z_5}{z_1 z_{2'} z_{3'} z_4} = -\frac{z_2 z_3 z_5}{z_1 z_{2'} z_{3'}}$$

传动比为负,说明从动轮 5 的转向与主动轮 1 的转向相反。

由以上所述可知,任何平面定轴轮系的输入轴 A 与输出轴 B 的传动比为

$$i_{AB} = \frac{\omega_A}{\omega_B} = (-1)^m \frac{各对齿轮的从动轮齿数的乘积}{各对齿轮的主动轮齿数的乘积} \tag{8-2}$$

☞ **特别提示**

因为一对啮合传动的圆柱齿轮或圆锥齿轮在啮合节点处的圆周速度是相同的,所以标记两者转向的箭头不是同时指向节点,就是同时由节点指向外侧。

8.2.2 空间定轴轮系的传动比

轮系中若含有几何轴线不平行的齿轮,这种轮系称为空间轮系。对于空间轮系,传动比的符号不能用 $(-1)^m$ 来表示,而必须用标注箭头法确定。

如图 8-7 所示轮系中,齿轮 3' 和齿轮 4 的几何轴线不平行,它们的转向无所谓相同或相反,同样,齿轮 4' 和齿轮 5 的几何轴线也不平行,它们的转向也无所谓相同或相反。在这种情况下,可在图上用箭头来表示各轮的转向。但是,该轮系中首、尾两轮(齿轮 1 和 5)的轴线互相平行,所以仍可在传动比的计算结果上加上"+""-"号来表示主、从齿轮的转向关系。如图 8-7 所示,主动轮 1 和从动轮 5 的转向相反,故传动比为

$$i_{15} = \frac{\omega_1}{\omega_5} = -\frac{z_3 z_4 z_5}{z_1 z_{3'} z_{4'}}$$

对于首、末两轮的轴线不平行的定轴轮系,在传动比计算式中不必加"+""-"符号,但必

须在运动简图上用箭头标明各轮的转向。

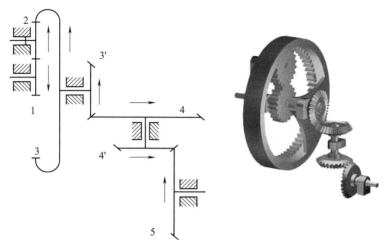

图 8-7　空间定轴轮系

图 8-8 所示的轮系中,主动轮 1 和从动轮 2 的几何轴线不重合,它们分别在两个不同的平面内转动,转向无所谓相同或相反,因此不能采用传动比的计算结果中加 "+" "-" 号的方法来表示主、从动轮的转向关系,其转向关系只能用箭头的指向在图上表示。

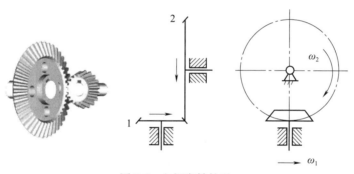

图 8-8　空间定轴轮系

8.3　周转轮系的传动比

通过对周转轮系和定轴轮系的观察比较就会发现,它们之间的根本差别就在于周转轮系中有转动着的行星架,从而使得行星轮既有自转又有公转。由于这个差别,所以周转轮系的传动比就不能直接用定轴轮系传动比的求法来计算了。但是,根据相对运动的原理,假若给整个周转轮系加上一个公共角速度 "$-\omega_{\mathrm{H}}$",使它绕行星架的固定轴线回转,这时各构件之间的相对运动仍将保持不变,但行星架的角速度却将成为 $\omega_{\mathrm{H}}-\omega_{\mathrm{H}}=0$,即行星架成为 "静止不动" 的了。于是,周转轮系便转化成了定轴轮系。这种经过转化所得的假想的定轴轮系,称为原周转轮系的转化轮系或转化机构。

既然周转轮系的转化轮系为一定轴轮系,故此转化轮系的传动比就可以按定轴轮系传动比的计算方法来计算了。下面我们将会看到,通过转化轮系传动比的计算,就可得出周转轮系中各构件之间角速度的关系,进而求得所需的该周转轮系的传动比。现以图 8-9 所示周转轮系为例,具体说明如下。

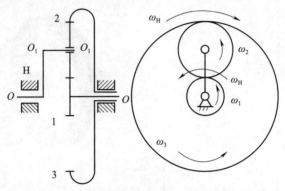

图 8-9　周转轮系与定轴轮系的区别

由图可见,当如上述对整个周转轮系加上一个公共角速度"$-\omega_H$"以后,其各构件的角速度的变化可如表 8-1 所示。

表 8-1　周转轮系转化机构中各构件的角速度

构　件	原有角速度	在转化轮系中的角速度 (即相对行星架的角速度)
齿轮 1	ω_1	$\omega_1^H = \omega_1 - \omega_H$
齿轮 2	ω_2	$\omega_2^H = \omega_2 - \omega_H$
齿轮 3	ω_3	$\omega_3^H = \omega_3 - \omega_H$
机架 4	$\omega_4 = 0$	$\omega_4^H = \omega_4 - \omega_H = -\omega_H$
行星架 H	ω_H	$\omega_H^H = \omega_H - \omega_H = 0$

由表可见,由于 $\omega_H = 0$,所以该周转轮系已转化为图 8-10 所示的"定轴轮系",而此"定轴轮系"就是该周转轮系的转化轮系。在此转化轮系中,由于行星架已"静止不动",所以三个齿轮的角速度 ω_1^H、ω_2^H、ω_3^H,即为它们相对于行星架 H 的角速度。于是此转化轮系的传动比可按求定轴轮系传动比的方法求得为

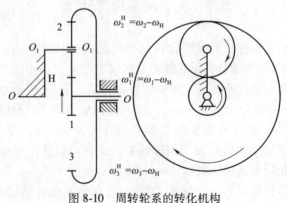

图 8-10　周转轮系的转化机构

$$i_{13}^{\mathrm{H}} = \frac{\omega_1^{\mathrm{H}}}{\omega_3^{\mathrm{H}}} = \frac{\omega_1 - \omega_{\mathrm{H}}}{\omega_3 - \omega_{\mathrm{H}}} = -\frac{z_2 z_3}{z_1 z_2} = -\frac{z_3}{z_1}$$

式中,齿数比前的"−"号表示在转化轮系中轮 1 与轮 3 的转向相反(即 ω_1^{H} 与 ω_3^{H} 的方向相反)。

由上式可见,式中已包含了周转轮系中各基本构件的角速度和各轮齿数之间的关系。而各轮的齿数在计算轮系的传动比时应是已知的,又因该周转轮系为具有两个自由度的差动轮系,故根据机构具有确定运动的条件,在 ω_1、ω_2、ω_{H} 三个运动参量中若有两个是已知的(包括大小和方向),就可确定出第三个运动参量(包括大小和方向),从而也就可以求出周转轮系的三个基本构件中任意两构件之间的传动比(包括大小和正负号)。

根据上述原理,不难得出计算周转轮系传动比的一般关系式。设周转轮系中的两个太阳轮分别为 m 和 n,行星架为 H,则其转化轮系的传动比 i_{mn}^{H} 可表示为

$$i_{mn}^{\mathrm{H}} = \frac{\omega_m^{\mathrm{H}}}{\omega_n^{\mathrm{H}}} = \frac{\omega_m - \omega_{\mathrm{H}}}{\omega_n - \omega_{\mathrm{H}}} = \pm \frac{\text{在转化轮系中由 m 至 n 各从动轮齿数的乘积}}{\text{在转化轮系中由 m 至 n 各主动轮齿数的乘积}} \tag{8-3}$$

对于已知周转轮系来说,由于各轮的齿数均为已知,故转化轮系的传动比"i_{mn}^{H}"的大小和"±"号均可定出,然后即可根据 ω_m、ω_n 及 ω_{H} 中的已知两者决定第三个,并进而求得传动比。而在这里要特别注意的是式(8-3)中的"±"号不仅表明在转化轮系中两个太阳轮 m、n 之间的转向关系,而且将直接影响到 ω_m、ω_n 及 ω_{H} 之间的数值关系,若将其漏判或判错,都将影响到计算结果的正确性。另外要注意 ω_m、ω_n 及 ω_{H} 均为代数值,在使用中要带有相应的"±"号。

📖 特别提示

在式(8-3)中,i_{mn}^{H} 是转化机构中 m 轮主动、n 轮从动时的传动比,其大小和正负完全按定轴轮系来处理。在具体计算时,要特别注意转化机构传动比 i_{mn}^{H} 的正负号,当转化轮系中各轮几何轴线互相平行时用 $(-1)^m$ 来确定正负,否则用箭头法。

如果我们研究的轮系为行星轮系,由于一个太阳轮(设为 n 轮)为固定轮,即 $\omega_n = 0$,故式(8-3)可以改写为如下形式:

$$i_{mn}^{\mathrm{H}} = \frac{\omega_m - \omega_{\mathrm{H}}}{-\omega_{\mathrm{H}}} = -i_{m\mathrm{H}} + 1$$

即

$$i_{m\mathrm{H}} = 1 - i_{mn}^{\mathrm{H}} \tag{8-4}$$

为了进一步理解和掌握周转轮系传动比的计算方法,现举两例如下。

实例 8-1　在图 8-4(c)所示的周转轮系中,设已知 $z_1 = 100$,$z_2 = 101$,$z_2' = 100$,$z_3 = 99$。试求传动比 $i_{\mathrm{H}1}$。

解:在图示的轮系中,由于轮 3 为固定轮(即 $n_3 = 0$),故该轮系为行星轮系,传动比的计算可根据式(8-4)求得为

$$i_{1\mathrm{H}} = 1 - i_{13}^{\mathrm{H}} = 1 - \frac{z_2 z_3}{z_1 z_2'} = 1 - \frac{101 \times 99}{100 \times 100} = \frac{1}{10\,000}$$

故

$$i_{H1} = \frac{1}{i_{1H}} = 10\ 000$$

即当行星架转 10 000 转时，轮 1 才转 1 转，其转向与行星架 H 的转向相同，可见此轮系的传动比很大。又若将 z_3 由 99 改为 100，则

$$i_{1H} = 1 - i_{13}^{H} = 1 - \frac{z_2 z_3}{z_1 z_2'} = 1 - \frac{101 \times 100}{100 \times 100} = -\frac{1}{100}$$

故

$$i_{H1} = \frac{1}{i_{1H}} = -100$$

即当行星架转 100 转时，轮 1 反向转 1 转。可见行星轮系中从动轮的转向不仅与从动轮的转向有关，而且与轮系中各轮的齿数有关。在本题中，只将 z_3 增加一齿，轮 1 就反向回转，且传动比发生巨大变化。这是行星轮系与定轴轮系不同的地方。

最后，有一个问题尚需加以说明：对于由圆柱齿轮所组成的周转轮系，由于各构件的回转轴线都是彼此平行的，故利用转化轮系计算传动比时，不仅可用以计算各基本构件之间的角速度关系，而且也可用以计算行星轮与基本构件之间的角速度关系。例如在图 8-11 所示的马铃薯挖掘机的行星轮系中，已知太阳轮 1 和行星轮 3 的齿数 $z_1 = z_3$，及行星架 H 的转速 n_H，现需求行星轮 3 的转速 n_3。由于轮 1 为固定轮（即 $n_1 = 0$），故由式（8-4）得

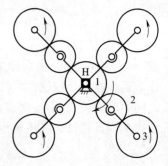

图 8-11　马铃薯挖掘机行星轮系

$$i_{3H} = 1 - i_{31}^{H} = 1 - z_1/z_3 = 1 - 1 = 0$$

即

$$n_3 = 0$$

这说明行星轮 3 并无转动，而与固定于其上的铁锹一起只做平动，以利于马铃薯的挖掘工作。

但是，对于由圆锥齿轮所组成的周转轮系（图 8-12），由于其行星轮和基本构件的回转轴线不平行，因而它们的角速度不能按代数量进行加减，即

$$\omega_2^{H} \neq \omega_2 - \omega_H$$

$$i_{12}^{H} \neq (\omega_1 - \omega_H)/(\omega_2 - \omega_H)$$

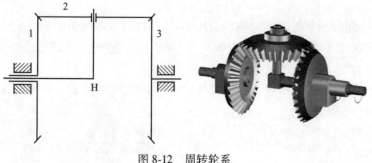

图 8-12　周转轮系

所以,不能用上述公式来计算由圆锥齿轮所组成的周转轮系中的行星轮的角速度,而只可用来计算其基本构件的角速度。当需要知道其行星轮的角速度时,可按角速度向量来进行计算。

8.4 复合轮系的传动比

由定轴轮系和周转轮系或者由多个周转轮系组成的传动系统称为复合轮系。复合轮系传动比计算的一般步骤如下:

(1)分解轮系。所谓分解轮系就是正确地划分复合轮系中每一个周转轮系和定轴轮系,关键是划分周转轮系。为了找出周转轮系,首先要找到轴线位置不固定的行星轮,然后找到支承行星轮的系杆(注意系杆不一定呈杆状),以及与行星轮直接啮合的回转轴线固定的太阳轮。这样,由行星轮、系杆和太阳轮就组成了一个周转轮系。如此,逐个地找出所有的周转轮系后,剩下的便是定轴轮系。

(2)列出各基本轮系的传动比计算公式。单个的周转轮系或定轴轮系称为基本轮系,其传动比计算可应用前述公式。

(3)按照需要将有关的传动比计算公式联立求解。

☞ **特别提示**

系杆的形状一般并不是简单的杆状的,它本身可能是一个轮子、一个转动的壳体,或其他形状的转动构件。但是,不论其形状如何,只要有行星轮的轴装在该构件上,它就是一个系杆。

实例 8-2 在图 8-13 所示的复合轮系中,已知 $z_1 = 20$, $z_2 = 40$, $z_2' = 20$, $z_3 = 30$, $z_4 = 80$, 求传动比 i_{1H}。

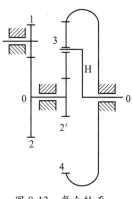

解:(1)分解轮系。

该复合轮系是由齿轮 1、2 组成的定轴轮系和太阳轮 2′、行星轮 3、太阳轮 4、系杆 H 组成的周转轮系组成的两个基本轮系所构成。

(2)计算各基本轮系的传动比。

定轴轮系: $i_{12} = \dfrac{\omega_1}{\omega_2} = -\dfrac{z_2}{z_1} = -\dfrac{40}{20} = -2$

行星轮系: $i_{2'H} = 1 - i_{24}^H = 1 - (-\dfrac{z_4}{z_2'}) = 1 + \dfrac{80}{20} = 5$

图 8-13 复合轮系

(3)计算复合轮系的传动比: $i_{1H} = i_{12} \cdot i_{2'H} = -2 \times 5 = -10$,负号表明齿轮 1 和系杆 H 的转向相反。

8.5 轮系的功用

在各种机械中轮系的应用十分广泛,其功用大致可以归纳为以下几个方面。

1)实现分路传动

利用定轴轮系,可以通过主动轴上的若干齿轮分别把运动传给多个工作部件,从而实现分路传动。图 8-14 所示滚齿机工作台的传动机构,电机带动主动轴转动,通过该轴上的齿轮 1 和 3,分两路把运动传给滚刀及轮坯,从而使刀具和轮坯之间具有确定的对滚关系。

2)获得较大的传动比

当两轴之间需要较大的传动比时,如果只用一对齿轮传动,由于两轮齿数相差悬殊而使小齿轮易于损坏,同时两轮的尺寸相差较大,也会导致外廓尺寸庞大,如图 8-15 所示的外侧齿轮副。所以一对齿轮的传动比一般不得大于 5~7,在需要获得更大传动比时,可利用定轴轮系的多级传动,如图 8-15 所示的内侧齿轮组。也可以采用周转轮系和复合轮系传动来实现,如例 8-1 的 2K-H 行星轮系,用它来减速,其传动比 $i_{H1} = 10\,000$。

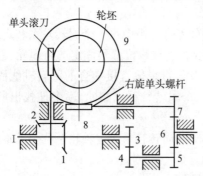

图 8-14 3K 滚齿机工作台中的传动机构　　图 8-15 实现较大传动比的机构

3)实现变速传动

在输入轴转速不变的条件下,利用滑移齿轮与不同的齿轮啮合,形成运动传递路径各不相同的定轴轮系,可使输出轴获得多种工作转速的传动称为变速传动。变速传动分为有级和无级两种。当变速传动的传动比能在一定范围内获得无间断的任意值时,称为无级变速,否则称为有级变速。图 8-16 所示为汽车变速器中的定轴轮系,利用滑移齿轮和牙嵌离合器便可以获得四种不同的输出转速,动力由 Ⅰ 轴输入、Ⅲ 轴输出。

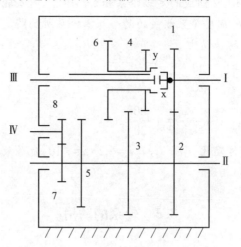

图 8-16 汽车变速器中的定轴轮系

第一挡:齿轮 5 与 6 相结合,其余脱开(低速挡);

第二挡:齿轮 3 与 4 相结合,其余脱开(中速挡);

第三挡:牙嵌离合器 x、y 嵌合,其余脱开(高速挡);

第四挡:齿轮 6 与 8 啮合,x、y 脱开(倒挡)。

4)实现换向传动

正如前面所述:惰轮不影响传动比的大小,但能影响输出轴的转向。在图 8-16 所示的汽车变速器的例子中,第四挡正是利用惰轮 8 使输出轴 II 的转向反向,因此第四挡也称倒挡。图 8-17 所示车床上进给丝杠的三星轮换向机构也是利用了输入轴与输出轴间变换惰轮的数量来改变从动轴的转向的实例。

5)实现运动的合成

对于差动轮系,当给定两个基本构件的运动时,第三个基本构件的运动随之就确定了。因此,输出构件的运动是两个输入构件运动的合成。如图 8-5 所示的差动轮系,当给定太阳轮 1 和 3 的转动,就可以合成输出行星架 H 的转动。

图 8-17 三星轮换向机构

6)实现运动的分解

差动轮系不仅可以实现运动的合成,还可以实现运动的分解,即将一个基本构件的输入运动,依据附加条件,分解成另两个基本构件的运动,汽车后桥的差速器即为其应用的典型实例。现以该差速器为例来说明。

图 8-18 所示为装在汽车后桥上的差动轮系(常称差速器)。发动机由变速器通过传动轴驱动齿轮 5,齿轮 4 上固连着行星架 H,行星架支撑着行星轮 2。所以,齿轮 1、2、3 及行星架 H 组成了一个差动轮系,其中 $z_1 = z_3$,根据式(8-3)有

$$i_{13}^{H} = \frac{n_1 - n_H}{n_3 - n_H} = -\frac{z_3}{z_1} = -1$$

则

$$n_4 = n_H = \frac{n_1 + n_3}{2}$$

汽车两后轮的直径相等,且行驶时车轮相对地面不能打滑。当汽车直线行驶时,其两后轮行驶的路程相等,所以两轮的转速应相等。因此,由上式可得 $n_1 = n_3 = n_4$,这表明轮 1 和轮 3 之间没有相对运动,轮 2 不绕自己的轴线转动。这时轮 1、2、3 如一个整体,随齿轮 4 一起转动。而当汽车转弯时,由于两后轮行驶的路程不相等,所以两后轮的转速也应不相等,即 $n_1 \neq n_3$。在外圈行驶的车轮经历的路程长,而在内圈行驶的车轮经历的路程短,所以外圈车轮的转速应比内圈车轮的转速要高,即轮系中的齿轮 1 和齿轮 3 之间产生了相对运动,轮系这时起到差速器的作用。至于两轮转速差的大小,与它们之间的距离以及转弯处的半径 r 有关。

7)实现大功率传动

在机械制造业中,特别是在飞行器等中,日益期望在机构尺寸及重量都较小的条件下实现大功率传动,采用周转轮系可以较好地得到满足。

首先用作动力传动的周转轮系通常都采用具有多个行星轮的结构(图 8-19),各行星轮均匀地分布在太阳轮的四周。这样既可用几个行星轮共同来分担载荷,以减小齿轮尺寸,同

时又可使各个啮合处的径向分力和行星轮公转所产生的离心惯性力各自得以平衡,以减小主轴承内的作用力,增加运转的平稳性。

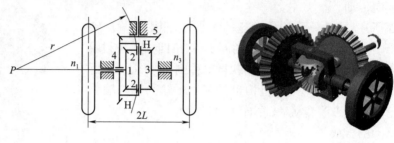

图 8-18　汽车差速器

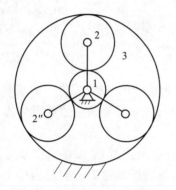

图 8-19　有多个行星轮的行星轮系

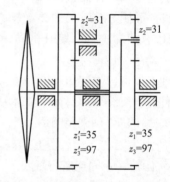

图 8-20　螺旋桨发动机主减速器传动简图

此外,在动力传动用的行星减速器中,几乎都有内啮合。这样就提高了空间的利用率,兼之其输入轴和输出轴在同一轴线上,所以行星减速器的径向尺寸非常紧凑。这一点对于飞行器特别重要,因而在航空发动机的主减速器中,这种轮系得到了普遍的采用。图 8-20 为某螺旋桨发动机主减速器的传动简图。这个轮系的右部是差动轮系,左部是定轴轮系。定轴轮系将差动轮系的内齿轮 3 与行星架 H 的运动联系起来,构成一个自由度为 1 的封闭式行星轮系。它有 4 个行星轮 2,6 个中介轮 2′(图中均只画出一个)。动力自太阳轮 1 输入后,分两路从行星架 H 和内齿轮 3 输往左部,最后汇合到一起输往螺旋桨。由于采用多个行星轮,加上动力分路传递(即所谓功率分流)。所以在较小的外廓尺寸下(径向外廓尺寸约为 $\phi 430$ mm),传递功率达 2 850 kW,整个轮系的减速比 $i_{1H} = 11.45$。

目前,我国已制定了行星减速器的标准系列。

8.6　行星轮系的效率

在各种机械中既然广泛地采用各种轮系,所以其效率对于这些机械的总效率具有决定意义。正因如此,对于主要用于传递动力的轮系,特别是传递较大动力的轮系,就必须对其效率加以分析。当然,对于那些仅仅是用于传递运动,而所传递的动力不大的轮系,其效率的高低则并非至关重要。

在各种轮系中,定轴轮系效率的计算是比较简单的。而对于周转轮系来说,差动轮系一般主要用来传递运动,而用作动力传动的则主要是行星轮系。所以本节将只讨论行星轮系效率的计算问题。而用来计算行星轮系效率的方法也有多种,下面仅介绍应用比较方便的"转化轮系法"(又称啮合功率法)。

根据机械效率的定义,对于任何机械来说,如果其输入功率、输出功率和摩擦损失功率分别以 N_d、N_r 和 N_f 表示,则其效率均可按下式来计算,即

$$\eta = N_r / (N_r + N_f) = 1 / (1 + N_f / N_r)$$

或

$$\eta = (N_d - N_f) / N_d = 1 - N_f / N_d$$

而对于一个需要计算其效率的机械来说,其输入功率 N_d 和输出功率 N_r 中总有一个是已知的,所以只要能定出其损失功率 N_f 的大小,就不难按上式计算出该机械的效率 η。

机械中的摩擦损失功率主要取决于各运动副中的作用力、运动副元素间的摩擦因数和相对运动速度的大小。而如前所述,行星轮系的转化轮系与原行星轮系的差别,仅在于给整个行星轮系附加了一个公共角速度($-\omega_H$)。经过这样的转化之后,各构件之间的相对运动并没有发生改变且轮系各运动副中的作用力(当不考虑各构件回转的离心惯性力时)以及摩擦因数也不会改变。因而行星轮系与其转化轮系中的摩擦损失功率 N_f(主要指齿轮啮合齿廓间摩擦损失的功率)应是相等的,这就是以转化轮系法计算行星轮系效率的理论基础。下面我们以图 8-21 所示的 2K-H 型行星轮系为例,具体说明这种方法的运用。

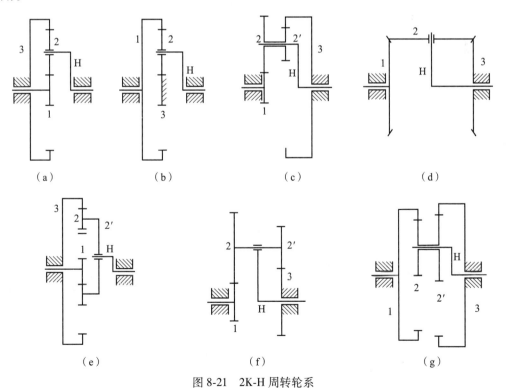

图 8-21 2K-H 周转轮系

在图 8-21 所示的轮系中,设齿轮 1 为主动轮,作用于其轴上的转矩为 M_1,于是齿轮 1 所传递的功率为

$$N_1 = M_1\omega_1 \qquad (8\text{-}5)$$

而在其转化轮系中,齿轮 1 所传递的功率则为

$$N_1^H = M_1(\omega_1 - \omega_H) = N_1(1 - i_{H1}) \qquad (8\text{-}6)$$

根据 M_1 与 $(\omega_1 - \omega_H)$ 是否同号,N_1^H 可能大于或小于零。如果 $N_1^H > 0$,说明 N_1^H 与 N_1 同号,即齿轮 1 在转化轮系中仍为主动件,故 N_1^H 为输入功率,这时转化轮系的损失功率为

$$N_f^H = N_1^H(1 - \eta_{1n}^H) = M_1(\omega_1 - \omega_H)(1 - \eta_{1n}^H) \qquad (8\text{-}7)$$

式中,η_{1n}^H 为转化轮系的效率,即把行星轮系视作定轴轮系时由轮 1 到轮 n 的传动总效率。它等于由轮 1 到轮 n 之间各对啮合齿轮传动效率的连乘积。而各对齿轮的传动效率可在相关《机械设计手册》中查取,故对一已知轮系来说 η_{1n}^H 为已知。

如果 $N_1^H < 0$,说明 N_1^H 与 N_1 异号,即齿轮 1 在转化轮系中变为从动件,故 N_1^H 为输出功率,而此时转化轮系的损失功率为

$$N_f^H = |N_1^H|(1 - \eta_{1n}^H)/\eta_{1n}^H = |M_1(\omega_1 - \omega_H)|(1/\eta_{1n}^H - 1) \qquad (8\text{-}8)$$

由于 η_{1n}^H 一般都在 0.9 以上,故 $(1/\eta_{1n}^H - 1)$ 与 $(1 - \eta_{1n}^H)$ 相差不大。所以,为了简便起见,在下面的计算中,不再区分齿轮 1 在转化轮系中是主动件还是从动件,均按齿轮 1 仍为主动件计算,并取 N_1^H 的绝对值。

又如前述,行星轮系与其转化轮系的损失功率相等,故有

$$N_f = N_f^H = |N_1^H|(1 - \eta_{1n}^H) = |N_1(1 - i_{H1})|(1 - \eta_{1n}^H) \qquad (8\text{-}9)$$

损失功率求得后,行星轮系效率的计算问题,便可迎刃而解了。

例如,在原行星轮系中,若轮 1 为主动件,则 N_1 为输入功率,于是行星轮系的效率为

$$\eta_{1H} = (N_1 - N_f)/N_1 = 1 - |1 - 1/i_{1H}|(1 - \eta_{1n}^H)$$

若轮 1 为从动件,则 N_f 为输出功率,而行星轮系的效率则为

$$\eta_{H1} = |N_1|/(|N_1| + N_f) = 1/[1 + |1 - i_{H1}|(1 - \eta_{1n}^H)]$$

由以上两式可见,当 η_{1n}^H 一定时,行星轮系的效率是其传动比的函数,其变化曲线如图 8-22 所示,图中设 $\eta_{1n}^H = 0.95$。图中实线为 η_{1H}-i_{1H} 线图,这时齿轮 1 为主动件,行星架 H 为从动件。由图中可以看出,当 $i_{1H} \to 0$ 时(即增速传动,且增速比 $|1/i_{1H}|$ 足够大时,效率 $\eta_{1H} \leqslant 0$),轮系将发生自锁。图中虚线为 η_{H1}-i_{H1} 线图,这时,行星架 H 为主动件,齿轮 1 为从动件。

又因图 8-22 中所注的正号机构系指其转化轮系的传动比 i_{1n}^H 为正号的周转轮系,而负号机构则是指其转化轮系的传动比 i_{1n}^H 为负号的周转轮系。

由图 8-22 可以看出,2K-H 型行星轮系不论是用作减速传动还是增速传动,在实用范围内,负号机构的啮合效率总是比较高的,而且总高于其转化轮系的效率 η_{1n}^H,这就是为什么在动力传动中,多采用负号机构的原因。

实际使用的 2K-H 行星轮系负号机构的效率概略值如下:对图 8-21(a)(b)(c)所示的轮系,$\eta \approx 0.97 \sim 0.99$;对图 8-21(d)所示的轮系,$\eta \approx 0.95 \sim 0.96$。

上面对轮系效率的计算问题进行了初步讨论,由于加工、安装和使用情况等的不同,以及一些影响效率的因素(如搅油损耗、行星轮在公转中的离心惯性力等)没有考虑,致使理论

计算的结果并不能完全正确地反映传动装置的实际效率。所以,如有必要应在行星轮系制成之后,用实验的方法进行效率的测定。

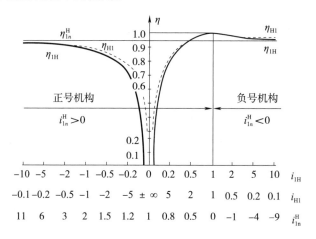

图 8-22　行星轮系效率曲线

知识链接

从行星轮系的效率方面考虑,减速传动的效率总是高于增速传动;负号机构的传动效率又总是高于正号机构的传动效率。因此,如果所设计的轮系是用作动力传动,则应选择负号机构。正号机构一般多用于要求传动比较大而传动效率要求不高的辅助机构中,例如磨床的进给机构、轧钢机的指示器中的机构等。当行星轮系用于增速传动时,随着增速比的增大,其传动效率将迅速降低,当达到一定值时,正号机构更容易发生自锁。

8.7　行星轮系的类型选择及其设计

如前所述,随着机械制造业的发展,行星轮系的应用日益广泛,下面我们将就行星轮系设计中的几个问题简要的加以讨论。

8.7.1　行星轮系的类型选择

行星轮系的类型很多,选择其类型时主要应从传动比所能实现的范围、传动效率的高低、结构的复杂程度、外形的复杂程度、外形尺寸的大小以及传动功率等几个方面综合考虑而定。

每一种行星轮系的传动比均有一定的适用范围。以图 8-21(a)(b)(c)(d)所示 2K-H 型行星轮系中的四种负号机构为例,当以太阳轮为主动轮时(系杆 H 为从动构件)是减速传动,这时输出转向与输入转向相同。图 8-21(a)所示机构的传动比 i_{1H} 的适用范围是 2.8 ~ 13;图 8-21(b)所示机构的传动比 i_{3H} 的适用范围是 1.14 ~ 1.56;图 8-21(c)所示机构由于采用了双联行星轮,传动比 i_{1H} 可达到 8 ~ 16;图 8-21(d)所示机构当 1、3 齿轮齿数相同时,传动比 i_{1H} 为 2。图 8-21(e)(f)(g)所示为三种正号机构,其传动比 i_{H1} 理论上可趋于无穷大。

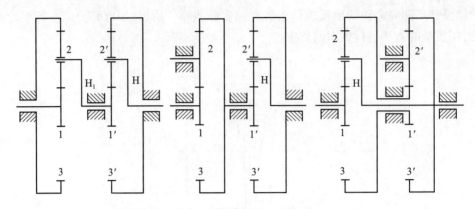

图 8-23 大传动比复合轮系

如果设计要求有较大的传动比,而一个轮系又不能满足设计要求时,可将几个轮系串联起来。图 8-23 所示为两个轮系串联组成的轮系,其传动比可达 $10\sim 60$。

从结构和外形尺寸方面考虑,由行星轮系传动比的计算公式 $i_{1H} = 1 - i_{1n}^H$ 可知:如果采用太阳轮为主动的单一行星轮系来实现大减速比的传动要求,即希望设计的行星轮系 $i_{1H} = \dfrac{n_1}{n_H}$ 之值较大,则必须使 i_{1n}^H 之值较大,因为 $i_{1n} = \dfrac{z_2 , \cdots , z_n}{z_1 , \cdots , z_{n-1}}$,故轮系的齿数比值应设计得较大,这将导致轮系结构较复杂,轮系的外形尺寸将变得较大。如果采用以系杆 H 为主动的单一行星轮系来实现大减速比的传动要求,即希望设计的行星轮系 $i_{H1} = \dfrac{n_H}{n_1}$ 之值较大,根据公式 $i_{1n}^H = 1 - i_{1H} = 1 - \dfrac{1}{i_{H1}}$ 可知:i_{1n}^H 之值接近等于1,这样由于轮系齿数比较小,其外形尺寸将不会很大,但从图 8-22 可以看出,这时轮系的传动效率却很低。因此,在设计行星轮系时存在着传动比、效率、轮系外形尺寸与结构复杂程度相互制约的矛盾,设计者这时应根据设计要求和轮系的工作条件进行全面综合考虑,以获得最理想的设计效果。

3K 型周转轮系的最大特点是:可以实现大传动比,且输出轴的转向不仅与输入轴的转向有关,而且与各轮的齿数有关。其传动效率一般低于 2K-H 型。

8.7.2 行星轮系中各轮齿数的确定

设计行星轮系时,轮系中各齿轮的齿数应满足以下四个条件。现以图 8-21 所示 2K-H 行星轮系为例加以说明。

1)满足传动比条件

因为

$$i_{1H} = 1 - i_{13}^H = 1 - (-\frac{z_3}{z_1}) = 1 + \frac{z_3}{z_1}$$

所以

$$\frac{z_3}{z_1}=i_{1H}-1 \quad 即\ z_3=(i_{1H}-1)z_1 \tag{8-10}$$

2）满足同心条件

行星轮系的三个基本构件的回转轴必须在同一轴线上，否则行星轮系将无法正常运转。根据这一条件从图 8-21（a）中容易看出：

$$r_3'=r_1'+2r_2'$$

式中：r_i'——i 齿轮的节圆半径（$i=1$、2、3）。

当轮系中的齿轮采用标准齿轮或等变位齿轮传动时，上式变为

$$r_3=r_1+2r_2$$

于是得

$$z_3=z_1+2z_2$$

即

$$z_2=\frac{z_3-z_1}{2} \tag{8-11}$$

3）满足均布条件

如图 8-24 所示，设需要在太阳轮 1、3 之间均匀装入 k 个行星轮，则安装相邻两个行星轮的系杆夹角 φ_H 应设计为 $\varphi_H=\dfrac{360°}{k}$。

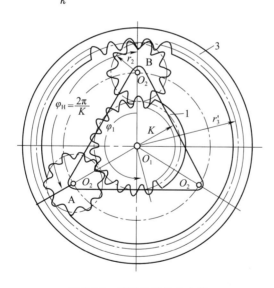

图 8-24　行星轮的均布安装

设先将第一个行星轮 A 装入时，太阳轮 1 正上方齿的中线正好对准固定太阳轮 3 正上方的一个内齿的中线（图 8-24），由于行星轮 B 的形状与行星轮 A 的形状是完全一样的，即是说：只有当太阳轮 1 正上方的轮齿中线对准太阳轮 3 正上方内齿轮轮齿中线时行星轮才能装入，这两条中线错位一点行星轮都是无法装入的。现将系杆转过 $\dfrac{360°}{k}$ 以便装入第二个行星轮 B。由于太阳轮 1 转过的角度 φ_1 与系杆 H 转过的角度 φ_H 有如下关系：

$$\frac{\varphi_1 - \varphi_H}{-\varphi_H} = -\frac{z_3}{z_1} \quad \text{即} \quad \varphi_1 = (1 + \frac{z_3}{z_1})\varphi_H = (1 + \frac{z_3}{z_1})\frac{360°}{k} \tag{8-12}$$

第二个行星轮 B 是否能装入要看系杆转过 φ_H 角后,太阳轮 1 正上方的轮齿中线这时是否正好对准太阳轮 3 正上方的轮齿中线。如果这两条中线刚好准确地在一条直线上,则第二个行星轮便能够装入。这就意味着:系杆转过 $\frac{360°}{k}$ 角,φ_1 应转过太阳轮 1 的齿距角(相邻两齿中线之间的夹角)的整数倍,即

$$\varphi_1 = \frac{360°}{z_1}n \quad (n \text{ 为正整数}) \tag{8-13}$$

式(8-12)与式(8-13)联立得

$$n\frac{360°}{z_1} = (1 + \frac{z_3}{z_1})\frac{360°}{k}$$

整理后可得

$$n = \frac{z_1 + z_3}{k} \tag{8-14}$$

上式说明,保证均布安装的必要条件是:两太阳轮的齿数和应能被行星轮的个数 k 整除。

由式(a)(b)和式(e),将式中的 z_2、z_3 用 z_1 表示,得 2K-H 型行星轮系设计的配齿公式:

$$z_1 : z_2 : z_3 : n = z_1 : \frac{(i_{1H} - 2)}{2}z_1 : (i_{1H} - 1)z_1 : \frac{i_{1H}}{k}z_1 \tag{8-15}$$

利用式(f)可以比较方便地确定 2K-H 行星轮系中各轮的齿数。例如,设计一个 2K-H 行星轮系,要求 $i_{1H} = \frac{20}{3}$,$k = 3$。从式(f)中最后一项得,$\frac{i_{1H}}{k}z_1 = \frac{20}{9}z_1 = n$,$n$ 应为正整数,故 z 可取 $9, 18, 27, \cdots$。若行星轮系中各轮齿采用标准齿轮,为了不产生根切,初选 $z_1 = 18$,则从式(f)中可求出 $z_2 = 42$,$z_3 = 102$。

4)满足邻接条件

行星轮的数量 k 值选择不当,会造成相邻两行星轮齿廓发生干涉而无法装入。在图 8-24 中,应保证两行星轮的中心距 $\overline{O_2O_2'}$ 大于两行星轮齿顶圆半径 r_{a2} 之和,即 $\overline{O_2O_2'} > d_{a2}$

对于标准齿轮传动,设太阳轮 1 的分度圆半径为 r_1,行星轮的分度圆半径为 r_2,齿轮的模数为 m,齿顶高系数为 h_a^*,由上式可得

$$2(r_1 + r_2)\sin\frac{180°}{K} > 2(r_2 + h_a^* m) \tag{8-16}$$

即

$$(z_1 + z_2)\sin\frac{180°}{k} > z_2 + 2h_a^*$$

在设计 2K-H 行星轮系时,可先用式(f)初步定出 z_1、z_2 和 z_3 后,再用式(g)进行检验。

若发生干涉则应重新进行设计。

对于图 8-21(c)所示的双联行星轮的行星轮系,经过类似的推导不难得出:

(1)传动比条件

$$\frac{z_2 z_3}{z_1 z_2'} = i_{1H} - 1$$

(2)同心条件。设各齿轮均为模数相同的标准齿轮,有

$$z_3 = z_1 + z_2 + z_2'$$

(3)均布条件

$$\frac{z_1 z_2' + z_2 z_3}{z_2' k} = n \quad (n \text{ 为正整数})$$

(4)邻接条件

$$(z_1 + z_2) \sin \frac{180°}{k} > z_2 + 2h_a^* \quad (\text{设 } z_2 > z_{2'})$$

8.7.3 行星轮系的均载装置

周转轮系的一个重要优点,就是能在两太阳轮间采用多个均布的行星轮来共同分担载荷。一般来说,随着行星轮数量的增多,每个行星轮所受的载荷减少,其几何尺寸可以设计得较小,结构更加紧凑,重量相对减轻。例如:在相同功率和转速条件下,四个行星轮的轮系中,每个行星轮的径向尺寸仅为单一行星轮的轮系中行星轮径向尺寸的一半。因此,具有四个行星轮的轮系,其几何尺寸也相应变小。同时,采用多个行星轮对称布置,对平衡轮系运动时行星轮及系杆运动产生的离心惯性力、减小轮齿上的应力也有一定的好处。但实际上,行星轮个数增多,也增加了系统的过约束。由于零件制造误差、安装误差等因素的影响,往往会出现各个行星轮负荷不匀的现象,即啮合传动间隙小的行星轮承受的负荷大、啮合传动间隙大的行星轮承受的负荷小,甚至个别行星轮还会出现不承受负荷的现象,从而降低了轮系的承载能力,影响了轮系运转的可靠性。此外,各轮受载的不均匀性也是轮系运转时产生振动和噪声的重要原因之一。为了尽可能减轻各行星轮受载不匀的现象,消除多个行星轮因过约束引起的过约束力对轮系的不利影响,提高轮系的承载能力,必须在结构上采取一定的措施,来保证每个行星轮上所受的载荷及轮齿在齿宽方向的分布载荷尽可能均匀。

在行星轮系的设计中常采用"柔性浮动"的方法,把轮系中某些构件设计成轴线可浮动的支承,或用弹性材料连接,当构件受载不均匀时,柔性或浮动构件便作柔性自位运动(即自动定位),直至几个行星轮的载荷自动调节趋于均匀分配为止。这种能自动调节各行星轮载荷的装置,称为均载装置。均载装置的类型很多,有的使太阳轮浮动,如图 8-25(a)所示,有的使行星轮浮动,如图 8-25(b)所示,还有的使行星架浮动等。各种均载装置均能不同程度地降低各行星轮受载不均的现象,它们各具优缺点,详见有关专著。

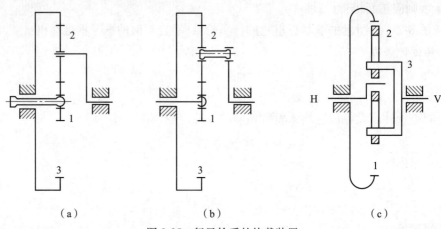

图 8-25　行星轮系的均载装置

知识链接

谐波齿轮传动是根据行星齿轮传动原理建立在弹性变形理论基础上的一种新型传动。它由三个主要构件组成：刚轮 1、柔轮 2 和波发生器 H，一般情况下，波发生器为主动件，柔轮为从动件，刚轮为固定件。波发生器 H 的外缘尺寸大于柔轮内孔直径，装入后柔轮即变成椭圆形，如图 8-26 所示。

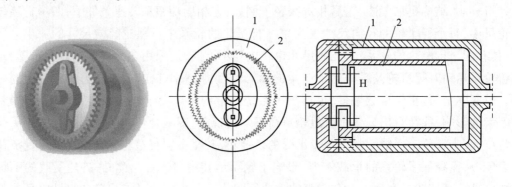

图 8-26　谐波齿轮传动
1—刚轮；2—柔轮

波发生器 H 转动时柔轮长轴轮齿啮合，短轴处脱开，当 H 转动一周，柔轮相对刚轮少啮合 (z_1-z_2) 个齿，即柔轮比原位少转 (z_1-z_2) 个齿距角，即要反转 $(z_1-z_2)/z_1$ 周。谐波齿轮传动的传动比可按下式计算：

$$i_{H2}=\frac{n_H}{n_2}=-\frac{1}{(z_1-z_2)/z_2}=-\frac{z_2}{(z_1-z_2)}$$

本章小结

为了满足不同的工作需要，将多个齿轮组合在一起使用，就形成了轮系。轮系主要有定轴轮系、周转轮系和复合轮系三种基本类型。

轮系有许多功用,包括分路传动、获得较大的传动比、变速传动、换向传动、运动的合成与分解、大功率传动等。

行星轮系的效率计算、类型选择和设计方法等方面与一对齿轮相比变得复杂,形成了自己的特点。

习 题

1. 判断题

(1)为了使行星轮系具有确定的运动,需要两个原动件。　　　　　　　　　(　)

(2)差动轮系是行星轮系的一种,它具有两个自由度。　　　　　　　　　　(　)

(3)轮系中,负号机构的效率一般高于正号机构的效率。　　　　　　　　　(　)

(4)复合轮系的传动比在计算之前需要先进行轮系分解。　　　　　　　　　(　)

(5)保证行星轮均布安装的必要条件是太阳轮的齿数应能被行星轮的个数整除。

　　　　　　　　　　　　　　　　　　　　　　　　　　　　　　　　(　)

2. 选择题

(1)差动轮系的自由度数为(　)。

A. 0　　　　　　　　B. 1　　　　　　　　C. 2　　　　　　　　D. 3

(2)请判断图 8-27 所示轮系为(　)。

A. 定轴轮系　　　　　　　　　　B. 行星轮系

C. 差动轮系　　　　　　　　　　D. 复合轮系

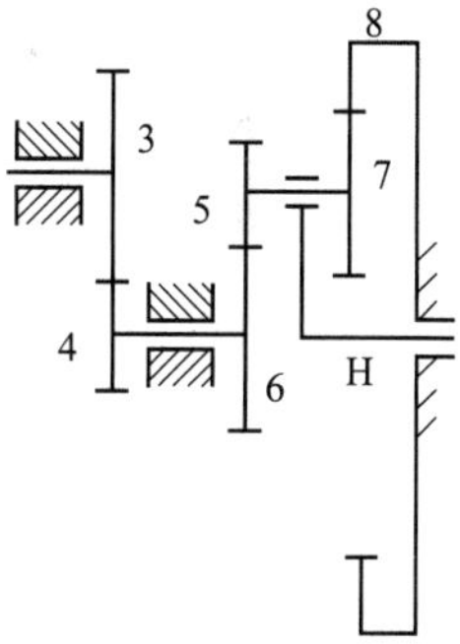

(3)计算平面定轴轮系的传动比时,可用 $(-1)^m$ 来确定轮系传动比的正负号,在这里,m 是指(　)。

A. 轮系中啮合齿轮的对数

B. 轮系中外啮合齿轮的对数

C. 轮系中内啮合齿轮的对数

D. 轮系中惰轮的个数

图 8-27

(4)轮系的应用十分广泛,但一般不用于实现(　)。

A. 分路传动　　　　　　　　　　B. 无级变速传动

C. 运动的合成与分解　　　　　　D. 大功率传动

(5)行星轮系可分为正号机构和负号机构两类,一般来说,负号机构常用于(　)。

A. 传动比较大、传动效率要求不高的机构中

B. 传动比较大、传动效率要求较高的机构中

C. 传动功率较大、传动效率要求较高的机构中

D. 传动功率较小、传动效率要求不高的机构中

3. 简答题

(1)在给定轮系主动轮的转向后,可用什么方法来确定定轴轮系从动件的转向? 周转轮

系中主、从动件的转向关系又用什么方法来确定?

(2)在计算行星轮系的传动比时,式 $i_{mH}=1-i_{mn}^H$ 只有在什么情况下才是正确的?

(3)何谓惰轮? 它在轮系中起什么作用?

(4)复合轮系的传动比如何计算? 为何必须将轮系划分为不同的部分才能求解,而不能就整个复合轮系直接求出?

(5)用转化轮系法计算行星轮系效率的理论基础是什么? 为什么说当行星轮系的速度很高时,用这种方法来计算行星轮系的效率会带来较大的误差?

(6)何谓正号机构? 何谓负号机构? 它们各有什么特点? 各适用于什么场合?

4. 计算题

(1) 已知图 8-28 所示轮系中各轮齿数,$z_1=30$,$z_4=z_5=21$,$z_2=24$,$z_3=z_6=40$,$z_7=30$,$z_8=90$,$n_1=960$ r/min,方向如图示,求 n_H 的大小和方向。

(2)在图 8-29 所示轮系中,已知 $z_1=60$,$z_2=15$,$z_3=18$,各轮均为标准齿轮,且模数相同。试确定 z_4 并计算传动比 i_{1H} 的大小及系杆 H 的转向。

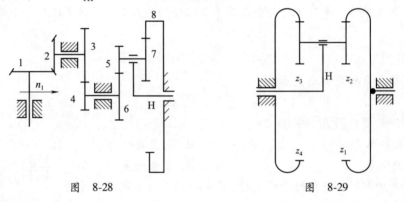

图 8-28   图 8-29

(3)在图 8-30 所示的电动三爪自定心卡盘传动轮系中,设已知各轮齿数为 $z_1=6$,$z_2=z_2'=25$,$z_3=57$,$z_4=56$,试求传动比 i_{14}。

(4)图 8-31 所示为两个不同结构的圆锥齿轮周转轮系,已知 $z_1=20$,$z_2=24$,$z_2'=30$,$z_3=40$,$n_3=-100$ r/min,$n_1=200$ r/min,求两轮系的 n_H。

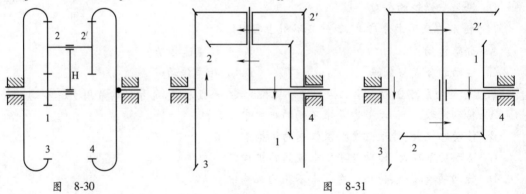

图 8-30   图 8-31

第9章 其他常用机构

主要内容

棘轮机构;槽轮机构;不完全齿轮机构;凸轮式间歇运动机构;螺旋机构;组合机构。

学习目的

(1)掌握棘轮机构和槽轮机构的工作特点、类型及应用和设计要点。
(2)了解不完全齿轮机构、凸轮间歇运动机构和螺旋机构的组成特点和应用。
(3)了解组合机构的组合方式、常见类型及应用。

引 例

电影已经有一个多世纪的历史了。它的广泛流传得益于人类视觉暂留性,即当人的眼睛看到一个图像后,会保留这个图像1/20秒。

1891年,爱迪生发明了活动电影放映机。1894年4月14日,纽约27街百老汇1155号霍兰兄弟(第一个商业电影院)举办了一场公开的活动电影放映机的商业放映。1894年10月17日,伦敦建立了第一个美国之外的使用活动电影放映机的放映厅。1895年,爱迪生发明有声活动电影机,这是一个将活动电影放映机和圆筒唱片留声机结合起来的设备。现代电影放映机如图9-1所示。

电影放映机的基本工作原理是这样的。成卷的影片由供片盘送到片窗照射以映出画面,并经还音部分使光学声带信号转换为声频电流。然后把放映过的影片再收卷起来。它由供、收片盒(或片臂)及供片、间歇、收片等输片齿轮,间歇运动机构、各种滑轮、片门和画幅调节装置等组成。窄胶片移动式放映机多用间歇抓片机构代替间歇输片齿轮。电影放映机的核心部分是间歇运动机构,它将连续转动变为间歇转动,并和遮

图9-1 现代电影放映机

光板相配合,使影片在光线通过时稳定地停留在片窗处,清晰地成像在银幕上;光线被遮住时快速拉下,以免露出影片移动时的痕迹。标准电影移动速度是24格/秒,为了减少闪烁效应,遮光板每格遮光两次,将闪烁频率提高到每秒48次。使用最广泛的间歇运动机构是马尔蒂十字车。

经过20世纪的漫长发展,电影放映机更加复杂了。20世纪20年代末,人们可以欣赏到

有声道的电影了。第一部彩色电影出现于 20 世纪 30 年代,20 世纪 40 到 50 年代期间又出现了一些新的处理方法,同时银幕格式也得到了发展。20 世纪 70 年代和 80 年代,自动化开始占主导地位,20 世纪 90 年代数字音响问世,同时 LCD 技术开始发展。

9.1 棘轮机构

9.1.1 棘轮机构的组成和工作原理

图 9-2 所示为外啮合棘轮机构。棘轮机构主要由主动棘爪 1、摆杆 2、棘轮 3、止回棘爪 4、弹簧 5 和机架 6 组成。通常以摆杆 2 为主动件、棘轮 3 为从动件。当摆杆 2 连同棘爪 1 逆时针转动时,主动棘爪进入棘轮 3 的相应齿槽,并推动棘轮 3 转过相应的角度。当摆杆 2 顺时针转动时,止回棘爪 4 阻止棘轮 3 顺时针转动,棘轮 3 保持静止;同时,主动棘爪 1 在棘轮齿顶上滑回原位。这样循环往复,实现将主动摆杆 2 的往复摆动转换为从动棘轮 3 的单向间歇转动。

9.1.2 棘轮机构的类型

按照结构特点,常用的棘轮结构可分为轮齿式和摩擦式两大类,而每类中又包括很多不同的结构形式。

1. 轮齿式(齿啮式)**棘轮机构**

这种棘轮机构在棘轮的外缘或内线上具有刚性的轮齿。

1)按照啮合方式分类

(1)外啮合棘轮机构。如图 9-2 所示,它的棘爪均安装在棘轮的外部。

(2)内啮合棘轮机构。如图 9-3 所示,它的棘爪均安装在棘轮的内部。

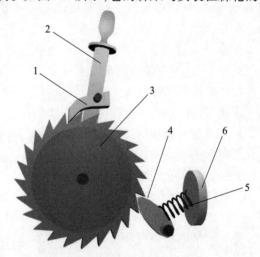

图 9-2　棘轮机构示意图

1—主动棘爪;2—摆杆;3—棘轮;4—止回棘爪;5—弹簧;6—机架

图 9-3　内啮合棘轮机构

图 9-4　棘条机构

2）按照运动形式分类

（1）单向式棘轮机构。如图 9-2 所示，当主动摆杆向一个方向摆动时，棘轮沿同一方向转过一定的角度；而当主动摆杆向反方向摆动时，棘轮则静止不动。

在图 9-2 中，当棘轮的半径无穷大时，棘轮就变为棘条，如图 9-4 所示，此时，当主动摆杆做往复摆动时，棘条单向间歇移动。

（2）双动式棘轮机构。如图 9-5 所示，主动摆杆上铰接有两个棘爪，在摆杆往复摆动一次的过程中，它通过两个棘爪能使棘轮沿同一方向间歇转动两次。

（3）双向式棘轮机构。如图 9-6 所示，双向式棘轮的轮齿一般做成梯形或矩形，通过改变棘爪的放置位置或方向，可改变棘轮的转动方向。例如，在图 9-6（a）中，当棘爪位于图 9-6（a）所示位置时，棘轮可以实现逆时针的单向间歇转动；当棘爪翻转到图 9-6（a）所示虚线位置时，棘轮沿顺时针方向做单向间歇转动。在图 9-6（b）中，当棘爪在图示位置时，棘轮将沿逆时针方向做单向间歇转动；若将棘爪提起并绕自身轴线转 180°后再放下，棘轮就可沿顺时针方向做单向间歇转动。所以，双向式棘轮机构的棘轮在正、反两个方向上都可以实现间歇转动。

图 9-5　双动式棘轮机构

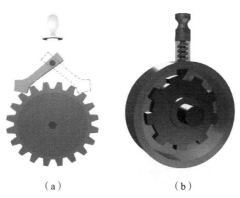

（a）　　　　　　　（b）

图 9-6　双向式棘轮机构

2. 摩擦式棘轮机构

摩擦式棘轮机构又可以分为两类：

（1）偏心楔块式棘轮机构。如图 9-7 所示，它的工作原理与轮齿式棘轮机构相同，只不过是用偏心扇形楔块 2 代替了棘爪，用摩擦轮 3 代替了棘轮。当主动摆杆 1 逆时针摆动时，偏心扇形楔块 2 在摩擦力的作用下楔紧摩擦轮 3，与之成为一体，从而使摩擦轮 3 也随之同向转动，这时止动楔块 4 打滑；当主动摆杆 1 顺时针摆动时，偏心扇形楔块 2 在摩擦轮 3 上打滑,此时止动楔块4楔紧,以防止摩擦轮3反转。这样,随着摆杆1的往复摆动,摩擦轮3便做单向间歇转动。

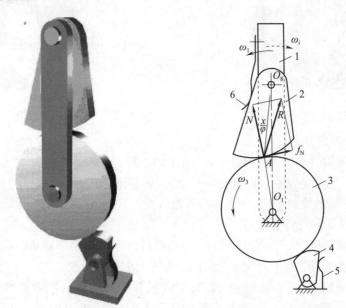

图 9-7 偏心楔块式棘轮机构

1—主动摆杆;2—偏心扇形楔块;3—摩擦轮;4—止动楔块;5、6—压紧弹簧

(2)滚子楔紧式棘轮机构。如图 9-8 所示,当套筒 1 逆时针转动时,由于摩擦力的作用使滚子 2 楔紧在套筒 1 和棘轮 3 之间的收敛狭隙处,使构件 1、3 成为一体而一起转动;当套筒 1 顺时针转动时,滚子 2 松开,构件 1、3 未楔紧在一起.则构件 3 静止不动。

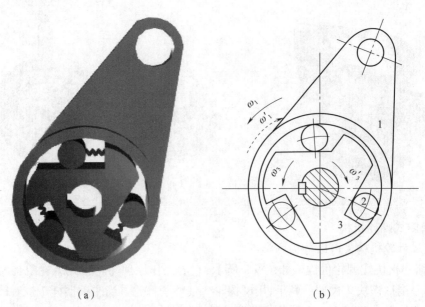

（a） （b）

图 9-8 滚子楔紧式棘轮机构

1—套筒;2—滚子;3—棘轮

9.1.3 棘轮机构的特点和应用

1）棘轮机构的特点

轮齿式棘轮机构的特点有：结构简单，制造方便，运动可靠，棘轮转角容易实现有级调整。棘爪在棘轮齿面滑过时，将引起噪声和冲击，在高速时更为严重；为了使棘爪能顺利地落入棘轮的齿槽内，主动摆杆的摆角要比棘轮运动的角度大，因而会产生一定的空程。

摩擦式棘轮机构的特点有：传递运动较平稳，无噪声，从动件的转角可作无级调整。难以避免打滑现象，所以运动的准确性较差，不能承受较大的载荷，不宜用于运动精度要求高的场合。

2）棘轮机构的应用

棘轮机构种类繁多，运动形式多样，在工程实际中得到了广泛的应用。

如图 9-9 所示的牛头刨床工作台的横向进给运动就是靠棘轮机构来实现的。运动首先由一对齿轮传给固联在大齿轮上的曲柄，再经连杆 1 带动摇杆 2 做往复摆动，摇杆上装有如图 9-6(b) 所示的双向式棘轮机构的棘爪 3，而双向式棘轮机构的棘轮 4 与丝杠固连，这样，当棘爪带动棘轮做单向间歇转动时，丝杠可使与工作台固连的螺母做间歇进给运动。如果改变曲柄的长度，就可以改变棘爪的摆角，以调节进给量。而如果将棘爪提起绕自身轴线转180°后放下，即改变棘爪的位置，就可以改变螺母的进给方向。

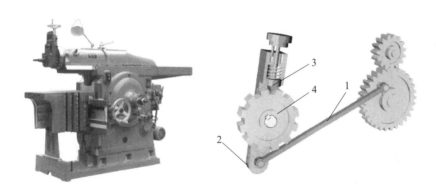

图 9-9 牛头刨床工作台的横向进给机构

1—连杆；2—摇杆；3—棘爪；4—棘轮

棘轮还被广泛低用作防止机械逆转的制动器中，这类棘轮制动器常用在卷扬机、提升机、运输机和牵引设备中。图 9-10 所示的卷扬机制动机构中卷筒 1、棘轮 2 和大带轮 3（被遮住）固连为一体，棘爪 4 和杆 5 调整好角度后紧固为一体，杆 5 端部与传动带导板 6 铰接。当传动带 7 突然断裂时，传动带导板 6 失去支撑而下摆，使棘爪 4 端齿与棘轮啮合，阻止卷筒 1 逆转，起到制动作用。

另外，棘轮机构在转位、计数器、起重机绞盘、分度机构中也有广泛的应用。

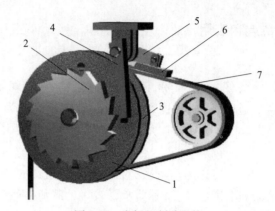

图 9-10　卷扬机制动机构

1—卷筒;2—棘轮;3—大带轮;4—棘爪;5—杆;6—传动带导板;7—传动带

☞ **特别提示**

棘轮每次转角和动停时间比可调,常用于机构工况经常改变的场合。

由于棘轮是在动棘爪的突然撞击下启动的,接触瞬间,理论上是刚性冲击。

9.1.4　轮齿式棘轮机构的设计要点

1. 棘轮齿形的选择

棘轮的齿形一般为不对称梯形。为了便于加工,当棘轮机构承受不大的载荷时,棘轮的轮齿可采用三角形结构。双向式棘轮机构,由于需要双向驱动,因而常采用矩形或对称梯形作为棘轮的齿形。

(1)不对称梯形齿。

不对称梯形齿强度较高,已经标准化,是最常用的一种齿形,如图 9-11(a)所示。

(2)直线形三角形齿。

这种齿形的齿顶尖锐,强度较低,用于小载荷场合,如图 9-11(b)所示。

(3)圆弧形三角形齿。

这种齿形较直线形三角形齿强度高,冲击也小一些,如图 9-11(c)所示。

(4)对称型矩形齿。

这种齿用于双向驱动的棘轮,如图 9-11(d)所示。

2. 棘轮机构的模数、齿数的确定

与齿轮一样,棘轮轮齿的有关尺寸也是用模数 m 作为计算的基本参数,可参考相关标准。

棘轮的齿数 z 一般是根据所要求的棘轮的最小转角 $\theta_{\min}$ 来确定的,即棘轮的齿距角 $\dfrac{2\pi}{z} \leqslant \theta_{\min}$,

则有 $z \geqslant \dfrac{2\pi}{\theta_{\min}}$。

3. 棘轮转角大小的调整

棘轮转角大小的调整方法通常有以下三种:

(1)装置棘轮罩。如图 9-12 所示的棘轮机构装置了棘轮罩 4,用以遮盖摆杆摆角范围内棘轮上的一部分齿,通过改变插销 6 在定位板 5 孔中的位置,可以调节棘轮罩遮盖的棘轮齿数。当摆杆逆时针摆动时,在前一部分行程内,棘爪先在棘轮罩上滑动而不与棘轮相接触,在后一部分行程内棘爪才嵌入棘轮的齿间推动棘轮转动,棘轮在摆杆摆角范围内被罩住的齿数越多,棘轮每次转动的角度就越小,从而达到调整棘轮转角大小的目的。

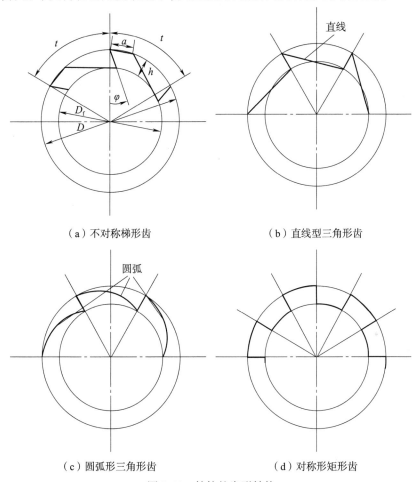

（a）不对称梯形齿　　　　　　　　（b）直线型三角形齿

（c）圆弧形三角形齿　　　　　　　（d）对称形矩形齿

图 9-11　棘轮的齿形结构

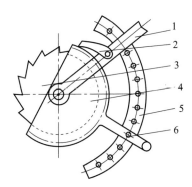

图 9-12　装置棘轮罩的棘轮机构
1—主动摆杆;2—棘爪;3—棘轮;4—棘轮罩;5—定位板;6—插销

（2）改变摆杆摆角。在图 9-13 所示的棘轮机构中,通过改变曲柄摇杆机构中曲柄侧的长度,可以改变摆杆摆角的大小,从而可调整棘轮转角的大小。

（3）多爪棘轮机构。如果要使棘轮每次转过的角度小于一个轮齿所对应的中心角 γ 时,可采用棘爪数为 n 的多爪棘轮机构。如图 9-14 所示为一个 $n=3$ 的棘轮机构,三个棘爪的位置依次错开 $\gamma/3$,当摆杆转角在 $\gamma/3 \leqslant \varphi_1 \leqslant \gamma$ 的范围内变化时,三个棘爪便依次落入齿槽。它们推动棘轮转动的相应角度为 $\gamma/3 \leqslant \varphi_2 \leqslant \gamma$ 范围内 $\gamma/3$ 的整数倍。

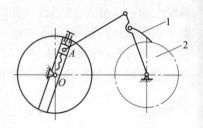

图 9-13　摆杆可调的棘轮机构
1—棘爪;2—棘轮

4. 齿面倾斜角的选取

在图 9-15 中,θ 为棘轮轮齿的工作齿面与径向线间的夹角,称为齿面倾斜角,L 为棘爪的长度,O_1 为棘爪的转动轴心,O_2 为棘轮的转动轴心,P 为啮合力的作用点。为了便于计算,设 P 点在棘轮的齿顶。在传递相同力矩的条件下,当 O_1 位于 $O_2 P$ 的垂线上时,棘爪轴受到的力最小。

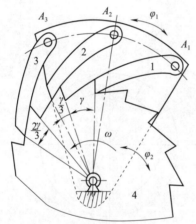

图 9-14　三爪棘轮机构
1,2,3—棘爪;4—棘轮

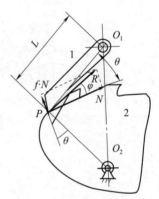

图 9-15　棘轮机构的受力分析
1—棘爪;2—棘轮

当棘爪与棘轮开始在齿顶的 P 点啮合时,棘轮工作齿面对棘爪的总反力 R 与法向反力 N 之间的夹角为摩擦角 φ,N 对 O_1 轴的力矩可使棘爪滑向棘轮的齿根,齿面摩擦力 fN 则阻止棘爪滑入棘轮的齿根。为了使棘爪在推动棘轮的过程中能始终压紧棘轮齿面并滑向齿根,则,N 对 O_1 轴的力矩应大于摩擦力 fN 对 O_1 轴的力矩,即

$$N\sin\theta > fNL\cos\theta \qquad (9\text{-}1)$$

式中:f——为棘爪与棘轮齿面间的摩擦因数。

由此得 $f < \tan\theta$,又因为 $f = \tan\varphi$,故有

$$\theta > \varphi \qquad (9\text{-}2)$$

由此可得棘爪顺利滑向齿根的条件为:棘轮齿面倾斜角 θ 应大于摩擦角 φ,即棘轮对棘爪的总反力 R 的作用线应在棘爪轴心 O_1 和棘轮轴心 O_2 之间穿过。

当材料的摩擦因数 $f = 0.2$ 时,$\varphi = 11°30'$,因此一般取 $\theta = 20°$。

9.2　槽轮机构

槽轮机构又称马耳他机构,也是一种常用的间歇运动机构,由槽轮、装有圆柱销的拨盘和机架组成。

9.2.1　槽轮机构的工作原理

如图 9-16 所示,主动拨盘 1 做匀速转动时,从动槽轮 2 做时转时停的间歇运动。当圆柱销 3 未进入轮槽时,槽轮静止。圆柱销进入轮槽时,锁止弧松开,槽轮转动;当圆柱销离开轮槽时,槽轮又被拨盘的外锁止弧卡住,槽轮静止。直到圆柱销在进入槽轮另一径向槽时,两者又重复上述的运动循环。

9.2.2　槽轮机构的类型

槽轮机构有两种类型:平面槽轮机构和空间槽轮机构。

1. 平面槽轮机构

这种槽轮机构用于传递平行轴的运动,它又有三种形式:一种是外槽轮机构,如图 9-16(a)所示,其槽轮上径向槽的开口从圆心向外,主动拨盘与从动槽轮的转向相反;另一种是内槽轮机构,如图 9-16(b)所示,其槽轮上径向槽的开口朝着圆心向内,主动拨盘与从动槽轮的转向相同。它们都具有传动较平稳、停歇时间短、所占空间小等特点;第三种是不等臂长多销槽轮机构,如图 9-16(c)所示,其特点是径向槽的径向尺寸不同,拨盘上圆柱销分布不均匀。槽轮转一周,可以实现动停时间均不相同的运动要求。

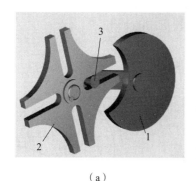
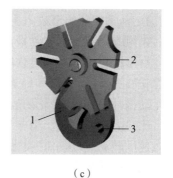

| （a） | （b） | （c） |

图 9-16　平面槽轮机构

1—主动拨盘;2—从动槽轮;3—圆柱销

2. 空间槽轮机构

这种槽轮机构用于传递两相交轴的运动,如图 9-17 所示为从动槽轮为球面的空间槽轮机构,从动槽轮呈半球形,主动拨盘和圆柱销的轴线都与槽轮的回转轴线交于槽轮的球心,当主动拨盘连续转动时,从动槽轮做间歇转动。其特点是:主动轮和圆柱销的轴线均通过球心;当只有一个圆柱销时,动停时间相等;当对称布置两个圆柱销时,可以实现连续转动。

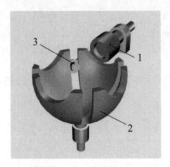

图 9-17 空间槽轮机构

1—主动拨盘；2—从动槽轮；3—圆柱销

图 9-18 蜂窝煤自动压制机结构模型示意图

9.2.3 槽轮机构的特点和应用

槽轮机构的优点是：结构简单，制造容易，能准确控制转角，工作可靠。

缺点是：槽轮机构在启动和停止时加速度变化大，有冲击，所以一般不宜用于高速转动的场合。内啮合槽轮机构的工作原理与外啮合槽轮机构一样。相比之下，内啮合槽轮机构比外槽轮机构运动平稳、结构紧凑。但是槽轮机构的转角不能调节，且运动过程中加速度变化比较大，所以一般只用于转速不高的定角度分度机构中。

槽轮机构在各种自动机械中应用很广泛，如用于电影放映机、自动机床、轻工机械、食品机械和仪器仪表中。图 9-18 为槽轮机构在蜂窝煤自动压制机中用作间歇机构。

9.2.4 槽轮机构的设计

槽轮机构的主要参数是槽数 z 和拨盘圆柱销数 k。槽轮机构的设计主要是根据运动要求，确定从动槽轮的槽数 z，主动拨盘上的圆柱销数 k 以及槽轮机构的基本尺寸。

1. 槽轮槽数 z 和主动拨盘上圆柱销数 k 的选取

由于槽轮的运动是间歇的，对于径向槽呈对称均布的槽轮机构，槽轮每转动一次和停歇一次便构成一个运动循环，在一个运动循环中，从动槽轮的运动时间 t_2 与主动拨盘的运动时间 t_1 之比，称为运动系数，用 τ 表示，即，$\tau = t_2/t_1$。当主动拨盘以等角速度转动时，这个时间比也可用转角比来表示。

在如图 9-19 所示的外槽轮机构中，为了避免或减轻槽轮在启动和停止时的冲击，圆柱销在进入或脱出径向槽时，径向槽的中心线与圆柱销中心的运动圆周应相切。如果设外槽轮上均布的径向槽的数目为 z，则当槽轮转动 $2\varphi_2$ 角度时，主动拨盘的转角 $2\varphi_1$ 的大小为

$$2\varphi_1 = \pi - 2\varphi_2 = \pi - \frac{2\pi}{z} \tag{9-3}$$

如果主动拨盘上只有一个圆柱销，当拨盘以等角速度转动

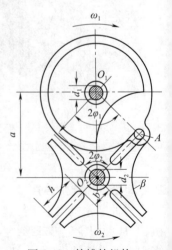

图 9-19 外槽轮机构

时,在一个运动循环中,拨盘的运动时间 t_1 与槽轮的运动时间 t_2 应分别对应拨盘的转角 2π 和槽轮运动时所对应的拨盘的转角 $2\varphi_2$,由此可以求出外槽轮机构的运动系数为

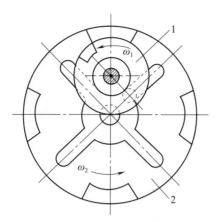

图 9-20　内槽轮机构

$$\tau = \frac{t_2}{t_1} = \frac{2\varphi_1}{2\pi} = \frac{\pi - 2\varphi_2}{2\pi} = \frac{\pi - \dfrac{2\pi}{z}}{2\pi} = \frac{z-2}{2z} \tag{9-4}$$

在一个运动循环内,槽轮停歇的时间 t_2' 可由 τ 值按下式求出,即

$$t_2' = t_1 - t_2 = t_1 - t_1\tau = t_1(1-\tau) \tag{9-5}$$

 特别提示

要使槽轮运动,必须使其运动时间 $t_2 > 0$,则根据式(9-4)可得:$z > 2$,即槽轮径向槽的数目应是 $z \geqslant 3$。这种槽轮机构的运动系数 $\tau < 0.5$,即这种槽轮机构的运动时间总小于其停歇时间。

如果主动拨盘上均匀分布着 k 个圆柱销,当拨盘转动一周时,槽轮将被拨动 k 次,则运动系数 τ 比只有一个圆柱销时增加 k 倍,所以

$$\tau = k\frac{t_2}{t_1} = k\frac{(z-2)}{2z} \tag{9-6}$$

这种槽轮机构可使 $\tau > 0.5$,但只有当 $\tau < 1$ 时,槽轮才能出现停歇,综合上式可得

$$k < \frac{2z}{z-2} \tag{9-7}$$

由式(9-7)可计算出槽轮槽数确定后所允许的圆柱销数。

2. 槽轮机构的角速度 ω_2 与角加速度 ε_2

图 9-21 为一个外槽轮机构在运动过程中某一瞬时的运动简图,此时从动槽轮的转角 φ_2 和主动拨盘的转角 φ_1 的关系为

$$\tan \varphi_2 = \frac{\overline{AB}}{\overline{O_2B}} = \frac{R\sin \varphi_1}{a - R\cos \varphi_1} \tag{9-8}$$

式中:R——拨盘上圆柱销中心的回转半径;

　　a——拨盘与槽轮的中心距。

令 $\lambda=\dfrac{R}{a}$ 并带入上式,经整理可得

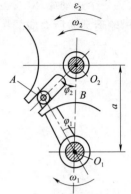

$$\varphi_2 = \arctan \frac{\lambda \sin \varphi_1}{1-\lambda \cos \varphi_1} \qquad (9\text{-}9)$$

槽轮的角速度 ω_2 为其转角 φ_2 对时间的一阶导数,即

$$\omega_2 = \frac{\mathrm{d}\varphi_2}{\mathrm{d}t} = \frac{\lambda(\cos \varphi_1-\lambda)}{1-2\lambda\cos \varphi_1+\lambda^2}\omega_1 \qquad (9\text{-}10)$$

当拨盘做匀速转动,即角速度 ω_1 为常数时,槽轮的角加速度 ε_2 为

$$\varepsilon_2 = \frac{\mathrm{d}\omega_2}{\mathrm{d}t} = \frac{\lambda(\lambda^2-1)\sin \varphi_1}{(1-2\lambda\cos \varphi_1+\lambda^2)^2}\omega_1^2 \qquad (9\text{-}11)$$

图 9-21 外槽轮机构运动简图

为了避免运动过程中圆柱销在进入或脱出槽轮径向槽的瞬时产生冲击,此时圆柱销中心的运动方向应与槽轮径向槽的中心线相切,可得关系式:

$$\lambda = \frac{R}{a} = \sin \varphi_2 = \sin \frac{\pi}{z} \qquad (9\text{-}12)$$

将其带入式(9-10)、式(9-11)得

$$\omega_2 = \frac{\mathrm{d}\varphi_2}{\mathrm{d}t} = \frac{\sin \dfrac{\pi}{z}\left(\cos \varphi_1-\sin \dfrac{\pi}{z}\right)}{1-2\sin \dfrac{\pi}{z}\cos \varphi_1+\left(\sin \dfrac{\pi}{z}\right)^2}\omega_1 \qquad (9\text{-}13)$$

$$\varepsilon_2 = \frac{\mathrm{d}\omega_2}{\mathrm{d}t} = \frac{\sin \dfrac{\pi}{z}\left[\left(\sin \dfrac{\pi}{z}\right)^2-1\right]\sin \varphi_1}{\left[1-2\sin \dfrac{\pi}{z}\cos \varphi_1+\left(\sin \dfrac{\pi}{z}\right)^2\right]^2}\omega_1^2 \qquad (9\text{-}14)$$

由上面两式可知,当拨盘的角速度 ω_1 为常数时,槽轮的角速度 ω_2 和角加速度 ε_2 均为槽轮槽数 z 和拨盘转角 φ_1 的函数。

槽轮机构的运动和动力特性通常可以用 $\dfrac{\omega_2}{\omega_1}$ 和 $\dfrac{\varepsilon_2}{\omega_1^2}$ 来衡量。图 9-22 给出了槽数为 4 和 8 时,外槽轮机构的 $\dfrac{\omega_2}{\omega_1}$ 和 $\dfrac{\varepsilon_2}{\omega_1^2}$ 随拨盘转角 φ_1 的变化曲线。从图中可看出,槽轮运动的角速度和角加速度的最大值随槽数的减小而增大。

图 9-23 为槽数为 4 和 8 时,内槽轮机构的 $\dfrac{\omega_2}{\omega_1}$

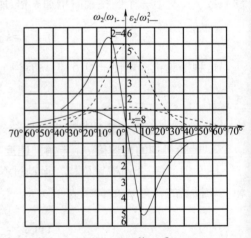

图 9-22 外槽轮机构的 $\dfrac{\omega_2}{\omega_1}$ 和 $\dfrac{\varepsilon_2}{\omega_1^2}$ 变化曲线

和 $\dfrac{\varepsilon_2}{\omega_1^2}$ 随拨盘转角 φ_1 的变化曲线。通过与图(9-22)对比可看出,内槽轮机构的动力性能比外槽轮机构要好得多。

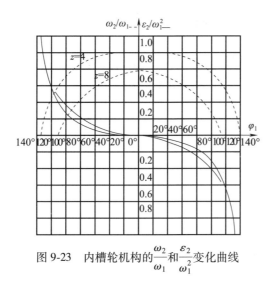

图 9-23　内槽轮机构的 $\dfrac{\omega_2}{\omega_1}$ 和 $\dfrac{\varepsilon_2}{\omega_1^2}$ 变化曲线

☞ **特别提示**

槽轮槽数越少,角加速度变化越大,运动平稳性越差,所以设计时槽轮的槽数不应选得太少,但也不宜太多,因为在尺寸不变的情况下,槽轮的槽数受到结构强度的限制。

在外槽轮机构中,当槽数 $z=3$ 时,槽轮的加速度变化大,运动平稳性差,因此在设计中大多选 $z=4$、8。

3. 设计槽轮时应注意的事项

(1)运动系数 τ 应大于零,故槽轮的槽数 z 应大于或等于 3。

(2)运动系数 τ 将随着 z 的增加而增加。

(3)对于 $k=1$ 的单销外槽轮机构,$\tau<0.5$。若要求 $\tau>0.5$,应增加圆销数 k。

(4)当要求拨盘转一周的时间内,槽轮 k 次停歇的时间不相等,则可将圆销不均匀地分布在主动拨盘等径的圆周上。若还要求拨盘转一周过程中槽轮 k 次运动时间也互不相等时,则还应使各圆销中心的回转半径也互不相等。

9.3　不完全齿轮机构

9.3.1　不完全齿轮机构的组成和工作原理

不完全齿轮机构是由普通渐开线齿轮机构演变而来的一种间歇运动机构,它与普通齿轮机构相比,最大区别在于轮齿没有布满整个圆周,如图 9-24 所示,主动轮 1 为只有一个齿或几个齿的不完全齿轮,从动轮 2 可以是普通的完整齿轮,也可以由正常齿和带锁止弧的厚齿彼此相间地组成。当两轮的轮齿部分相啮合时,从动轮 2 就转动,其运动规律则相当于渐开线齿轮传动;当主动轮上的外凸锁止弧 s_1 和从动轮上的内凹锁止弧 s_2 相接触时,可使主动轮保持连续转动而从动轮静止不动;因而当主动轮连续转动时,从动轮获得时转时停的间歇运动。

9.3.2 不完全齿轮机构的类型

与齿轮传动相类似,不完全齿轮机构也分为外啮合不完全齿轮机构(图 9-24)、内啮合不完全齿轮机构(图 9-25)、不完全齿轮齿条机构(图 9-26)和空间不完全齿轮机构(图 9-27)。

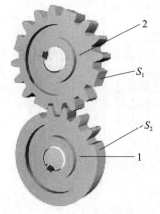

图 9-24　不完全齿轮机构　　　　　图 9-25　内啮合不完全齿轮机构

1—主动轮;2—从动轮;S_1—外凸锁止弧;S_2—内凹锁止弧

图 9-26　不完全齿轮齿条机构　　　　图 9-27　空间不完全齿轮机构

9.3.3 不完全齿轮机构的啮合过程

不完全齿轮机构的主动轮齿数是指主动轮上两锁止弧之间的齿数,用 z_1 表示。

1. 主动轮齿数 $z_1 = 1$ 的啮合过程

如图 9-28 所示,其啮合过程可以分为前接触段 EB_2、正常啮合段 B_2B_1 和后接触段 B_1D 三个阶段。

(1)前接触段 EB_2。如图 9-28 所示,当主动轮 1 的齿廓与从动轮 2 的齿顶在 E 点接触时(E 点不在啮合线上),主动轮开始推动从动轮转动,从动轮的齿顶在主动轮的齿廓上滑动,两轮的接触点沿着从动轮的齿顶圆移动,直至 B_2 点为止,B_2 点为从动轮的齿顶圆与啮合线的交点。在此过程中,从动轮的角速度大于正常角速度值 ω_2。

（2）正常啮合段 B_2B_1。当两轮的接触点到达 B_2 点后,随着主动轮的继续转动,同普通渐开线齿轮啮合一样,此时两轮作定传动比传动,啮合点沿着啮合线 $\overline{B_2B_1}$ 移动,直至 B_1 点为止,B_1 点为主动轮的齿顶圆与啮合线的交点。在此过程中,从动轮的角速度等于正常角速度值 ω_2。

（3）后接触段 B_1D。当两轮的接触点到达 B_1 点后,随着主动轮的继续转动,主动轮的齿顶沿着从动轮的齿廓向从动轮的齿顶滑动,而两轮的接触点沿着主动轮的齿顶圆移动,直至 D 点为止,D 点为两轮齿顶圆的交点。在此过程中,从动轮的角速度小于正常角速度值 ω_2。

此后,随着主动轮的继续转动,从动轮将停歇不转,直至从动轮转过一个齿顶厚所对应的中心角后,这对齿才互相脱离接触。

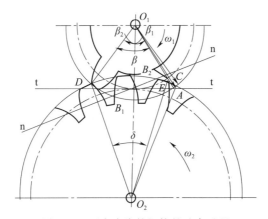

图 9-28　不完全齿轮机构的啮合过程

2. 主动轮齿数 $z_1>1$ 的啮合过程

主动轮上的第一个轮齿（又称为首齿）的前接触段与上述主动轮齿数 $z_1=1$ 的前接触段情况相同;当主动轮上的首齿与从动轮的接触点到达 B_2 点后,两轮做定传动比传动,以后的各对齿的传动都与普通渐开线齿轮传动相同;当主动轮上最后一个轮齿（又称为末齿）与从动轮的啮合点到达 B_1 点时,由于无后续齿轮进入啮合,因此随后的啮合情况与上述的 $z_1=1$ 的后接触段的情况相同。由此可见,主动轮齿数 $z_1>1$ 的不完全齿轮的啮合过程可看作是主动轮齿数 $z_1=1$ 的不完全齿轮和齿数为 z_1-1 的普通渐开线齿轮与从动轮啮合的组合。

9.3.4　不完全齿轮机构的特点及应用

与其他间歇运动机构相比,不完全齿轮机构结构简单,主动轮转动一周时,其从动轮的停歇次数、每次停歇的时间和每次转动的角度等的变化范围大,因而设计灵活。

与普通渐开线齿轮机构一样,当主动轮匀速转动时,其从动轮在运动期间也保持匀速转动,但在从动轮运动开始和结束时,即进入啮合和脱离啮合的瞬时,速度是变化的,故存在冲击。因此,不完全齿轮机构一般只用于低速、轻载的场合,如用于计数器、电影放映机和某些进给机构中。

9.3.5 不完全齿轮机构的设计要点

1. 主动轮首、末齿的齿顶高需要降低

在不完全齿轮机构的啮合传动中,前接触段的起始点 E 与从动轮的停歇位置有关,如图 9-29 所示 I 中的虚线齿廓所示,当两轮的齿顶圆的交点 C' 位于从动轮上第一个正常齿的齿顶尖 C 点的右面时,即 $\angle C'O_2O_1 > \angle CO_2O_1$,主动轮的齿顶齿廓被从动轮的齿顶齿廓挡住,不能进入啮合,从而发生齿顶干涉。为了避免干涉,可以将主动轮的首齿齿顶降低,使两轮的齿顶圆交点正好在 C 点或在 C' 点的左面,当主动轮的首齿齿廓修正为图 9-29 中的 I 放大图实线所示形状时,其齿顶圆与从动轮的齿顶圆正好交于 C 点,首齿使能顺利进入啮合。

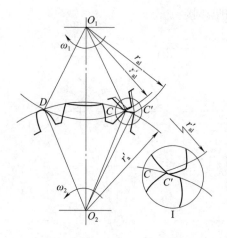

图 9-29　不完全齿轮机构的齿廓修正

不完全齿轮机构的主动轮除了首齿齿顶应降低外,其末齿齿顶也应降低,而其余各齿保持标准齿高,但从动轮的齿顶高不降低。主动轮末齿修正的原因是:从动轮每次停歇时均应停在预定的位置上,而从动轮锁止弧的停歇位置取决于主动轮末齿的齿顶圆与从动轮齿顶圆的交点 D,为了使机构在反转时也不发生干涉,要求 D 点和 C 点必须对称于两轮的连心线 O_1O_2,因此主动轮首、末两齿的齿顶高应作相同的降低。图 9-29 中的圆弧 CD 是主动轮首、末两齿做相同修正后的齿顶圆,在实际使用中,为了确保齿顶不发生干涉,主动轮首、末齿的修正量应略大于图中的情况。

主动轮首、末两齿的齿顶高降低后,其重合度也相应减小,如果重合度 $\varepsilon < 1$,则表明当主动轮首齿的齿顶尖已到达啮合线上的 B_1 点时,第二对齿尚未进入啮合线上的 B_2 点,所以从动轮的角速度又一次产生突变,引起第二次冲击。为了避免第二次冲击,需要保证首齿工作时的重合度 $\varepsilon \geqslant 1$,其校核方法与普通渐开线齿轮相同。

2. 从动轮的运动时间 t_2 和停歇时间 t_2' 的计算

在不完全齿轮机构的传动中,从动轮的运动时间和停歇时间可分下面两种情况来求:

(1) 主动轮的齿数 $z_1 = 1$。设主动轮匀速转动,当主动轮转动 $\beta = \beta_1 + \beta_2$ 角度时,从动轮相应转过的角度为 δ,如图 9-28 所示,从动轮的运动时间 t_2 为

$$t_2 = \frac{\beta_1 + \beta_2}{2\pi} t_1 \tag{9-15}$$

从动轮的停歇时间 t_2'：

$$t_2' = \left(1 - \frac{\beta_1 + \beta_2}{2\pi}\right) t_1 \tag{9-16}$$

式中：$\beta = \beta_1 + \beta_2$——从动轮从开始转动到终止转动期间主动轮所转过的角度；

$\qquad t_1$——主动轮转一周所需要的时间。

（2）主动轮的齿数 $z_1 > 1$。在这种情况下，从动轮的运动时间和停歇时间只需要在式（9-15）和（9-16）中加上相当于正常齿轮啮合的 $z_1 - 1$ 个齿的啮合时间即可，即

从动轮运动时间：

$$t_2 = \left(\frac{\beta_1 + \beta_2}{2\pi} + \frac{z_1 - 1}{z_1'}\right) t_1 \tag{9-17}$$

从动轮停歇时间：

$$t_2' = \left[1 - \left(\frac{\beta_1 + \beta_2}{2\pi} + \frac{z_1 - 1}{z_1'}\right)\right] t_1 \tag{9-18}$$

式中：z_1'——主动轮假想齿数，即轮齿布满主动轮节圆时的齿数。

☞ **特别提示**

当主动轮的末齿修顶后将影响转角 β，从而影响从动轮的运动时间和停歇时间。

3. 具有瞬心线附加杆的不完全齿轮机构

当主动轮匀速转动时，不完全齿轮机构的从动轮在运动期间也保持匀速转动，但是当从动轮由停歇而突然到达某一转速，以及由某一转速突然停止时都会像等速运动规律的凸轮机构那样产生刚性冲击。因此，对于转速较高的不完全齿轮机构，可在两轮的端面分别装上瞬心线附加杆 L 和 K（图 9-30），使从动件的角速度由零逐渐增加到某一数值从而避免冲击。加瞬心线附加杆后，ω_2 的变化情况如图 9-31 中虚线所示。

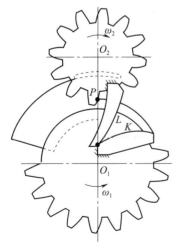

图 9-30　具有瞬心线附加杆的不完全齿轮机构　　图 9-31　不完全齿轮机构从动轮转速 ω_2 变化情况

9.4 凸轮间歇运动机构

凸轮式间歇运动机构是一种空间凸轮机构,也称为分度凸轮机构,它是 20 世纪中叶以后才发展起来的新型间歇运动机构,它是由主动凸轮、从动盘和机架组成的一种高副机构。如图 9-32 所示为一圆柱凸轮间歇运动机构,当凸轮连续转动时,转盘实现单向间歇转动,通过合理设计凸轮的廓线,可以减小动载荷和避免冲击,适用于高速运转的场合。

9.4.1 凸轮式间歇运动机构的组成和工作原理

图 9-33 所示为分度凸轮机构中应用最广泛的一种类型——蜗杆分度凸轮机构,现以其为代表来具体介绍分度凸轮机构的组成和工作原理。其中主动凸轮 1 和从动盘 2 的轴线相互垂直交错。凸轮上有一条凸脊,看上去像一个蜗杆,从动盘 2 的圆柱面上均匀分布着圆柱销(滚子)3,如同蜗轮的齿。如果凸脊沿着一条螺旋线布置,那么凸轮连续转动时就带动从动盘像蜗轮那样连续转动。但凸轮上的凸脊经过这样的设计:当凸轮连续转动时,使从动盘做间歇运动。从动盘上的滚子可以绕其自身轴线转动,这样可以减小凸轮面和滚子之间的滑动摩擦。两轴之间的中心距可以作微量调整,消除凸轮轮廓面和滚子之间的间隙,实现"预紧",这样不但可以减小由于间隙原因造成的冲击,而且在从动盘停歇时可以得到精确的定位。

图 9-32 圆柱凸轮间歇运动机构

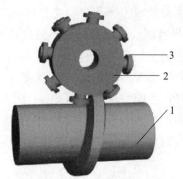

图 9-33 蜗杆分度凸轮间歇运动机构
1—主动凸轮;2—从动盘;3—圆柱销(滚子)

9.4.2 凸轮式间歇运动机构的类型

除了蜗杆分度凸轮运动机构外,还有圆柱分度凸轮运动机构和平行分度凸轮运动机构两种类型。

圆柱分度凸轮运动机构如图 9-32 所示。其滚子分布在从动盘的端面上,它和圆柱凸轮没有本质的区别。由于在从动盘上可以布置较多的滚子,圆柱分度凸轮运动机构可以实现较大的分度数,但它难以实现预紧。

图 9-34 为平行分度凸轮运动机构。在主动轴上装有一对共轭平面凸轮 1 和 1′,在从动盘 2 的两个端面上装有均匀分布的两组滚子 2′和 2″。两片共轭凸轮分别和两组滚子接触,

凸轮突起部分的曲线轮廓可以推动从动盘转动,凸轮的圆弧部分卡在两个滚子之间可实现停歇时的定位。平行分度凸轮可实现"一分度",即凸轮转过一周,从动盘也转过一周,并停歇一段时间。这种一分度机构应用在压制纸盒的模切机送进系统中。

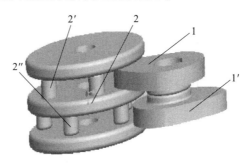

图 9-34　平行分度凸轮运动机构

1,1′—共轭凸轮;2—从动盘;2′,2″—滚子

三种分度凸轮机构的特性比较和应用场合见表 9-1。

表 9-1　各种凸轮间歇式运动机构的特性比较

机构类型	蜗杆分度凸轮运动机构	圆柱分度凸轮运动机构	平行分度凸轮运动机构
两轴线相对位置	垂直交错	垂直交错	平行
分度数 n	一般 3~12,最大可达 48	一般 6~24,也有用到 64	一般 1~8,最大不超过 16
凸轮最高转速(r/min)	一般不超过 1 000,制造精良的最大可达 3 000	最大 300	最大 1 000
预紧情况	易于预紧	不易预紧	易于预紧
分度精度	10°~20°	15°~30°	15°~30°
刚性	高	一般	一般
适用场合	高速,中、重载,高精度	中、低速,中、轻载	中、高速,轻载

9.4.3　凸轮式间歇运动机构的特点和应用

凸轮式间歇机构具有如下特点:

(1)运转可靠,转位准确。

(2)无须另加定位装置,而且定位可靠。

(3)凸轮间歇机构的分度数决定了滚子数目,而动停比则取决于凸轮廓线设计,二者之间没有确定的关系,因此设计者有较大的设计自由度。

(4)通过从动盘运动规律的合理设计,可减小动载荷和冲击,因此它的运转速度可以比棘轮机构和槽轮机构高很多。蜗杆式分度凸轮的转速已达 3 000 r/min。

因此,凸轮间歇运动机构被公认为当前最理想的高速、高精度的间歇运动机构。它在许多场合正逐渐取代棘轮机构和槽轮机构,已经在高速冲床、加工中心、模切机、多色印刷机、包装机和许多轻工自动机械中得到应用,而且会得到越来越广泛的应用。我国从 20 世纪 80 年代开始研制、生产这类机构。一些分度凸轮机构已经实现设计的系列化,并像齿轮减速器那样作为单独的部件在专门的工厂生产。机器的设计者只要根据分度数、动停比和其他要求选用或订货即可。

9.4.4 凸轮式间歇运动机构的设计要点

凸轮式间歇运动机构的设计比槽轮机构复杂,具体设计步骤和公式可参阅有关机械设计手册。这里只扼要地介绍几个重要问题。

1)机构类型的选择

选择机构类型时要考虑到多种因素:要注意到轴间的相对位置、分度数、速度高低和载荷大小,以及定位精度的要求等,可参考表 9-1 选择。

2)运动系数的确定

运动系数的确定主要取决于机器的工艺要求。如果设计者有在一定范围内选择的自由,则要注意当运动周期 T 确定以后,运动系数越大,转位时间越长,从动盘的速度和加速度就越小,对改善系统的动态性能就越有利。各种分度凸轮机构的运动系数选取范围见表 9-2。

表 9-2 凸轮间歇式运动机构的运动系数

机构类型	蜗杆分度凸轮运动机构	圆柱分度凸轮运动机构	平行分度凸轮运动机构
常用运动系数范围	0.25~0.83	0.33~0.50	0.25~0.75

3)从动件运动规律的选择

分度凸轮机构的从动件在转位期间的运动规律选择是从动力学角度考虑的,常采用简谐梯形组合运动规律。

9.5 螺旋机构

9.5.1 螺旋机构的组成及特点

1. 螺旋机构的组成

螺旋机构是由螺杆、螺母和机架组成,如图 9-35 所示。通常它是将旋转运动转换为直线运动。但当导程角大于当量摩擦角时,它还可以将直线运动转换为旋转运动。

2. 螺旋机构的特点

螺旋机构的主要优点:能获得很大的减速比和力的增益;选择合适的螺旋机构导程角,可获得机构的自锁性。主要缺点:效率较低,特别是具有自锁性的螺旋机构效率低于 50%。因此,螺旋机构常用于起重机、压力机以及功率不大的进给系统和微调装置中。

9.5.2 螺旋机构的运动分析

在图 9-36 所示的简单螺旋机构中,当螺杆 1 转过角度 φ 时,螺母 2 沿其轴向移动的距离 s 为

$$s = \frac{l\varphi}{2\pi}$$

(9-19)

式中：l——螺旋的导程，mm。

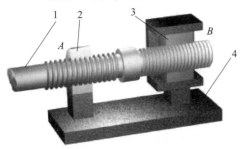
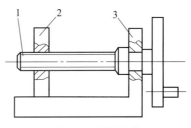

图 9-35　螺旋机构
1—螺杆；2—固定螺母；3—活动螺母；4—机架

图 9-36　螺旋机构
1—螺杆；2—螺母；3—机架图

1. 微动螺旋机构

在图 9-35 所示的螺旋机构中，螺杆 1 的 A 段螺旋在固定螺母 2 中转动，而 B 段螺旋在移动螺母 3 中转动。设其螺旋导程分别为 l_A、l_B，且两端螺旋的旋向相同（即同为左旋或右旋），则当螺杆 1 转过角度 φ 时，活动螺母 3 的位移 s 为

$$s=\frac{(l_A-l_B)\varphi}{2\pi} \tag{9-20}$$

因 l_A、l_B 相差很小时，位移 s 可以很小，故这种螺旋机构称为微动螺旋机构。此种机构常用于测微计、分度机构及调节机构中。图 9-37 所示为用于调节镗刀进刀量的微动螺旋机构。

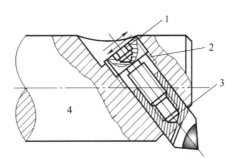

图 9-37　调节镗刀进刀量螺旋机构
1—微调螺旋；2—与镗杆固结的旋母；3—镗刀；4—镗杆

2. 复式螺旋机构

若图 9-35 所示螺旋机构的两段螺旋的旋向相反，则称其为复式螺旋机构。螺母 3 的位移 s 为

$$s=\frac{(l_A+l_B)\varphi}{2\pi} \tag{9-21}$$

此种螺旋机构常用于零部件的连接。

9.5.3　螺旋机构的设计要点

螺旋设计的关键是选择确定合适的螺旋导程角、导程及头数等参数。根据不同的工作

要求,螺旋机构应选择不同的几何参数。若要求螺旋具有自锁性或具有较大的减速比(微动)时,宜选用单头螺旋、较小的导程及导程角,但效率较低。若要求传递大的功率或快速运动的螺旋机构时,宜采用具有较大导程角的多头螺旋。

9.6 组合机构

在工程实际中,对于比较复杂的运动变换,单一的基本机构往往由于其本身所固有的局限性而无法满足多方面的要求。因而,常把若干种基本机构用一定方式连接起来成为组合机构,以便得到单个基本机构所不能有的运动性能。机构的组合是发展新机构的重要途径之一。

9.6.1 组合机构的概念、特点和应用

所谓组合机构,并不是几个基本机构的一般串联形成的机构系统,而往往是一种封闭式的传动机构。所谓封闭式传动机构,是指用一个机构去约束或影响另一个多自由度机构所形成的封闭式传动系统,使其不仅具有确定的运动,而且可使从动件具有更为多样化的运动形式或运动规律。

组合机构不仅能满足多种设计要求,而且能综合应用和发挥各种基本机构的特点,甚至能产生基本机构所不具有的运转特性和运动形式,以及更为多样的运动规律。

组合机构多用于来实现一些特殊的运动轨迹或获得特殊的运动规律,广泛地应用于纺织、印刷和轻工业等生产部门。

9.6.2 机构的组合方式

在机构组合系统中,单个的基本机构称为组合系统的子机构。常见的机构组合方式主要有以下几种。

1. 串联式组合

在机构组合系统中,若前一级子机构的输出构件即为后一级子机构的输入构件,则这种组合方式称为串联式组合。如图 9-38(a)所示的机构就是这种组合方式的一个例子,可用图 9-38(b)所示的框图来表示。

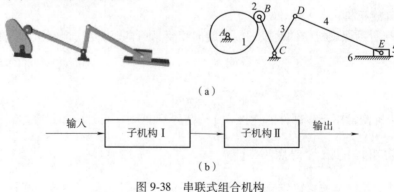

(a)

(b)

图 9-38 串联式组合机构

2. 并联式组合

在机构组合系统中,若几个子机构共用同一个输入构件,而它们的输出运动又同时输入给一个多自由度的子机构,从而形成一个自由度为 1 的机构系统,则这种组合方式称为并联式组合,如图 9-39 所示。

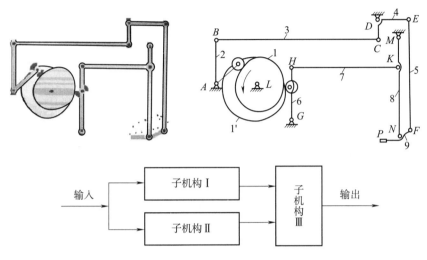

图 9-39　并联式组合机构

3. 反馈式组合

在机构组合系统中,若其多自由度子机构的一个输入运动是通过单自由度子机构从该多自由度子机构的输出构件回授的,则这种组合方式称为反馈式组合。

图 9-40 所示的精密滚齿机中的分度校正机构就是这种组合方式的一个实例。图中蜗杆 1 除了可绕本身的轴线转动外,还可以沿轴线移动,它和蜗轮 2 组成一个自由度为 2 的蜗杆蜗轮机构(子机构 I);凸轮 2′和推杆 3 组成自由度为 1 的移动滚子从动件盘形凸轮机构(子机构 II)。其中,蜗杆 1 为主动件,凸轮 2′和蜗轮 2 为一构件。蜗杆 1 的一个输入运动(沿轴线方向的移动)就是通过凸轮机构从蜗轮 2 回授的。

4. 复合式组合机构

组合系统中,若由一个或几个串联的基本机构去封闭一个具有两个或多个自由度的基本机构,则这种组合方式称为复合式组合。

图 9-41 所示的凸轮—连杆组合机构就是这种组合方式的一个实例。在这种组合方式中,各基本机构有机连接,互相依存,它与串联式组合和并联式组合既具有共同之处,又有不同之处。图 9-41 中,构件 1、4 、5 组成自由度为 1 的凸轮机构(子机构 I),构件 1、2、3、4、5 组成自由度为 2 的五杆机构(子机构 II)。当构件 1 为主动件时,C 点的运动是构件 1 和构件 4 运动的合成。与串联式组合相比,其相同之处在于子机构 I 和子机构 II 的组成关系也是串联关系,不同的是,子机构 II 输入运动并不完全是子机构 I 的输出运动;与并联式组合相比,其相同之处在于 C 点的输出运动也是两个输入运动的合成,不同的是,这两个输入运动一个来自子机构 I,而另一个来自主动件。

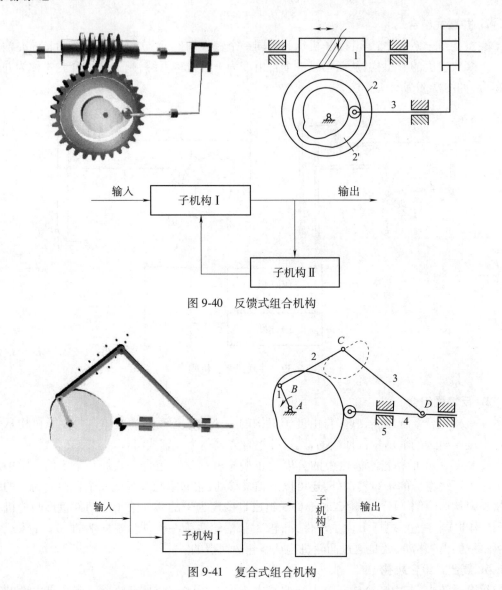

图 9-40　反馈式组合机构

图 9-41　复合式组合机构

9.6.3　组合机构的类型

组合机构的类型多种多样,在此着重介绍几种常用组合机构的特点和功能。

1. 凸轮—连杆组合机构

凸轮—连杆组合机构多是由自由度为 2 的连杆机构和自由度为 1 的凸轮机构组合而成。利用这类组合机构可以比较容易地实现从动件的多种复杂的运动轨迹或运动规律,因此在工程实际中得到广泛应用。

1)实现复杂运动轨迹的凸轮—连杆组合机构

如图 9-42 所示的平板印刷机上的吸纸机构中,采用凸轮—连杆组合机构,吸纸盘 P 可以走出一个矩形轨迹,以完成吸纸和送纸等动作。另外凸轮—连杆组合机构在圆珠笔装配线的送进机构(图 9-43)以及放映机的抓片机构(图 9-44)中也有广泛应用。

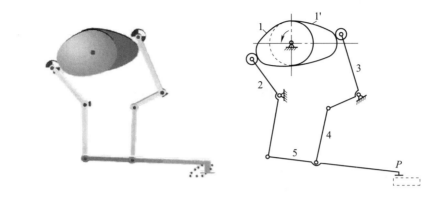

图 9-42 平板印刷机的吸纸机构

图 9-43 圆珠笔装配线送进机构

图 9-44 放映机抓片机构

2)实现复杂运动规律的凸轮—连杆组合机构

图 9-45 所示为一种结构简单的能实现复杂运动规律的凸轮—连杆组合机构。它是由自由度为 2 的五杆机构(由构件 1、2、3、4、5 组成)和槽凸轮机构组成的。只要适当地设计凸轮的轮廓曲线,就能使从动滑块 3 按照预定的复杂规律运动。

从上例可看出:将凸轮机构和连杆机构适当加以组合而形成的凸轮—连杆组合机构,既发挥了两种基本机构的特长,又克服了它们各自的局限性。这是凸轮—连杆组合机构在工程实际中得到日益广泛应用的原因之一。

2. 齿轮—连杆组合机构

齿轮—连杆组合机构是由定传动比的齿轮机构和变传动比的连杆机构组合而成。近年来,这类组合机构在工程实际中应用日渐广泛,这不仅是由于其运动特性多种多样,还因为组成它的齿轮和连杆便于加工、精度易保证和运转可靠。

1)实现复杂运动轨迹的齿轮—连杆组合机构

这类组合机构多是由自由度为 2 的连杆机构和自由度为 1 的齿轮机构组合而成。利用这类组合机构的连杆曲线,可方便地实现工作要求的预定轨迹。

图 9-46 所示为工程实际中常用来实现复杂运动轨迹的一种齿轮—连杆组合机构。该机构是由定轴轮系 1、4、5 和自由度为 2 的五杆机构 1、2、3、4、5 经复合式组合而成。当改变两轮的传动比、相对相位角和各杆长度时,连杆上 M 点即可描绘出不同的轨迹。

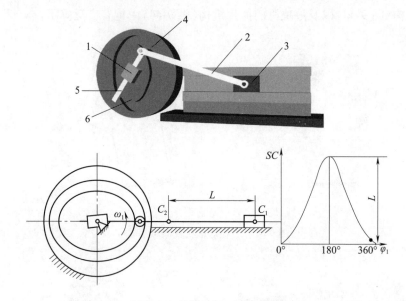

图 9-45 凸轮连杆—组合机构

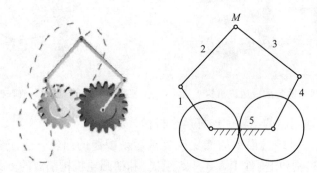

图 9-46 齿轮连杆—组合机构

2）实现复杂运动规律的齿轮—连杆组合机构

这类组合机构多是以自由度为 2 的差动轮系和自由度为 1 的连杆机构组合而成。其中最具特色的是用曲柄摇杆机构来封闭自由度为 2 的差动轮系而形成的齿轮—连杆组合机构。图 9-47 所示为这类组合机构的几种基本形式。图 9-47（a）（b）为两轮式齿轮—连杆组合机构，图 9-47（c）（d）为三轮式齿轮—连杆组合机构。

图 9-47（a）所示为一典型的两轮式齿轮—连杆组合机构。其中齿轮 5、2′ 和系杆 1 形成自由度为 2 的差动轮系，构件 1、2、3、4 组成四杆机构。行星轮 2′ 与连杆 2 固联，中心轮 5 与曲柄 1 共轴线并可分别转动，曲柄 1 同时充当差动轮系的系杆。由于

$$i_{52'}^1 = \frac{\omega_5 - \omega_1}{\omega_{2'} - \omega_1} = \frac{\omega_5 - \omega_1}{\omega_2 - \omega_1} = -\frac{z_2}{z_5} \tag{9-22}$$

故

$$\omega_5 = \frac{z_{2'} + z_5}{z_5}\omega_1 - \frac{z_{2'}}{z_5}\omega_2 \tag{9-23}$$

式中：ω_2——连杆的角速度，其值随四杆机构的运动作周期性变化。

由式(9-23)可以看出：当曲柄 1 等角速度转动时，从动齿轮 5 做非匀速转动。其角速度 ω_5 由两部分组成：一部分为等角速度部分 $\dfrac{z_{2'}+z_5}{z_5}\omega_1$，另一部分为周期性变化的角速度 $-\dfrac{z_{2'}}{z_5}\omega_2$。改变四杆机构各构件的尺寸和两轮的齿数，就可使从动轮 5 获得各种不同的运动规律，在某种条件下，从动轮可以实现瞬时停歇。

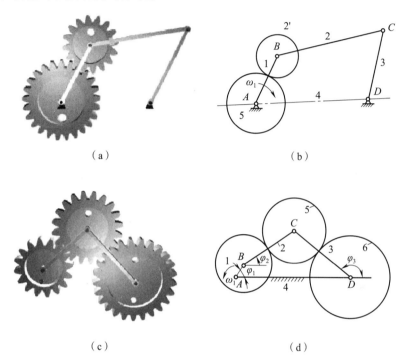

（a）　　　　　　　　　　（b）

（c）　　　　　　　　　　（d）

图 9-47　齿轮—连杆组合机构

3. 凸轮—齿轮组合机构

凸轮—齿轮组合机构多是由自由度为 2 的差动轮系和自由度为 1 的凸轮机构组合而成。这类组合机构多用来使从动件产生多种复杂运动规律和转动。例如，在输入轴等速转动的情况下，可使输出轴按一定规律做周期性的增速、减速、反转和步进运动；也可使从动件实现具有任意停歇运动；还可以实现机械传动校正装置中所要求的特殊规律的补偿运动等。

图 9-48 所示为凸轮—齿轮组合机构在校正机构中的应用。图中校正凸轮 K 是根据机构传动链中从动件 Ⅱ 的运动输出误差 $\Delta\omega_{\text{Ⅱ}}$ 来设计的。若从动件 Ⅱ 在其运动过程中的某一区间内 $\Delta\omega_{\text{Ⅱ}}$ 等于零，则校正凸轮 K 上与之对应的一段轮廓是以 OK 为圆心的圆弧，因而差动轮系中的中心轮不动，这时从动件 Ⅱ 的运动仅来自原动件 Ⅰ。若某一区间内 $\Delta\omega_{\text{Ⅱ}}$ 不等于零，为了补偿其运动误差，校正凸轮 K 上与之对应的一段轮廓应是与 $\Delta\omega_{\text{Ⅱ}}$ 相应的校正曲线，借助于这段轮廓使差动轮系的中心轮得以转动。这时从动件 Ⅱ 的运动来自原动件 Ⅰ 及校正凸轮 K，从而使从动件的运动误差得到补偿。

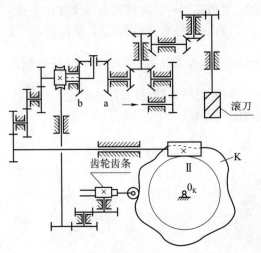

图 9-48 凸轮—齿轮组合机构

4. 联动凸轮组合机构

图 9-49 所示为联动凸轮组合机构,由两个凸轮机构协调配合控制十字滑块上一点 E 准确地描绘出虚线所示预定的轨迹。

设计这种机构时,应首先根据所要求的轨迹 $y=y(x)$ 算出两个凸轮的推杆运动规律 $x=x(\varphi_A)$ 和 $y=y(\varphi_B)$,然后就可按一般凸轮的设计方法分别设计出两凸轮的轮廓曲线。

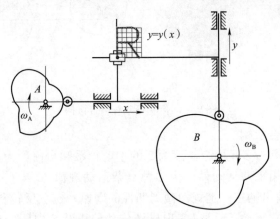

图 9-49 联动凸轮组合机构

知识链接

其他常用机构除了上述几种外,还有擒纵机构、星轮机构、非圆齿轮机构、万向铰链机构等,可参考相关文献。

本 章 小 结

棘轮机构、槽轮机构、不完全齿轮机构以及凸轮式间歇运动机构属间歇运动机构,它们的共同特征是原动件连续运动时,从动件做间歇的断续运动。在设计时,尽量保证间歇运动机构动作平稳、减少冲击,尤其要减少高速运动构件的惯性负荷,合理选择从动件的运动规律。

螺旋机构通常用来将旋转运动转换为直线运动,也可以将直线运动转化为旋转运动。

组合机构是将凸轮机构、齿轮机构、连杆机构等多种机构组合在一起形成的复杂机构,主要用来实现一些特殊的运动轨迹或获得特殊的运动规律。

习　题

1. 判断题

(1)双动式棘轮机构的摆杆往复摆动一次的过程中,它通过两个棘爪能使棘轮沿同一方向间歇转动两次。　　　　　　　　　　　　　　　　　　　　　　　　( )

(2)槽轮机构在启动和停止时加速度变化小,所以可用于高速转动的场合。　( )

(3)在整个运动循环中,不完全齿轮机构与普通齿轮机构一样,速度是均匀的,没有冲击。
　　　　　　　　　　　　　　　　　　　　　　　　　　　　　　　( )

(4)凸轮式间歇运动机构是一种空间凸轮机构,也称为分度凸轮机构。　( )

(5)螺旋机构通常是将旋转运动转换为直线运动。　　　　　　　　　( )

(6)组合机构多用于来实现一些特殊的运动轨迹或获得特殊的运动规律。　( )

(7)在机构组合系统中,若前一级子机构的输出构件即为后一级子机构的输入构件,则这种组合方式称为串联式组合。　　　　　　　　　　　　　　　　　　　( )

2. 选择题

(1)按运动形式进行分类,轮齿式棘轮机构不包括( )。

A. 单向式棘轮机构　　　　　　　B. 双动式棘轮机构
C. 双向式棘轮机构　　　　　　　D. 摩擦式棘轮机构

(2)槽轮机构用来实现( )。

A. 循环往复移动　　　　　　　　B. 间歇转动
C. 循环往复摆动　　　　　　　　D. 匀速转动

(3)在下列机构中,( )是被公认为最理想的高速、高精度间歇运动机构。

A. 棘轮机构　　　　　　　　　　B. 槽轮机构
C. 凸轮间歇机构　　　　　　　　D. 不完全齿轮机构

(4)组合机构的组合方式不包括( )。

A. 串联式组合　　　　　　　　　B. 并联式组合
C. 复合式组合　　　　　　　　　D. 前馈式组合

3. 简答题

(1)常见的棘轮机构有哪几种形式? 各具有什么特点?

(2)槽轮机构中槽轮槽数与拨盘上圆柱销数应满足什么关系? 为什么要在拨盘上加上锁止弧?

（3）不完全齿轮机构安装瞬心线附加杆的目的是什么？

（4）圆柱形凸轮间歇运动机构与蜗杆形凸轮间歇运动机构有何区别？

（5）螺旋机构的特点是什么？有什么应用？

（6）组合机构的组合方式有哪几种？请各举出一应用实例。

4. 计算题

（1）牛头刨床工作台的横向进给螺杆的导程 $l = 3$ mm，与螺杆固联的棘轮齿数 $z = 40$。试求：

① 该棘轮的最小转动角度 φ_{min} 是多少？

② 该牛头刨床的最小进给量 S_{min} 是多少？

（2）有外槽轮机构，已知槽轮的槽数 $z = 6$，槽轮的停歇时间为每转 1 s，槽轮的运动时间为 2 s/r。试求：

① 该槽轮的运动系数 τ；

② 该槽轮所需的圆销数 K。

第 10 章　机械系统动力学设计

主要内容

机械的运转过程;机械的等效动力学模型;机械运动方程式的建立及求解;机械的平衡;机械运转速度波动及调节。

学习目的

(1)理解机械运转的整体过程,掌握各个阶段的特点。

(2)理解并掌握建立机械等效动力学模型的意义和方法。

(3)能够建立机械运动方程式,并进行求解。

(4)了解机械平衡的原理和方法。

(5)理解机械运转速度的波动,掌握周期性速度波动的调节方法。

引　例

1883 年德国人戴姆勒成功制造了汽油发动机。发动机是汽车的心脏,为汽车的行驶提供动力。汽车的动力性、经济性、环保性主要取决于发动机。简单讲发动机就是一个能量转换机构,通过在密封气缸内燃烧汽油与空气的混合气,使其膨胀,推动活塞往复运动,从而将汽油的化学能转化为机械能,这是发动机最基本原理。活塞的往复运动通过一系列的机构,如连杆机构、齿轮机构、凸轮机构等,将机械能变换传递出去,使汽车的各个部件协调一致的运动,推动汽车行驶。发动机所有机构的动力学规律都是确定的。

虽然发动机(图 10-1)伴随着汽车走过了 100 多年的历史,无论是在设计上、制造上、工艺上还是在性能上、控制上都有很大的提高,但其基本原理仍然未变。这是一个富于创造的时代,那些发动机设计者们,不断地将最新科技与发动机融为一体,把发动机变成一个复杂的机电一体化产品,使发动机性能达到近乎完善的程度,各著名汽车厂商也将发动机的性能作为竞争亮点,而动力学设计就是发动机设计的关键环节之一。

在进行机构的运动分析和力分析时,都假定原动件的运动规律是已知的,而且一般假设原动件做等速运动,没有考虑作用在机械上的各种力和运动之间的关系。实际上,原动件的运动规律

图 10-1　汽车发动机

是由各构件的质量、转动惯量和作用在机械上的驱动力及工作阻力等因素决定的,因而原动件的运动参数往往是随时间而变化的。研究原动件以及机械的真实运动规律,对于分析和设计机械是非常重要的。

此外,对于某些机械,即使在稳定运转时,由于外力的周期性变化(例如内燃机活塞所受压力的周期性变化)将引起机械速度的周期性波动,从而引起机械的振动,降低机械的寿命、效率。为把速度波动限制在允许范围内,不致影响机械的正常工作,也必须研究机械动力学。

10.1　机械的运转过程

机械系统的运转从开始到停止的全过程可分为三个阶段,即启动阶段、稳定运转阶段和停车阶段。图 10-2 所示为机械原动件的角速度随时间变化的曲线。

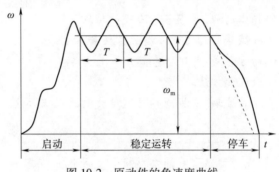

图 10-2　原动件的角速度曲线

10.1.1　启动阶段

在启动阶段,机械原动件的角速度 ω 由零逐渐上升,直至达到正常运转的平均角速度 ω_m 为止。在这一阶段,由于机械所受的驱动力所作的驱动功 W_d 大于为克服阻抗力所消耗的阻抗功 W_r,所以机械内积蓄了动能 E_k。根据动能定理,在启动阶段的功能关系可以表示为

$$W_d = W_r + E_k \tag{10-1}$$

10.1.2　稳定运转阶段

经过启动阶段之后,机械进入稳定运转阶段。在这一阶段中,原动件的平均角速度 ω_m 保持稳定,即为一常数。但是在通常情况下,原动件的角速度 ω 是周期性波动的,即 $\omega \neq$ 常数,而在一个周期 T 的始末,其角速度 ω 是相等的,因此机械具有的动能也是相等的。所以就一个周期(机械原动件角速度变化的一个周期又称为机械的一个运动循环)而言,机械的总驱动功与总阻抗功是相等的,即

$$W_d = W_r \tag{10-2}$$

上述这种稳定运转称为周期性变速稳定运转(如活塞式压缩机等)。而另外一些机械

（如鼓风机、车床主轴等），其原动件的角速度 ω 恒定不变，即 $\omega=$ 常数，称这种稳定运转为等速稳定运转。

10.1.3　停车阶段

在机械停止运转的过程中，一般已撤去驱动力，故驱动功 $W_d=0$，当阻抗功逐渐将机械的动能消耗完了时，机械便停止运转。这一阶段的功能关系可表示为

$$E_k=W_r \tag{10-3}$$

在一般情况下，停车阶段的工作阻力也不再存在，为缩短停车时间，一些机械安装了制动装置。图 10-2 中虚线即为安装制动器后 ω 与 t 的变化关系。

启动阶段与停车阶段统称为机械运转的过渡阶段。多数机械是在稳定运转阶段进行工作的。但也有一些机械（如起重机等），其工作过程却有相当一部分是在过渡阶段进行的。

10.2　机械的等效动力学模型

研究机械系统的真实运动，必须首先建立外力与运动参数间的函数表达式，这种函数表达式称为机械的运动方程式。机械是由机构组成的多构件的复杂系统，它的一般运动方程式不仅复杂，求解也很烦琐，但是，对于单自由度机械系统，只要知道其中一个构件的运动规律，其余所有构件的运动规律就可随之求得。因此，可把复杂的机械系统简化成一个构件（等效构件），建立最简单的等效动力学模型，将使研究机械真实运动的问题大为简化。

10.2.1　机械运动方程的一般表达式

根据动能定理，机械系统在某一瞬时总动能的增量应等于在该瞬时内作用于该机械系统的各外力所做的功之和，即

$$dW=dE \tag{10-4}$$

对于如图 10-3 所示的活塞式压力机上的曲柄滑块机构，若已知作用在曲柄（原动件）1 上的驱动力矩 M_1 及滑块 3 上承受的工作阻力 F_3；曲柄 1 的角速度为 ω_1，质心 S_1 在 O 点，转动惯量为 J_1；连杆 2 的角速度为 ω_2，质量为 m_2，其对质心 S_2 的转动惯量为 J_{S_2}，质心 S_2 的速度为 v_{S_2}；滑块 3 的质量为 m_3，其质心 S_3 在 B 点，速度为 v_3。

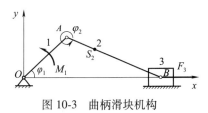

图 10-3　曲柄滑块机构

则外力对曲柄滑块机构在瞬间 dt 所做的功为

$$dW=(M_1\omega_1-F_3v_3)\,dt=Pdt$$

该机构在瞬间 dt 的动能增量为

$$dE=d(J_1\omega_1^2/2+m_2v_{S_2}^2/2+J_{S_2}\omega_2^2/2+m_3v_3^2/2)$$

则该机构的运动方程式为

$$(M_1\omega_1-F_3v_3)\,dt=d(J_1\omega_1^2/2+m_2v_{S_2}^2/2+J_{S_2}\omega_2^2/2+m_3v_3^2/2) \tag{10-5}$$

同理，如果机械系统由 n 个活动构件组成，作用在构件 i 上的作用力为 F_i，力矩为 M_i，力 F_i

的作用点的速度为 v_i，构件的角速度为 ω_i，则可得机械运动方程式的一般表达式为

$$d\left[\sum_{i=1}^{n}(m_iv_{S_i}^2/2 + J_{S_i}\omega_i^2/2)\right] = \left[\sum_{i=1}^{n}(F_iv_i\cos\alpha_i \pm M_i\omega_i)\right]dt \qquad (10\text{-}6)$$

式中，α_i 为作用在构件 i 上的外力 F_i 与该力作用点的速度 v_i 间的夹角；而"±"号的选取决定于作用在构件 i 上的力矩 M_i 与该构件的角速度 ω_i 的方向是否相同，相同时取"+"号，反之取"−"号。

式(10-6)中包括作用于机构中所有的力和运动参数，且所有的运动参数均为未知。显然，该方程形式复杂，难以求解。因此，建立机械系统的等效动力学模型，就成了研究机械真实运动行之有效的方法。

10.2.2 等效动力学模型的建立

为了使等效构件和机械中该构件的真实运动一致，根据质点系动能定理，将作用在机械系统上的所有外力和外力矩、所有构件的质量和转动惯量，都向等效构件转化。转化的原则是使该系统转化前后的动力学效果保持不变，即等效构件的质量或转动惯量所具有的动能，应等于整个系统的总动能；等效构件上的等效力、等效力矩所做的功或所产生的功率，应等于整个系统的所有力、所有力矩所做功或所产生的功率之和。满足这两个条件，就可将等效构件作为该系统的等效动力学模型。

为了便于计算，通常将绕定轴转动或做直线移动的构件选取为等效构件，如图 10-4 所示。当取等效构件为绕定轴转动的构件时，作用于其上的等效力矩为 M_e，并具有绕定轴转动的等效转动惯量 J_e；当取等效构件为作直线移动的构件时，作用于其上的等效力为 F_e，并具有等效质量为 m_e。

取机械系统中定轴转动的构件为等效构件，如图 10-4(a)所示，并将式(10-6)改写为

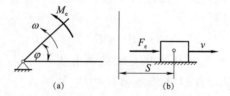

图 10-4　等效构件

$$d\frac{\omega^2}{2}\left\{\sum_{i=1}^{n}\left[m_i\left(\frac{v_{S_i}}{\omega}\right)^2 + J_{S_i}\left(\frac{\omega_i}{\omega}\right)^2\right]\right\} = \omega\left[\sum_{i=1}^{n}\left(\frac{F_iv_i\cos\alpha_i}{\omega} \pm \frac{M_i\omega_i}{\omega}\right)\right]dt \qquad (10\text{-}7)$$

则

$$J_e = \sum_{i=1}^{n}\left[m_i\left(\frac{v_{S_i}}{\omega}\right)^2 + J_{S_i}\left(\frac{\omega_i}{\omega}\right)^2\right] \qquad (10\text{-}8)$$

$$M_e = \sum_{i=1}^{n}\left(\frac{F_iv_i\cos\alpha_i}{\omega} \pm \frac{M_i\omega_i}{\omega}\right) \qquad (10\text{-}9)$$

式(10-7)简化为

$$d\frac{\omega^2}{2}J_e = \omega M_e dt \qquad (10\text{-}10)$$

取机械系统中的移动构件为等效构件,如图 10-4b 所示,并将式(10-6)改写为

$$\mathrm{d}\,\frac{v^2}{2}\left\{\sum_{i=1}^{n}\left[m_i\left(\frac{v_{S_i}}{v}\right)^2+J_{S_i}\left(\frac{\omega_i}{v}\right)^2\right]\right\}=v\left[\sum_{i=1}^{n}\left(\frac{F_i v_i\cos\alpha_i}{v}\pm\frac{M_i\omega_i}{v}\right)\right]\mathrm{d}t \qquad (10\text{-}11)$$

则

$$m_{\mathrm{e}}=\sum_{i=1}^{n}\left[m_i\left(\frac{v_{S_i}}{v}\right)^2+J_{S_i}\left(\frac{\omega_i}{v}\right)^2\right] \qquad (10\text{-}12)$$

$$F_{\mathrm{e}}=\sum_{i=1}^{n}\left(\frac{F_i v_i\cos\alpha_i}{v}\pm\frac{M_i\omega_i}{v}\right) \qquad (10\text{-}13)$$

式(10-7)简化为

$$\mathrm{d}\,\frac{v^2}{2}m_{\mathrm{e}}=vF_{\mathrm{e}}\mathrm{d}t \qquad (10\text{-}14)$$

综上所述,各等效量仅与构件间的速比有关,而与构件的真实速度无关,故可在不知道构件真实运动的情况下求出;而且,等效动力学模型形式简单,便于理解,求解也将大为简化。

👉 **特别提示**

等效力或等效力矩是一个假想的力或力矩,它并不是被代替的已知力或力矩的合力;等效质量或等效转动惯量也是一个假想的质量或转动惯量,它并不是机构中所有运动构件的质量或转动惯量的总和。

实例 10-1　图 10-5 所示为一正弦机构。已知曲柄长度 l_1,其绕点 A 的转动惯量为 J_1,滑块 2、3 的质量分别为 m_2、m_3。作用在滑块 3 上的阻力为其速度的线性函数 $F_3=-Cv_3$(C 为常数),作用在曲柄上的驱动力矩为 M_1。取曲柄为等效构件,求其等效转动惯量和等效力矩。

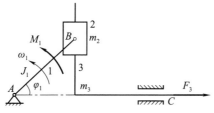

图 10-5　正弦机构

解:

(1)求曲柄的等效转动惯量 J_{e}。

根据动能相等的条件,有

$$\frac{1}{2}J_{\mathrm{e}}\omega_1^2=\frac{1}{2}J_1\omega_1^2+\frac{1}{2}m_2 v_2^2+\frac{1}{2}m_3 v_3^2$$

则

$$J_{\mathrm{e}}=J_1+m_2\left(\frac{v_2}{\omega_1}\right)^2+m_3\left(\frac{v_3}{\omega_1}\right)^2$$

式中,$v_2=v_B=l_1\omega_1$,$v_3=-l_1\omega_1\sin\varphi_1$,代入上式,得

$$J_e = J_1 + m_2 l_1^2 + m_3 l_1^2 \sin^2 \varphi_1$$

（2）求曲柄上的等效力矩。

根据功率相等的条件,有

$$M_e \omega_1 = M_1 \omega_1 + F_3 v_3$$

则

$$M_e = M_1 + F_3 \frac{v_3}{\omega_1}$$

将 $F_3 = -C v_3$ 和 $v_3 = -l_1 \omega_1 \sin \varphi_1$ 代入上式,得

$$M_e = M_1 - C l_1^2 \omega_1 \sin^2 \varphi_1$$

该例说明机械系统含有连杆机构时,其等效转动惯量由常量和变量两部分组成。由于工程中的连杆机构常安装在低速级,等效转动惯量中的变量部分有时可以忽略不计。

10.3 机械运动方程式的建立及求解

在单自由度机械系统引入等效构件,建立了机械系统的等效动力学模型,求出了等效力(或等效力矩)以及等效质量(或等效转动惯量)之后,就可以把研究机械系统运动规律的问题简化为研究等效构件的运动规律问题。只要建立等效构件的运动方程并求解,就可以确定机械系统中任何构件的运动。

10.3.1 机械运动方程式的建立

常用的机械系统运动方程式有动能形式和力矩(或力)形式两种。

1. 动能形式的运动方程

由前述可知,当等效构件为转动构件时的等效动力学方程为式(10-10),即

$$d \frac{\omega^2}{2} J_e = \omega M_e dt$$

可进一步改写为

$$d \frac{\omega^2}{2} J_e = \omega M_e dt = M_e d\varphi = (M_{ed} - M_{er}) d\varphi \qquad (10\text{-}15)$$

式中: M_{ed} ——等效驱动力矩;

M_{er} ——等效阻力矩。此即为微分形式的动能方程。

对式(10-15)积分可以获得积分形式的动能方程:

$$\frac{1}{2} J_e \omega^2 - \frac{1}{2} J_0 \omega_0^2 = \int_{\varphi_0}^{\varphi} M_e d\varphi = \int_{\varphi_0}^{\varphi} (M_{ed} - M_{er}) d\varphi \qquad (10\text{-}16)$$

式中, φ_0 、 ω_0 是等效构件的转角和角速度的初始值, J_0 为等效构件当转角为 φ_0 时的等效转动惯量。

当等效构件为移动构件时,其等效动力学方程为式(10-14),即

$$d \frac{v^2}{2} m_e = v F_e dt$$

可进一步改写为

$$\mathrm{d}\frac{v^2}{2}m_e = vF_e\mathrm{d}t = F_e\mathrm{d}s = (F_{ed} - F_{er})\mathrm{d}s \tag{10-17}$$

式中：F_{ed}——等效驱动力；

　　F_{er}——等效阻力。

对式（10-17）积分可以获得积分形式的动能方程：

$$\frac{1}{2}m_e v^2 - \frac{1}{2}m_0 v_0^2 = \int_{s_0}^{s} F_e\mathrm{d}s = \int_{s_0}^{s}(F_{ed} - F_{er})\mathrm{d}s \tag{10-18}$$

式中：v_0——等效构件的速度初始值；

　　m_0——等效构件的初始等效质量。

式（10-16）、式（10-18）即为等效构件运动方程的动能形式。

2. 力矩形式的运动方程

式（10-15）可变换成

$$M_e = \frac{\mathrm{d}\left(\dfrac{1}{2}J_e\omega^2\right)}{\mathrm{d}\varphi}$$

由于等效转动惯量、等效力、等效力矩及角速度均是机构位置的函数，实际上存在下面的函数关系：$J_e = J(\varphi)$、$F_e = F(\varphi)$、$M_e = M(\varphi)$、$\omega = \omega(\varphi)$

即

$$M_e = J_e\frac{\mathrm{d}\left(\dfrac{1}{2}\omega^2\right)}{\mathrm{d}\varphi} + \frac{\omega^2}{2}\frac{\mathrm{d}J_e}{\mathrm{d}\varphi}$$

式中

$$\frac{\mathrm{d}\left(\dfrac{1}{2}\omega^2\right)}{\mathrm{d}\varphi} = \frac{\mathrm{d}\left(\dfrac{1}{2}\omega^2\right)}{\mathrm{d}t} \times \frac{\mathrm{d}t}{\mathrm{d}\varphi} = \omega\frac{\mathrm{d}\omega}{\mathrm{d}t} \times \frac{1}{\omega} = \frac{\mathrm{d}\omega}{\mathrm{d}t}$$

代入上式可得力矩形式的运动方程

$$M_e = J_e\frac{\mathrm{d}\omega}{\mathrm{d}t} + \frac{\omega^2}{2}\frac{\mathrm{d}J_e}{\mathrm{d}\varphi} \tag{10-19}$$

若等效构件为移动构件，则可得

$$F_e = \frac{v^2}{2} \times \frac{\mathrm{d}m_e}{\mathrm{d}s} + m_e\frac{\mathrm{d}v}{\mathrm{d}t} \tag{10-20}$$

式（10-19）和式（10-20）即为等效构件运动方程的力矩形式。当 J_e 和 m_e 为常数时，上述两式可改写为

$$M_e = M_{ed} - M_{er} = J_e\frac{\mathrm{d}\omega}{\mathrm{d}t} \tag{10-21}$$

$$F_e = F_{ed} - F_{er} = m_e\frac{\mathrm{d}v}{\mathrm{d}t} \tag{10-22}$$

在研究等效构件的运动方程时，为简化书写格式，在不引起混淆的情况下，略去表示等效概念的下角标"e"。

10.3.2 机械运动方程式的求解

机械运动方程式建立以后,便可求解已知外力作用下机械系统的真实运动规律。由于不同的机械系统是由不同的原动机与执行机构组合而成的,因此其等效量可能是时间、位置或速度的函数。此外,等效量可以用函数式表示,也可以用曲线或数值表格表示。因此,运动方程的求解方法也不尽相同,必须按照不同情况加以处理。

1. 等效转动惯量和等效力矩均为常数

等效转动惯量和等效力矩均为常数是定传动比机械系统中的常见问题。在这种情况下运转的机械大都属于等速稳定运转,采用力矩方程求解该类问题要方便些。

由于 $J=$ 常数,$M=$ 常数,方程式(10-21)可改写为

$$M = J\frac{d\omega}{dt} = J\varepsilon = 常数$$

可得

$$\varepsilon = \frac{d\omega}{dt} = \frac{M}{J}$$

$d\omega = \varepsilon dt$,两边积分后

$$\omega = \omega_0 + \varepsilon t$$

$$\varphi = \varphi_0 + \omega_0 t + \frac{1}{2}\varepsilon t^2$$

式中,φ_0、ω_0 分别为等效构件角位移和角速度的初始值。

2. 等效转动惯量和等效力矩均为等效构件位置的函数

用内燃机驱动的含有连杆机构的机械系统就属于这种情况。这时宜采用动能形式的运动方程。

1)解析法

(1)求等效构件的角速度 ω。

由式(10-16)积分形式的动能方程

$$\frac{1}{2}J\omega^2 - \frac{1}{2}J_0\omega_0^2 = \int_{\varphi_0}^{\varphi} Md\varphi = \int_{\varphi_0}^{\varphi}(M_d - M_r)d\varphi$$

可知

$$\omega = \sqrt{\frac{J_0}{J}\omega_0^2 + \frac{2}{J}\int_{\varphi_0}^{\varphi} Md\varphi} \tag{10-23}$$

式中,φ_0 和 φ 为等效构件在所研究的任一区间开始和结束时的角位移。$\int_{\varphi_0}^{\varphi}(M_d - M_r)d\varphi$ 称为 φ_0 至 φ 区间内的盈亏功,而 $\frac{1}{2}J\omega^2 - \frac{1}{2}J_0\omega_0^2$ 表示在该区段内动能的增量。

由式(10-23)可见,等效构件的角速度是其位置的函数,即 $\omega = \omega(\varphi)$。如果从机器启动时算起,则 $\omega_0 = 0$,则上式变为

$$\omega = \sqrt{\frac{2}{J}\int_{\varphi_0}^{\varphi} Md\varphi} \tag{10-24}$$

（2）求等效构件的角加速度 ε。

等效构件的角加速度可按下式求得

$$\varepsilon = \frac{\mathrm{d}\omega}{\mathrm{d}t} = \frac{\mathrm{d}\omega}{\mathrm{d}\varphi} \times \frac{\mathrm{d}\varphi}{\mathrm{d}t} = \omega\frac{\mathrm{d}\omega}{\mathrm{d}\varphi} \tag{10-25}$$

（3）求机械的运动时间 t。

运动时间 t 可由 $\omega = \dfrac{\mathrm{d}\varphi}{\mathrm{d}t}$ 的关系式求得，将该式进行变换并积分可得 $\displaystyle\int_{t_0}^{t}\mathrm{d}t = \int_{\varphi_0}^{\varphi}\frac{\mathrm{d}\varphi}{\omega}$

即

$$t = t_0 + \int_{\varphi_0}^{\varphi}\frac{\mathrm{d}\varphi}{\omega} \tag{10-26}$$

2）图解法

多数实际工程问题中的外力变化规律较为复杂，$J = J(\varphi)$、$M = M(\varphi)$ 常以线图或数值表格给出，此时采用图解法较为方便。

求曲线：$\omega = \omega(\varphi)$。由式（10-16）可知，当从机械启动开始计算时，机械的角速度 ω 只与其所具有盈亏功和等效转动惯量 J 有关。因此可以利用曲线 $E = E(\varphi)$ 和 $J = J(\varphi)$ 采用图解法来确定 $\omega = \omega(\varphi)$。

首先，求解出等效驱动力矩曲线 $M_{\mathrm{d}} = M_{\mathrm{d}}(\varphi)$ 和等效阻力矩曲线 $M_{\mathrm{r}} = M_{\mathrm{r}}(\varphi)$，如图 10-6（a）所示；其次，将两曲线相减得曲线 $M = M(\varphi)$，如图 10-6（b）所示；然后，利用计算机或图解积分的方法对曲线 $M = M(\varphi)$ 进行积分，获得 $E = W = \displaystyle\int_{\varphi_0}^{\varphi}M\mathrm{d}\varphi$，可得动能曲线 $E = E(\varphi)$，如图 10-6（c）所示。

图 10-6（a）在稳定运转的一个运动循环的始末，动能相等，由此可见，在一个运动循环中驱动力矩所做的功和阻力矩所做的功相等，即图 10-6（b）中该区间的正负面积相等。

作出一个运动循环内等效构件的等效转动惯量的变化曲线 $J = J(\varphi)$，如图 10-7 所示。最后将图中机构各个位置相对应的动能和等效转动惯量代入式（10-9），即可求得等效构件各相应位置的角速度，从而可作出图 10-8 所示的等效构件的角速度变化曲线 $\omega = \omega(\varphi)$。

当获得曲线 $\omega = \omega(\varphi)$ 后，角加速度和时间求解就比较容易实现了。

3. 等效转动惯量为常数，等效力矩是等效构件速度的函数

用电动机驱动的鼓风机、搅拌机等机械属于这种状况。显然，电动机提供的驱动力矩是速度的函数，而工作机的工作阻力是常数或者是速度的函数。对于这类问题用力矩方程求解比较方便。$M(\omega) = J\dfrac{\mathrm{d}\omega}{\mathrm{d}t}$ 分离变量得到 $\mathrm{d}t = J\dfrac{\mathrm{d}\omega}{M(\omega)}$ 积分后得到

$$t = t_0 + J\int_{\omega_0}^{\omega}\frac{\mathrm{d}\omega}{M(\omega)} \tag{10-27}$$

由式（10-27）求出 $\omega = \omega(t)$ 后，即可求得角加速度 $\varepsilon = \dfrac{\mathrm{d}\omega}{\mathrm{d}t}$。

要求 $\varphi = \varphi(t)$，则可利用关系式 $\mathrm{d}\varphi = \omega\mathrm{d}t$，积分后得

$$\varphi = \varphi_0 + \int_{t_0}^{t}\omega(t)\mathrm{d}t \tag{10-28}$$

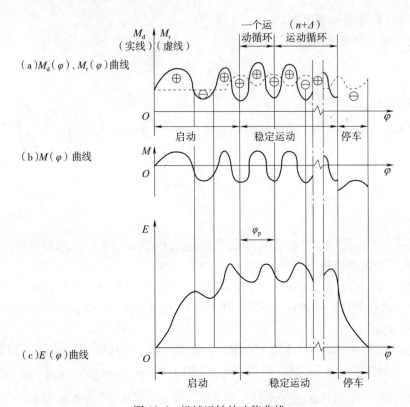

图 10-6　机械运转的功能曲线

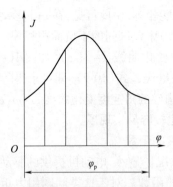

图 10-7　等效构件的等效转动惯量变化曲线

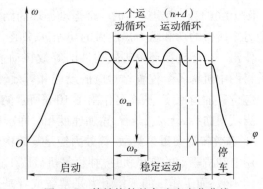

图 10-8　等效构件的角速度变化曲线

4. 等效转动惯量是角位置的函数，等效力矩是等效构件位置和速度的函数

这是工程中常见的情况，由电动机驱动的含有连杆机构的机械系统，如刨床、冲床等机械系统就是这种类型，电动机的驱动力矩是速度的函数，而生产阻力则是机构位置的函数。因此，等效力矩是机构位置和速度的函数。等效转动惯量随机构位置而变化，且难以用解析式表达，这类问题只能用数值方法求解。

把 $J=J(\varphi)$，$M=M(\omega,\varphi)$ 代入力矩方程中，并整理得

$$J(\varphi)\frac{d\omega}{d\varphi}\omega+\frac{\omega^2}{2}\times\frac{dJ(\varphi)}{d\varphi}=M(\varphi,\omega)$$

$$\frac{1}{2}\omega^2 \mathrm{d}J(\varphi) + J(\varphi)\omega \mathrm{d}\omega = M(\varphi,\omega)\mathrm{d}\varphi \qquad (10\text{-}29)$$

用差分代替微分,则有

$$\mathrm{d}\varphi = \Delta\varphi = \varphi_{i+1} - \varphi_i \, (i = 0,1,2,\cdots,n)$$

$$\mathrm{d}\omega = \Delta\omega = \omega_{i+1} - \omega_i$$

$$\mathrm{d}J(\varphi) = \Delta J(\varphi) = J(\varphi)_{i+1} - J(\varphi)_i$$

将其代入式(10-29)得

$$\frac{1}{2}\omega_i^2(J_{i+1} - J_i) + J_i\omega_i(\omega_{i+1} - \omega_i) = M(\varphi_i,\omega_i)\Delta\varphi$$

整理后得
$$\omega_{i+1} = \frac{M(\varphi_i,\omega_i)\Delta\varphi}{J_i\omega_i} + \frac{3J_i - J_{i+1}}{2J_i}\omega_i \qquad (10\text{-}30)$$

利用数值法求解时,首先设定 $\omega_i = \omega_0$,再按转角步长求出一系列的 ω_{i+1},当求出一个运动循环的尾值 ω_n 后,应和初值 ω_0 相等。若不相等,重新设定初值 ω_0 后再重复上述运算,直到初值与末值相等,由此可求出 ω-φ 关系曲线。

实例 10-2　在用电动机驱动的鼓风机系统中,若以鼓风机主轴为等效构件,等效驱动力矩 $M_\mathrm{d} = (27\,600 - 264\omega)\,\mathrm{N\cdot m}$,等效阻抗力矩 $M_\mathrm{r} = 1\,100\,\mathrm{N\cdot m}$,等效转动惯量 $J = 10\,\mathrm{kg\cdot m^2}$。求鼓风机由静止启动到 $\omega = 100\,\mathrm{rad/s}$ 时的时间 t。

解:
$$M(\omega) = M_\mathrm{d} - M_\mathrm{r} = 27\,600 - 264\omega - 1\,100 = 26\,500 - 264\omega\,(\mathrm{N\cdot m})$$

由式(10-27),得

$$t = t_0 + J\int_{\omega_0}^{\omega}\frac{\mathrm{d}\omega}{26\,500 - 264\omega} = t_0 + \frac{t}{-264}\ln\frac{26\,500 - 264\omega}{26\,500 - 264\omega_0}$$

将 $J = 10\,\mathrm{kg\cdot m^2}$,$\omega = 100\,\mathrm{rad/s}$,$t_0 = 0$,$\omega_0 = 0$ 代入求得
$$t = 0.211\,\mathrm{s}$$

10.4　机械的平衡

机械在运转时,由于构件制造精度、安装误差和构件本身的结构形式各异,所产生的不平衡的惯性力将在运动副中引起附加的动压力。这不仅会增大运动副中的摩擦和构件的内应力,降低机械效率和使用寿命,而且由于这些惯性力的大小和方向一般都是周期性变化的,所以必将引起机械及其基础产生强迫振动,从而使机械的工作精度和可靠性下降。尤其当其频率接近于机械系统的固有频率时,将会引起共振,产生极其不良的后果,不仅会影响到机械本身的正常工作和使用寿命,而且还会使附近的工作机械及厂房建筑受到影响甚至破坏。这一问题在高速、重型以及精密机械中尤为突出。

因此,设法将构件的不平衡惯性力加以平衡以消除或减小惯性力的不良影响,提高机械的工作性能是研究机械平衡的目的。

机械平衡根据其构件在机械中的运转情况和机构的结构形式主要有转子的平衡和平面机构的平衡两方面的内容。

10.4.1 转子的平衡

绕固定轴回转的构件常称为转子。绕固定轴回转构件的惯性力平衡,称转子的平衡。这类问题主要发生在回转机构中,如构成电动机、发电机和离心机的回转机构。这类机构往往只有一个做回转运动的活动构件,运动副中动压力的产生主要是由于回转构件上质量分布不均匀所致,故可用重新调整其质量大小和分布的方法使回转件上所有质量的惯性力形成一个平衡力系,从而消除运动副中的动压力及机架的振动。

在实际生产中,此类问题又有两种不同的情况。在构件转速较低、变形不大时,回转件完全可看作刚性物体,称为刚性转子,这类问题用刚性力学的方法处理可得到理想结果,称为刚性转子的平衡。当构件转速接近回转系统的第一阶临界转速时,回转构件将产生明显变形,且随转速的上升而变化,故称为挠性转子。由于增加了因变形而产生的不平衡,使问题出现了新的因素,故将这类问题称为挠性转子的平衡。

1. 刚性转子的平衡

1)刚性转子的静平衡计算

如图 10-9 所示,轴向尺寸 B 与径向尺寸 D 的比值,即宽径比 $\dfrac{B}{D} \leqslant \dfrac{1}{5}$,如齿轮、盘状凸轮、带轮等,由于其轴向尺寸较小,它们的质量可近似认为分布在垂直于回转轴线的同一平面内。若其质心不在回转轴线上,则转子回转时将产生惯性力。因这种不平衡现象在转子静态时即可表现出来,故又称其为静不平衡现象。因此必须设法使转子的质心移至回转轴线上,使惯性力之和等于零,这就是静平衡方法。

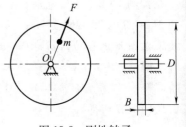

图 10-9 刚性转子

如图 10-10(a)所示,设该盘状转子上有三个偏心质量 m_1, m_2, m_3,回转矢径分别为 r_1, r_2, r_3,当转子以角速度 ω 回转时,各质量产生的离心惯性力为

$$\boldsymbol{F}_1 = m_1\omega^2\boldsymbol{r}_1, \boldsymbol{F}_2 = m_2\omega^2\boldsymbol{r}_2, \boldsymbol{F}_3 = m_3\omega^2\boldsymbol{r}_3 \tag{10-31}$$

这些离心惯性力构成一平面汇交力系。为平衡这些惯性力,在该转子回转矢径 r_b 处加上一平衡质量 m_b,使其产生的惯性力 $\boldsymbol{F}_b$ 与上述三个惯性力的合力平衡,即

$$\boldsymbol{F}_1 + \boldsymbol{F}_2 + \boldsymbol{F}_3 + \boldsymbol{F}_b = 0$$

或

$$m_1\omega^2\boldsymbol{r}_1 + m_2\omega^2\boldsymbol{r}_2 + m_3\omega^2\boldsymbol{r}_3 + m_b\omega^2\boldsymbol{r}_b = 0 \tag{10-32}$$

消去 ω 后得

$$m_1\boldsymbol{r}_1 + m_2\boldsymbol{r}_2 + m_3\boldsymbol{r}_3 + m_b\boldsymbol{r}_b = 0 \tag{10-33}$$

式中,各质量与矢径的乘积 mr(单位 kg·cm)称为质径积。

式(10-33)可用图解法求解质径积的 $m_b\boldsymbol{r}_b$ 的大小和方位。如图 10-10(b)所示,选质径积比例尺,按矢径 $\boldsymbol{r}_1, \boldsymbol{r}_2, \boldsymbol{r}_3$ 的方向分别作矢量 $m_1\boldsymbol{r}_1, m_2\boldsymbol{r}_2$ 和 $m_3\boldsymbol{r}_3$,最后将 $m_3\boldsymbol{r}_3$ 的矢端与 $m_1\boldsymbol{r}_1$ 的尾部相连,则封闭矢量即平衡质径积 $m_b\boldsymbol{r}_b$。因此,根据转子结构选定 $\boldsymbol{r}_b$ 后,即可定出应加的平衡质量 m_b。

当然也可在 $m_b\boldsymbol{r}_b$ 的反方向 $\boldsymbol{r}_b'$ 处除去一部分质量 m_b' 以使转子平衡,但应保证 $m_b\boldsymbol{r}_b$ =

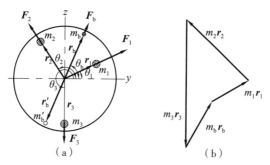

图 10-10　刚性转子的静平衡设计

$m_b' r_b'$。

由上面的分析可见,对静不平衡的转子,不论有多少偏心质量,都只需在同一个平面内增加(或减少)一个平衡质量即可获得平衡。

2)刚性转子的动平衡计算

对于轴向尺寸较大的转子(宽径比 $\dfrac{B}{D} > \dfrac{1}{5}$),如电动机转子、内燃机曲轴和机床主轴等,其质量不能认为分布在同一平面内,而是分布在若干个不同的回转平面内。此时,即使转子的质心在回转轴线上,由于各偏心质量产生的惯性力不在同一回转平面内,他们形成的惯性力偶矩仍不能得到平衡,而这种不平衡现象只有在转子运转情况下才能显示出来,故又称为动不平衡现象。因此,应使转子各偏心质量的惯性力及其产生的惯性力偶矩同时得到平衡。

如图 10-11(a)所示转子,三个偏心质量 m_1,m_2,m_3 分布在三个回转平面内,r_1,r_2,r_3 为其回转矢径。当该转子以角速度 ω 回转时,它们产生的惯性力 F_1,F_2,F_3 构成一空间力系,为了平衡惯性力偶矩,则必须至少选取两个回转平面Ⅰ及Ⅱ作为增加(或减少)平衡质量的平衡基面。根据理论力学分解原理,把不同平面内的惯性力 F_1,F_2,F_3 分别分解到平衡基面Ⅰ和Ⅱ内,得

$$F_{i\mathrm{I}} = \frac{l_i}{l}F_i = \frac{l_i}{l}m_i\omega^2 r_i$$

$$F_i = \frac{l-l_i}{l}F_i = \frac{l-l_i}{l}m_i\omega^2 r_i \ (i=1,2,3) \tag{10-34}$$

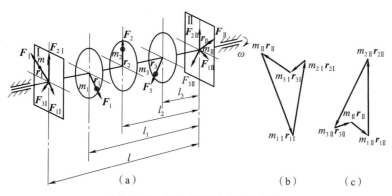

图 10-11　刚性转子的动平衡设计

这样就把原空间力系的平衡问题转化为 I 和 II 两平面内的平面汇交力系平衡问题,即转化为静平衡问题,故可利用前述的计算方法。对于平面 I 和 II 分别有

$$F_{1I} + F_{2I} + F_{3I} + F_I = 0$$

$$F_{1II} + F_{2II} + F_{3II} + F_{II} = 0$$

即

$$\frac{l_1}{l} m_I r_I + \frac{l_2}{l} m_2 r_2 + \frac{l_3}{l} m_3 r_3 + m_I r_I = 0$$

$$\left(1 - \frac{l_1}{l}\right) m_I r_I + \left(1 - \frac{l_2}{l}\right) m_2 r_2 + \left(1 - \frac{l_3}{l}\right) m_3 r_3 + m_I r_I = 0 \qquad (10\text{-}35)$$

式中,m_I、m_{II},r_I、r_{II},F_I、F_{II} 分别为加在平衡基面 I、II 上的平衡质量及其回转矢径和产生的惯性力。利用前述静平衡的图解法即可求出两质径积 $m_I r_I$ 和 $m_{II} r_{II}$,如图 10-11(b)(c)所示。

☞ **特别提示**

　　刚性转子动平衡的条件是:分布于不同回转平面内的各不平衡质量的空间离心惯性力系的合力及合力矩为零。

　　任何具有不平衡质量的刚性转子,无论在多少个回转平面内有不平衡质量,都可以在任选的两个平衡平面内分别加或减一个适当的平衡质量,使转子得到完全的平衡。也就是说,对于动不平衡的刚性转子,所需增加的平衡质量的最少数目为 2。

　　由于动平衡同时满足静平衡的条件,故经过动平衡设计的刚性转子一定是静平衡的;反之,经过静平衡设计的刚性转子则不一定是动平衡的。

2. 挠性转子的平衡

1)挠性转子的平衡原理

　　挠性转子的平衡原理建立在弹性轴横向振动理论的基础上,其动平衡原理为:挠性转子在任意转速下回转时所呈现的动挠度曲线,是由无穷多阶振型组成的空间曲线,其前三阶振型是主要成分,振幅较大,其他高阶振型成分振幅很小,可以忽略不计。前三阶振型又都是由同阶不平衡量谐分量激起的,可对转子进行逐阶平衡,即先将转子启动到第一临界转速附近,测量支承的振动或转子的挠度,对第一阶不平衡量谐分量进行平衡。然后再将转子依次启动到第二、第三临界转速附近,分别对第二、第三阶不平衡量谐分量进行平衡。

　　由于平衡是逐阶进行的,而且平衡面的数目和位置是根据振型选择的,因此,不仅保证了转子在整个工作转速范围内振动被控制在许可范围内,而且可以有效地减小转子的动挠度和弯曲应力。

　　平衡的目的是使转子在其工作转速范围内运转平稳,因此,只对工作在第三临界转速以上或接近第三临界转速的转子,才需要对第三阶不平衡量谐分量进行平衡。

2)挠性转子的动平衡方法

　　挠性转子的平衡方法可分为振型平衡法和影响系数法。下面简要介绍振型平衡法。

　　振型平衡法的基本过程是根据测量或计算得到的振型,适当地选择平衡面的数目和轴向位置,对工作转速范围内的振型进行逐阶平衡。根据平衡面数目不同,振型平衡法又分为 N 法和 $N+2$ 法两种。

　　N 法即 N 平面法,要求设置的平衡面数等于振型的阶数 N,即平衡一阶振型应选一个平

衡面,平衡二阶振型应选两个平衡面。平衡面的轴向位置一般选在波峰处,此时平衡效果最显著,而所需配加的平衡质量最小,N 法所用的平衡面少,操作比较简单,对于平衡精度要求不太高时,可选用该法。

　　$N+2$ 法即 $N+2$ 平面法,要求对转子进行振型平衡前,必须进行低速刚性动平衡,然后再逐阶对振型进行平衡,设置的平衡面数要等于振型的阶数加 2。$N+2$ 法的平衡效果很好,因此,它不仅保证了振型平衡,还保证了刚性平衡,如果平衡精度要求较高时,可选用 $N+2$ 法。

10.4.2　平面机构的平衡

　　在一般的平面机构中存在着做平面复合运动和往复运动的构件,这些构件的总惯性力和总惯性力偶矩不能像转子那样由构件本身加以平衡,而必须对整个机构进行平衡。具有往复运动构件的机构在许多机械中是经常使用的,如汽车发动机、高速柱塞泵、活塞式压缩机、振动剪床等。由于这些机械的速度比较高,所以平衡问题常常成为影响产品质量的关键问题之一,促使人们开展有关这些机构平衡问题的研究。

　　当机构运动时,其各运动构件所产生的惯性力可以合成为一个通过机构质心的总惯性力和一个总惯性力偶矩,这个总惯性力和总惯性力偶矩全部由基座承受。因此,为了消除机构在基座上引起的动压力,就必须设法平衡这个总惯性力和总惯性力偶矩。故机构的平衡条件是作用于机构质心的总惯性力 F 和总惯性力偶矩 M 分别为零。不过,在实际的平衡计算中,总惯性力偶矩对基座的影响应当与外加的驱动力矩和阻抗力矩一并研究(这三者都将作用到基座上),但是由于驱动力矩和阻抗力矩与机械的工作性质有关,单独平衡惯性力偶矩往往没有意义,因此只讨论惯性力平衡的问题。

　　设机构中活动构件的总质量为 m,机构总质心 S 的加速度为 a_S,则要使机构作用于机架上的总惯性力 F 得以平衡,就必须满足 $F=-ma_S=0$。由于式中 m 不可能为 0,所以必须使 a_S 为零,即机构总质心 S 应做匀速直线运动或静止不动。又由于机构中各构件的运动是周期性变化的,故总质心 S 不可能永远做匀速直线运动。因此,欲使总惯性力 $F=0$,只有设法使总质心 S 静止不动。

　　在设计机构时,可以通过其构件的合理布置、加平衡质量或加平衡机构等方法来使机构的惯性力得到完全或部分地平衡。

1. 机构惯性力的完全平衡

1)加平衡质量法

　　在某些机构中,可通过在构件中添加平衡质量的方法来完全平衡其惯性力。用来确定平衡质量的方法有质量替代法、主导点向量法和线性独立向量法等,这里仅介绍质量替代法。

　　所谓质量替代法,是指将构件的质量简化成几个集中质量,并使它们所产生的力学效应与原构件所产生的力学效应完全相同。如图 10-12 所示,设一个构件的质量为 m,其对质心 S 的转动惯量为 J_S,若以 n 个集中质量 $m_1,m_2,m_3,\cdots,m_n$ 来替代,替代点的坐标为 $(x_1,y_1),(x_2,y_2),\cdots,(x_n,y_n)$,则为使替代前后的力学效应完全相同,必须满足下列条件:

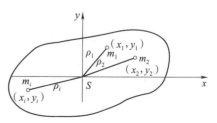

图 10-12　构件替代质量产生惯性力

（1）所有替代质量之和与原构件质量相等，即

$$\sum_{i=1}^{n} m_i = m \tag{10-36}$$

（2）所有替代质量的总质心与原构件的质心重合，即

$$\sum_{i=1}^{n} m_i x_i = m x_S = 0, \sum_{i=1}^{n} m_i y_i = m y_S = 0 \tag{10-37}$$

（3）所有替代质量对质心的转动惯量与原构件对质心的转动惯量相同，即

$$\sum_{i=1}^{n} m_i \rho_i^2 = \sum_{i=1}^{n} m_i(x_i^2 + y_i^2) = J_S \tag{10-38}$$

满足上述三个条件时，替代质量产生的总惯性力和惯性力矩与原构件的惯性力和惯性力矩相等，这种替代称为质量动替代。若只满足前两个条件，则替代质量的总惯性力和原构件的惯性力相同，而惯性力矩不同，这种替代称为质量静替代。需要指出的是，质量动替代后，替代质量的动能之和与原构件的动能相等；而质量静替代后，动能则不相等。

工程实际中，通常使用两个或三个替代质量，而且将替代点选在运动简单且运动容易确定的点上（如构件的转动副处）。下面介绍常用的两点替代法：

（1）两点动替代。

如图10-13所示，设构件AB长为l，质心位于点S，质量为m。由于替代后的质心仍应在点S，故两替代点必与S共线。若选A为替代点，则另一替代点K将在直线AS上。由式（10-36）、式（10-37）、式（10-38）得

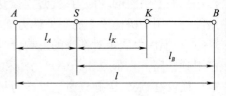

图10-13 两点质量代换

$$m_A + m_K = m$$
$$m_A l_A - m_K l_K = 0$$
$$m_A l_A^2 + m_K l_K^2 = J_S$$

解得

$$\begin{cases} l_K = \dfrac{J_S}{m l_A} \\ m_A = \dfrac{m l_K}{l_A + l_K} \\ m_K = \dfrac{m l_A}{l_A + l_K} \end{cases} \tag{10-39}$$

由上式可知：当选定替代点A后，另一替代点K的位置也随之确定，不能自由选择。

（2）两点静替代。

因为静替代条件比动替代条件少了一个方程式（10-38），所以自由选择的参数多一个，即两个替代点的位置均可自由选择。与动替代一样，两替代点必与S共线。若取两替代点位于A、B处，则由式（10-36）、式（10-37）可得

$$m_A + m_B = m$$
$$m_A l_A = m_B l_B$$

故
$$\begin{cases} m_A = \dfrac{l_B}{l_A+l_B}m = \dfrac{l_B}{l}m \\[2mm] m_B = \dfrac{l_A}{l_A+l_B}m = \dfrac{l_A}{l}m \end{cases} \tag{10-40}$$

图 10-14 所示的铰链四杆机构中,设运动构件 1、2、3 的质量分别为 m_1、m_2、m_3,其质心分别位于 S_1、S_2、S_3。为完全平衡该机构的总惯性力,可先将构件 2 的质量 m_2 代换为 B、C 两点处的集中质量,即

$$\begin{cases} m_B = \dfrac{l_{CS_2}}{l_{BC}}m_2 \\[2mm] m_C = \dfrac{l_{BS_2}}{l_{BC}}m_2 \end{cases} \tag{10-41}$$

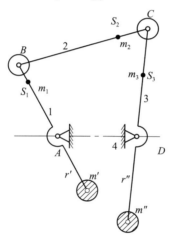

图 10-14　铰链四杆机构完全平衡的附加平衡质量法

然后,可在构件 1 的延长线上加一个平衡质量 m',并使 m'、m_1 及 m_B 的质心位于 A 点。设 m' 的中心至 A 点的距离为 r',则 m' 的大小可由下式确定。

$$m' = \frac{m_B l_{AB}+m_1 l_{AS_1}}{r'} \tag{10-42}$$

同理,可在构件 3 的延长线上加一个平衡质量 m'',并使 m''、m 及 m 的质心位于 D 点。平衡质量 m'' 的大小为

$$m'' = \frac{m_C l_{CD}+m_3 l_{DS_3}}{r''} \tag{10-43}$$

式中,r'' 为 m'' 的中心至 D 点的距离。

包括平衡质量 m'、m'' 在内的整个机构的总质量为
$$m = m_A+m_D \tag{10-44}$$
式中

$$\begin{aligned} m_A &= m_1+m_B+m' \\ m_D &= m_3+m_C+m'' \end{aligned} \tag{10-45}$$

于是,机构的总质量 m 可认为集中在 A、D 两个固定不动点处。机构的质心 S 应位于直线 AD(即机架)上,且

$$\frac{l_{AS}}{l_{DS}}=\frac{m_D}{m_A} \tag{10-46}$$

机构运动时,其总质心 S 静止不动,即 $a_S=0$。因此,该机构的总惯性力得到了完全平衡。

采用同样的方法,可对如图 10-15 所示的曲柄滑块机构进行平衡。首先,可在构件 2 的延长线上加一个平衡质量 m',并使 m'、m_2 及 m_3 的质心位于 B 点。设 m' 的中心至 B 点的距离为 r',则 m'、m_B 的大小分别为

$$m'=\frac{m_2 l_{BS_2}+m_3 l_{BC}}{r'} \tag{10-47}$$

$$m_B=m_2+m_3+m' \tag{10-48}$$

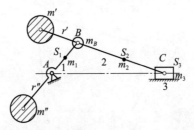

图 10-15　曲柄滑块机构完全平衡的附加平衡质量法

然后,可在构件 1 的延长线上加一个平衡质量 m'',并使 m''、m_1 及 m_B 的质心位于固定不动的 A 点。设 m'' 的中心至 A 点的距离为 r'',则平衡质量 m'' 及机构的总质量 m 分别为

$$m''=\frac{m_1 l_{AS_1}+m_B l_{AB}}{r''} \tag{10-49}$$

$$m=m_A=m_1+m_B+m'' \tag{10-50}$$

由于机构的总质心位于 A 点,故该机构的总惯性力得到了完全平衡。

2)对称布置法

若机械本身要求多套机构同时工作,则可采用图 10-16 所示的对称布置方式,使机构的总惯性力得到完全平衡。由于左右两部分关于 A 点完全对称,故在机构运动过程中,其质心将保持静止不动。采用对称布置法可以获得良好的平衡效果,但机构的体积会显著增大。

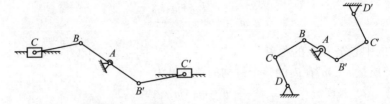

图 10-16　机构总惯性力完全平衡的对称布置法

应当指出,机构惯性力完全平衡的设计方法虽然可使机构的总惯性力得到完全平衡,但也存在着明显的缺点。采用附加平衡质量法时,由于需安装若干个平衡质量,将使机构的总

质量大大增加;尤其是将平衡质量安装在做一般平面运动的连杆上时,对结构更为不利。采用对称布置法时,将使机构的体积增加、结构趋于复杂。因此,工程实际中许多设计者宁愿采用部分平衡方法以减小机构的总惯性力所产生的不良影响。

2. 机构惯性力的部分平衡

1)加平衡质量法

对于图 10-17 所示的曲柄滑块机构,可用质量静代换得到位于 A、B、C 三点的三个集中质量 m_A、m_B 及 m_C,其大小分别为

$$\begin{cases} m_A = m_{1A} = \dfrac{l_{BS_1}}{l_{AB}} m_1 \\[2mm] m_B = m_{1B} + m_{2B} = \dfrac{l_{AS_1}}{l_{AB}} m_1 + \dfrac{l_{CS_2}}{l_{BC}} m_2 \\[2mm] m_C = m_{2C} + m_3 = \dfrac{l_{BS_2}}{l_{BC}} m_2 + m_3 \end{cases} \qquad (10\text{-}51)$$

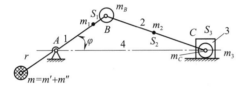

图 10-17 机构总惯性力部分平衡的附加质量法

由于 A 为固定不动点,故集中质量 m_A 所产生的惯性力为零。因此,机构的总惯性力只有两部分,即 m_B、m_C 所产生的惯性力 F_B、F_C。为完全平衡 F_B,只需在曲柄 1 的延长线上加一个平衡质量 m' 即可。设 m' 的中心至 A 点的距离为 r,则其大小为

$$m' = \frac{l_{AB}}{r} m_B \qquad (10\text{-}52)$$

设曲柄 1 以等角速度 ω 等速转动,则集中质量 m_C 将做变速往复直线移动。由机构运动分析可知 C 点的加速度方程,用级数法展开并取其前两项得

$$a_C \approx -\omega^2 l_{AB} \cos \omega t - \omega^2 \frac{l_{AB}^2}{l_{BC}} \cos 2\omega t \qquad (10\text{-}53)$$

m_C 所产生的往复惯性力为

$$F_C \approx m_C \omega^2 l_{AB} \cos \omega t + m_C \omega^2 \frac{l_{AB}^2}{l_{BC}} \cos 2\omega t \qquad (10\text{-}54)$$

式(10-54)右端的第一、二项分别称为一阶、二阶惯性力。若忽略影响较小的二阶惯性力,则

$$F_C = m_C \omega^2 l_{AB} \cos \omega t \qquad (10\text{-}55)$$

为平衡 F_C,可在曲柄 1 的延长线上距 A 为 r 处再加一个平衡质量 m'',并使其满足

$$m'' = \frac{l_{AB}}{r} m_C \qquad (10\text{-}56)$$

将 m'' 所产生的惯性力沿 x,y 方向分解,则

$$\begin{cases} F_x = -m''\omega^2 r\cos \omega t \\ F_y = -m''\omega^2 r\sin \omega t \end{cases} \tag{10-57}$$

将式(10-56)代入式(10-59),可得

$$\begin{cases} F_x = -m_C\omega^2 l_{AB}\cos \omega t \\ F_y = -m_C\omega^2 l_{AB}\sin \omega t \end{cases} \tag{10-58}$$

由于 $F_x = -F_C$,故 F_x 已将 m_C 所产生的一阶惯性力 F_C 抵消。不过,此时又增加了一个新的不平衡惯性力 F_y,其对机构的工作性能亦会产生不利影响。为此,通常可取

$$F_x = -\left(\frac{1}{3} \sim \frac{1}{2}\right)F_C \tag{10-59}$$

$$m'' = \left(\frac{1}{3} \sim \frac{1}{2}\right)\frac{l_{AB}}{r}m_C \tag{10-60}$$

这样,既可以平衡一部分往复惯性力 F_C,又可使新增的惯性力 F_y 不致过大,对机械的工作较为有利。

2)加平衡机构法

如图 10-18(a)所示曲柄滑块机构中,当曲柄 AB 转动时,滑块 C 与 C' 的加速度方向相反,其惯性力的方向亦相反。但由于采用的是非完全对称布置,两滑块的运动规律并不完全相同,故只能使机构的总惯性力在机架上得到部分平衡。类似地,在图 10-18(b)所示机构中,当曲柄 AB 转动时,两连杆 BC、$B'C'$ 及两摇杆 CD、$C'D$ 的惯性力也可以部分抵消。

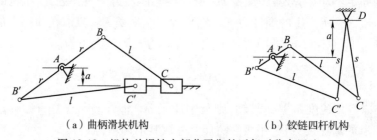

(a)曲柄滑块机构　　(b)铰链四杆机构

图 10-18　机构总惯性力部分平衡的近似对称布置法

对于曲柄滑块机构,有时也可采用附加连杆机构的方法来实现机构总惯性力的部分平衡。例如图 10-19 中,以铰链四杆机构 $AB'C'D'$ 作为曲柄滑块机构 ABC 的平衡机构。若连架杆 $C'D'$ 较长,则 C' 点的运动近似为直线,故可在 C' 点附加平衡质量 m',以达到平衡 m 所产生的惯性力的目的。

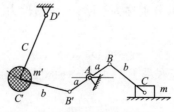

图 10-19　附加连杆机构实现机构总惯性力的部分平衡

10.5 机械运转速度波动及调节

一般情况下,机械原动件并非做等速运动,由于在不同的驱动力和阻抗力的影响下,机械在运动过程中将会出现速度波动,这种波动将会导致在运动副中产生附加的动压力,并引起机械的振动而降低机械的寿命、效率和工作质量,这就需要对这种速度波动加以研究和调节,使速度波动调节在许可的范围内。

10.5.1 周期性速度波动及其调节

大部分机械如刨床、冲床、轧钢机等都有稳定运转阶段,而在稳定运转时,主轴角速度是围绕某一平均值做周期性波动的。例如冲床在每冲一个零件时,速度就波动一次。在波动的一个周期内,因输入功和输出功是相等的,致使机械的动能在每经一个运动循环后又回到原来的数值,且等效转动惯量也在同一周期内做周期性波动,从而使主轴的角速度也做周期性循环波动。但在一个周期中,任一时间间隔的等效驱动力的功和等效阻抗力的功并不总是相等,所以瞬时速度又是变化的。过大的波动幅度对机械正常运转有不利影响。所以在设计机械时,必须针对不同性质的机械进行不同分析。

1. 周期性速度波动产生的原因

作用在机械上的驱动力矩和阻抗力矩往往是原动件转角 φ 的周期性函数,其等效力矩 M_d 与 M_r 必然也是等效构件转角的周期性函数。

图 10-20(a)所示为某一机械在稳定运转过程中,其等效构件在一个周期 φ_r 中所受等效驱动力矩 M_d 与等效阻抗力矩 M_r 的变化曲线。在等效构件回转过 φ 角时(设起始位置为 φ_a),其驱动功与阻抗功分别为

$$W_d(\varphi) = \int_{\varphi_a}^{\varphi} M_d(\varphi) \, d\varphi \tag{10-61}$$

$$W_r(\varphi) = \int_{\varphi_a}^{\varphi} M_r(\varphi) \, d\varphi \tag{10-62}$$

机械动能的增量为

$$\Delta E = W_d(\varphi) - W_r(\varphi) = \int_{\varphi_a}^{\varphi} \left[M_d(\varphi) - M_r(\varphi) \right] d\varphi = \frac{J(\varphi)\omega^2(\varphi)}{2} - \frac{J_a \omega_a^2}{2} \tag{10-63}$$

由上式计算得到的机械动能 $E(\varphi)$ 的变化曲线如图 10-20(b)所示。

分析图 10-20(a)中 bc 段曲线的变化可以看出,由于力矩 $M_d > M_r$,因而机械的驱动功大于阻抗功,多余出来的功在图中以"+"号标识,称之为盈功。在这一段运动过程中,等效构件的角速度由于动能的增加而上升。反之,在图中 cd 段,由于 $M_d < M_r$。因而驱动功小于阻抗功,不足的功在图中以"−"号标识,称之为亏功。在这一阶段,等效构件的角速度由于动能减少而下降。如果在等效力矩 M 和等效转动惯量 J 变化的公共周期(假设 M_d 的变化周期为 4π,M_r 的变化周期是 3π,J 的变化周期是 2π,则其公共周期为 12π,在该公共周期的始末,等效力矩与等效转动惯量的值均应分别相同)内,即图 10-20 中对应于等效构件转角由 φ_a 到 φ_a' 的一段,驱动功等于阻抗功,则机械动能的增量等于零,即

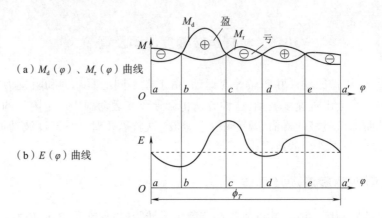

（a）$M_d(\varphi)$、$M_r(\varphi)$曲线

（b）$E(\varphi)$曲线

图 10-20　周期性速度波动

$$\int_{\varphi_a}^{\varphi_{a'}}(M_d - M_r)\,d\varphi = \frac{J_{a'}\omega_{a'}^2}{2} - \frac{J_a\omega_a^2}{2} = 0 \tag{10-64}$$

于是经过等效力矩与等效转动惯量变化的一个公共周期,机械的动能又恢复到原来值,因而等效构件的角速度也将恢复到原来的数值。由此可知,等效构件的角速度在稳定运转过程中将呈现周期性的波动。

2. 周期性速度波动的衡量指标

为了对机械稳定运转过程中出现的周期性速度波动进行分析,一般用平均角速度 ω_m 和速度不均匀系数 δ 来衡量。如果在一个周期内角速度的变化如图 10-21 所示,其最大和最小角速度分别为 ω_{max} 和 ω_{min},则在周期 ϕ_T 内的平均角速度 ω_m 应为

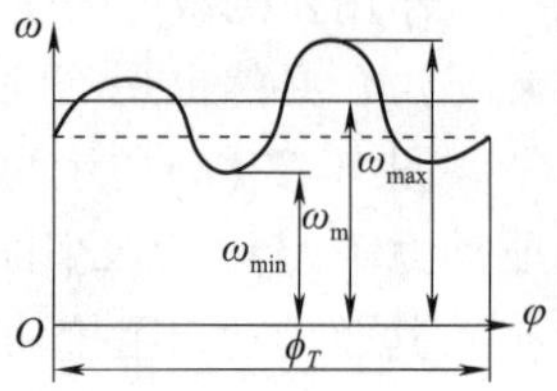

$$\omega_m = \frac{\int_0^{\phi_T}\omega(\phi)\,d\varphi}{\phi_T}$$

图 10-21　角速度变化示意图

在工程实际中,当 ω 变化不大时,常按最大和最小角速度的算术平均值来计算平均角速度 ω_m,即

$$\omega_m = \frac{1}{2}(\omega_{max}+\omega_{min}) \tag{10-65}$$

ω_m 也可由机械的名牌上查得额定转速 $n(\text{r/min})$ 后进行换算而得到。

机械速度波动的程度不能仅用速度变化的幅度 $\omega_{max}-\omega_{min}$ 来表示。这是因为当 $\omega_{max}-\omega_{min}$ 一定时,对低速机械和对高速机械其变化的相对百分比是不同的。因此,平均角速度 ω_m 是衡量速度波动的一个重要指标。综合考虑这两方面的因素,故可以用机械运转速度不均匀系数 δ 来表示机械速度波动的程度,其定义为角速度波动的幅度 $\omega_{max}-\omega_{min}$ 与平均角速度 ω_m 之比,即

$$\delta = \frac{\omega_{max}-\omega_{min}}{\omega_m} \tag{10-66}$$

不同类型的机械,对速度不均匀系数 δ 大小的要求是不同的。表 10-1 中列出了一些常用机械运转速度不均匀系数的许用值$[\delta]$,供设计时参考。为了使所设计的机械的速度不均

匀系数不超过允许值,应满足如下条件:$\delta \leqslant [\delta]$。

表 10-1　常用机械运转速度不均匀系数的许用值[δ]

机械名称	[δ]	机械名称	[δ]
碎石机	$1/20 \sim 1/5$	水泵、鼓风机	$1/50 \sim 1/30$
冲床、剪床	$1/10 \sim 1/7$	造纸机、织布机	$1/50 \sim 1/40$
轧压机	$1/25 \sim 1/10$	纺纱机	$1/100 \sim 1/60$
汽车、拖拉机	$1/60 \sim 1/20$	直流发电机	$1/200 \sim 1/100$
金属切削机床	$1/40 \sim 1/30$	交流发电机	$1/300 \sim 1/200$

由式(10-65)和式(10-66)可导出下式

$$\omega_{max} = \omega_m \left(1 + \frac{\delta}{2}\right) \tag{10-67}$$

$$\omega_{min} = \omega_m \left(1 - \frac{\delta}{2}\right) \tag{10-68}$$

$$\omega_{max}^2 - \omega_{min}^2 = 2\delta \omega_m^2 \tag{10-69}$$

当 ω_m 一定时,机器的运转不均匀系数 δ 越小,ω_{max} 和 ω_{min} 的差值越小,机器运转越平稳。

3. 周期性速度波动的调节

为了减少机械运转时的周期性速度波动,最常用的方法是安装飞轮,即在机械系统中安装一个具有较大转动惯量的盘状零件。其作用在于:当机械中驱动功大于阻抗功时,机械主轴速度增大,飞轮的角速度也增大,但是由于飞轮的惯性作用总是力图阻止主轴速度迅速增大。此时飞轮动能的增大相当于将一部分多余的驱动功以能量的形式储存起来。由于飞轮的转动惯量很大,因此吸收多余的能量后主轴速度只是略增不至于过大。反之,当阻抗功大于驱动功时,机械主轴速度下降,飞轮的速度也下降,飞轮的角速度也下降,由于惯性作用,飞轮又力图阻止主轴速度的迅速下降,此时飞轮就将高速时储存的能量释放出来以弥补驱动功的不足。同样,由于飞轮的转动惯量很大,释放所需的能量后主轴速度只是略降而不至于过大。由此可见,采用具有很大转动惯量的飞轮储存和释放能量就可大大减小周期内机械主轴运转速度波动幅度的目的。

故装置飞轮能减小周期速度波动的程度。但要强调指出,装置飞轮不能使机器运转速度绝对不变,也不能解决非周期性速度波动问题,因为如在一个时期内,输入功一直小于总耗功,则飞轮能量将没有补充的来源,也就起不了储存和释放能量的调节作用。

对于一个工作循环中工作时间很短但有很大尖峰负载的某些机械,如冲床、剪床及某些轧钢机,安装飞轮的目的不仅是为了调速,而且利用飞轮的储放能作用,在安装飞轮后可以采用功率较小的电动机,有利于节能和提高设备效益。

10.5.2　飞轮设计

飞轮设计的关键是根据机械的平均角速度和允许的速度不均匀系数[δ]来确定飞轮的转动惯量。

1. 飞轮设计的基本原理

由图 10-20(b)可见,在 b 点处机械出现能量最小值 $E_{\min}$,而在 c 点处出现能量最大值 $E_{\max}$。故在 φ_b 与 φ_c 之间将出现最大盈亏功 $\Delta W_{\max}$,即驱动功与阻抗功之差的最大值,其值可由式(10-70)计算

$$\Delta W_{\max} = E_{\max} - E_{\min} = \int_{\varphi_b}^{\varphi_c} [M_{\mathrm{d}}(\varphi) - M_{\mathrm{r}}(\varphi)]\, d\varphi \tag{10-70}$$

如果忽略等效转动惯量中的变量部分,即设机械的等效转动惯量 J 为常数,则当 $\varphi=\varphi_b$ 时,$\omega=\omega_{\min}$;当 $\varphi=\varphi_c$ 时,$\omega=\omega_{\max}$。而为了调节机械的周期性速度波动,设在机械上安装的飞轮的等效转动惯量为 J_{F} 则由式(10-70)可得

$$\Delta W_{\max} = E_{\max} - E_{\min} = (J+J_{\mathrm{F}}) \frac{(\omega_{\max}^2 - \omega_{\min}^2)}{2} = (J+J_{\mathrm{F}})\omega_{\mathrm{m}}^2 \delta \tag{10-71}$$

由此可得到系统安装飞轮后其速度波动不均匀系数的表达式为

$$\delta = \frac{\Delta W_{\max}}{\omega_{\mathrm{m}}^2 (J+J_{\mathrm{F}})} \tag{10-72}$$

对于一具体的机械系统而言,由于最大盈亏功 $\Delta W_{\max}$、平均角速度 ω_{m} 及构件的等效转动惯量 J 都是确定的,故由式(10-72)可知,当在机械上安装一转动惯量为 J_{F} 的飞轮后,为保证安装飞轮后机械速度波动的程度在工作许可的范围内,应该满足条件 $\delta \leqslant [\delta]$,则有

$$\delta = \frac{\Delta W_{\max}}{\omega_{\mathrm{m}}^2 (J+J_{\mathrm{F}})} \leqslant [\delta] \tag{10-73}$$

可见,只要 J_{F} 足够大,就可以达到调节机械周期性速度波动的目的。

2. 飞轮转动惯量的计算

由式(10-73)可得到飞轮等效转动惯量 J_{F} 的计算公式为

$$J_{\mathrm{F}} \geqslant \frac{\Delta W_{\max}}{\omega_{\mathrm{m}}^2 [\delta]} - J \tag{10-74}$$

式中,J 为系统中除飞轮以外其他运动构件的等效转动惯量。若 $J \ll J_{\mathrm{F}}$,则 J 通常可忽略不计,式(10-74)可近似写为

$$J_{\mathrm{F}} \geqslant \frac{\Delta W_{\max}}{\omega_{\mathrm{m}}^2 [\delta]} \tag{10-75}$$

若将式(10-75)中的平均角速度 ω_{m} 用平均转速 n(单位:r/min)取代,则有

$$J_{\mathrm{F}} \geqslant \frac{900 \Delta W_{\max}}{\pi^2 n^2 [\delta]} \tag{10-76}$$

显然,忽略 J 后算出的飞轮转动惯量将比实际需要的大,从满足运转平稳性的要求来看是趋于安全的。分析式(10-76)可知,为求出飞轮的转动惯量,关键是要求出最大盈亏功 $\Delta W_{\max}$。确定最大盈亏功 $\Delta W_{\max}$,需先确定机械最大动能 $E_{\max}$ 和最小动能 $E_{\min}$ 出现的位置,对于一些比较简单的情况,$E_{\max}$ 和 $E_{\min}$ 出现的位置可直接由 M—φ 图中看出,对于较复杂的情况,则可借助于所谓能量指示图来确定,现以图 10-20 为例加以说明,如图 10-20(c)所示,

取任意点作为位置 a 的起点,并标上字母 a,按一定比例用向量线段依次表示相应位置 M_d 与 M_r 之间所包围的面积 A_{ab}、A_{bc}、A_{cd}、A_{de} 和 $A_{ed'}$ 大小和正负,盈功为正箭头向上,亏功为负箭头向下。由于在一个循环的起始位置与终了位置处的动能相等,所以能量指示图的首尾应在同一水平线上,即形成封闭的台阶形折线。由图中明显看出位置点 b 处动能最小,位置点 c 处动能最大,而图中折线的最高点和最低点的距离 A_{max} 就代表了最大盈亏功 ΔW_{max} 的大小。

👉 **特别提示**

当 ΔW_{max} 与 ω_m 一定时,如果 $[\delta]$ 值取得很小,飞轮转动惯量就需很大,因此,不能过分追求机械运转速度的均匀性,否则将会使飞轮过于笨重。另外,$[\delta]$ 不可能为零,也就是安装飞轮后机械运转的速度仍有周期性波动,只是波动的幅度减小了。再者,当 ΔW_{max} 与 ω_m 一定时,J_F 与 n 的平方值成反比,所以为减小飞轮转动惯量,最好将飞轮安装在机械的高速轴上。当然,实际设计中还必须考虑安装飞轮轴的刚性和结构的可行性。

3. 飞轮尺寸的确定

飞轮的转动惯量确定后,就可以确定其各部分的尺寸了。需要注意的是,在讨论飞轮转动惯量的求法时,假定飞轮安装在机械的等效构件上。实际设计时,若希望将飞轮安装在其他构件上,则在确定其各部分尺寸时,需要先将计算所得的飞轮转动惯量折算到其安装的构件上。工程中常把飞轮做成圆盘状或腹板状,如图 10-22 所示。

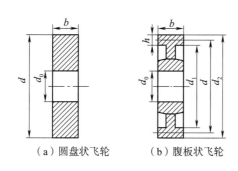

（a）圆盘状飞轮　　　（b）腹板状飞轮

图 10-22　飞轮形状

1）圆盘状飞轮的尺寸

当飞轮转动惯量较小时,可做盘状,它实际上是一个实心的圆盘,如图 10-22(a)所示,设 d、b、m 分别为其直径、宽度、质量。由理论力学可知,圆盘状飞轮对其转轴的转动惯量 J_F 为

$$J_F = \frac{1}{2}m\left(\frac{d}{2}\right) = \frac{1}{8}md^2 \tag{10-77}$$

$$md^2 = 8J_F \tag{10-78}$$

式中,md^2 称为飞轮矩,选定飞轮直径 d 以后,可求出飞轮的质量 m。直径越大,其质量越小。但过大直径会导致飞轮的尺寸过大,使其圆周速度和离心力增大。为防止发生飞轮破裂事故,所选择的飞轮直径与对应的圆周速度要小于工程上规定的许用值。

根据计算的飞轮质量 m 和直径 d,可求出飞轮的宽度 b。

飞轮质量为 $m = \frac{1}{4}\pi d^2 b\gamma$，于是

$$b = \frac{4m}{\pi d^2 \gamma} \tag{10-79}$$

式中，γ 为飞轮的材料密度（kg/m³）。

2）腹板状飞轮尺寸的计算

当飞轮转动惯量较大时，可做腹板形式，图 10-22（b）所示为腹板状飞轮，其转动惯量可近似地认为是飞轮轮缘部分的转动惯量。厚度为 h 的轮缘部分是一个直径为 d_1、d_2 的圆环。由理论力学可知，其转动惯量为

$$J_F = \frac{1}{2}m\left[\left(\frac{d_1}{2}\right)^2 + \left(\frac{d_2}{2}\right)^2\right] = \frac{m}{2}\left(\frac{d_1^2+d_2^2}{4}\right) \tag{10-80}$$

由图 10-22（b）可知，$d_1 = d-h$，$d_2 = d+h$，$d = \frac{1}{2}(d_1+d_2)$。式中，d 为轮缘的平均直径。

整理上式得

$$J_F = \frac{1}{4}m(d^2+h^2) \tag{10-81}$$

由于 $h \ll d$，上式可近似写为

$$J_F = \frac{1}{4}md^2 \tag{10-82}$$

选定飞轮直径 d 后，根据飞轮转矩可计算飞轮质量 m，有

$$m = \pi d b h \gamma \tag{10-83}$$

可以得到

$$bh = \frac{m}{\pi d \gamma} \tag{10-84}$$

从相关《机械设计手册》中查取到 b/h 的比值后，可计算出飞轮宽度 b 和轮缘厚 h。

由式（10-79）及式（10-84）可知，当飞轮转动惯量一定时，飞轮直径越大，则 m 越小。但是直径过大不仅占据空间大，而且轮缘圆周速度增加，可能导致飞轮因过大的离心力作用而发生破裂。因此，确定飞轮尺寸时，应当校验飞轮的最大圆周速度，使其不超过允许值。对于铸铁飞轮，轮缘极限圆周速度为 35 m/s，对于铸钢飞轮，极限圆周速度为 40~60 m/s，对于盘形钢制飞轮，极限圆周速度则取 80~100 m/s。

10.5.3 非周期性速度波动及其调节

1. 非周期性速度波动产生的原因

如果机械系统在运转过程中，等效力矩 $M = M_d - M_r$ 出现非周期性的变化，则机械系统运转的速度将出现非周期性波动，从而不能保持稳定运转状态。若长时间内 $M_d > M_r$，则机械系统将越转越快，因此可能会出现所谓的"飞车"现象，从而使机械系统遭到破坏；反之，若 $M_d < M_r$，则机械系统就会越转越慢，最后将停止不动。为了避免以上两种情况的发生，必须对这种非周期性的速度波动进行调节，以使机械系统重新恢复稳定运转。因此就需要设法使驱动力

矩与工作阻力矩恢复平衡关系。

2. 非周期性速度波动的调节方法

在机械系统中调节非周期性速度波动的方法很多。对于选用电动机作原动机的机械系统,其本身就可使驱动力矩和工作阻力矩协调一致。这是因为当电动机的转速由于 $M_d < M_r$ 而下降时,其产生的驱动力矩将增大;反之,当因 $M_d > M_r$ 引起电动机转速上升时,驱动力矩减小,可以自动地重新达到平衡,这种性能称为自调性。

但是,若机械系统的原动机为蒸汽机、汽轮机或内燃机等,就必须安装一种专门的调节装置——调速器,用来调节机械系统出现的非周期性速度波动。调速器的种类很多,它可以是纯机械式的,也可以是包含了电气或电子元件的。最简单的机械式调速器是离心调速器。

图 10-23 所示为离心式调速器的工作原理示意图。方框 1 为原动机,方框 2 为工作机,框 5 内是由两个对称的摇杆滑块机构组成的调速本体。当系统的转速增加时,调速器本体也加速回转,由于离心惯性力的关系,两重球 K 将张开带动滑块 M 上升,通过连杆机构关小节流阀 6,使进入原动机的工作介质减小,从而降低速度。若转速过低则工作过程反之。可以说调速器是一种反馈机构。

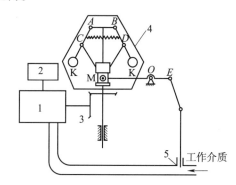

图 10-23 离心式调速器

1—原动机;2—工作机;3—齿轮;4—调速本体;5—节流阀

有关调速器更深入的研究与设计等问题已超出本课程的范围,这里就不再讨论了。

本章小结

机械系统从开始运动到停止的全过程,都要经过启动、稳定运转和停车三个阶段。

求已知力作用下的机械的真实的运动规律,可根据能量守恒定律列出的机械运动时的动能方程式求解。为简化计算,引入等效力、等效力矩、等效质量和等效转动惯量的概念,把机械系统在已知力作用下运动问题的研究简化为只有等效构件和机架组成的简单机构在等效力或等效力矩作用下的运动问题。

机械平衡的目的是消除或减小机械运转时,构件所产生的惯性力和惯性力偶造成的危害。回转件的静平衡,只需在一个平衡平面内加配重,即可使惯性力得到平衡,而其动平衡需在两个平衡基面内加配重,才能使惯性力和惯性力偶得以平衡。对于做往复移动或平面运动的构件不能在构件本身进行平衡,只能是机构在机座上的平衡,使机构的惯性力的合力和力偶得到完全或部分的平衡。

当作用在机械系统中的驱动力或驱动力矩所做的功与阻抗功或阻抗力矩所做的功不等时,将出现盈亏功,并引起机械系统速度的变化。周期性速度波动可以在机械系统中加入一个具有足够转动惯量的飞轮进行调节;而非周期性速度波动必须采用调速器来改变输入功率,以使机械系统获得新的能量平衡。

习 题

1. 判断题

(1)在机械系统中安装飞轮可使其周期性速度波动消除。   (   )

(2)为了使机器稳定运转,机器中必须安装飞轮。   (   )

(3)为了减轻飞轮的重量,最好将飞轮安装在转速较高的轴上。   (   )

(4)机器稳定运转的含义是指原动件(机器主轴)作等速转动。   (   )

(5)机器做稳定运转,必须在每一瞬时驱动功率等于阻抗功率。   (   )

(6)做往复运动或平面复合运动的构件可以采用附加平衡质量的方法使它的惯性力在构件内部得到平衡。   (   )

(7)若机构中存在做往复运动或平面复合运动的构件,则不论如何调整质量分布仍不可能消除运动副中的动压力。   (   )

(8)绕定轴摆动且质心与摆动轴线不重合的构件,可在其上加减平衡质量来达到惯性力系平衡的目的。   (   )

(9)设计形体不对称的回转构件,虽已进行精确的平衡计算,但在制造过程中仍需安排平衡校正工序。   (   )

(10)不论刚性回转体上有多少个平衡质量,也不论它们如何分布,只需要在任意选定两个平面内,分别适当地加平衡质量即可达到动平衡。   (   )

2. 单选题

(1)在机械系统的启动阶段,系统的动能增加,并且(   )。

A. 输入功大于总消耗功   B. 输入功等于总消耗功

C. 输入功小于总消耗功   D. 输入功等于零

(2)在研究机械系统动力学问题时,常采用等效力(或力矩)来代替作用在系统中的所有外力,它是按(   )的原则确定的。

A. 做功相等   B. 动能相等   C. 瞬时功率相等

(3)为了减小机械运转中周期性速度波动的程度,应在机械中安装(   )。

A. 调速器   B. 飞轮   C. 变速装置

(4)在机械系统速度波动的一个周期中的某一时间间隔内,当系统出现亏功时,系统的运动速度减小,此时飞轮将(   )能量。

A. 储存   B. 释放   C. 不变化

(5)在机械系统中安装飞轮后可使其周期性速度波动(　　)。

A. 消除　　　　　　B. 减小　　　　　　C. 增强

(6)不考虑其他因素,单从减轻飞轮的质量上看,飞轮应安装在(　　)。

A. 高速轴上　　　　B. 低速轴上　　　　C. 任意轴上

(7)对于存在周期性速度波动的机器,安装飞轮主要是为了在(　　)阶段进行速度调节。

A. 启动　　　　　　B. 停车　　　　　　C. 稳定运动

(8)机器安装飞轮后,原动机的功率与未安装飞轮时的功率相比(　　)。

A. 可以一样大　　　B. 可以大些　　　　C. 可以小些

(9)在转子的动平衡中,(　　)。

A. 只有做加速运动的转子才需要进行动平衡,因为这时转子将产生惯性力矩。

B. 对转子进行动平衡,必须设法使转子的离心惯性力系的合力和合力偶矩均为零。

C. 对转子进行动平衡,只要能够使转子的离心惯性力系的合力为零即可。

D. 对转子进行动平衡,只要使转子的离心惯性力系的合力偶矩为零即可。

3. 简答题

(1)简述机械中不平衡惯性力的危害。

(2)为什么做往复运动的构件和做平面复合运动的构件不能在构件本身内获得平衡,而必须在基座上获得平衡? 机构在基座上平衡的实质是什么?

(3)飞轮为什么可以调速? 能否利用飞轮来调节非周期性速度波动,为什么?

(4)为什么说锻压设备当中安装飞轮,可以起到节能的作用?

4. 计算题

已知某机械稳定运转时,主轴的角速度 $\omega = 100$ rad/s,机械等效转动惯量 $J_e = 0.5$ kg·m^2,制动器的最大制动力矩 $M_r = 20$N·m(制动器与机械主轴直接相连,并取主轴为等效构件)。要求制动时间不超过 3 s,试检验该制动器是否能满足工作要求。

第11章 机械系统的方案设计

主要内容

机械系统的设计过程;机械系统的总体方案设计;机械系统的执行构件设计和原动机选择;机械传动系统的方案设计。

学习目的

(1)了解机械系统设计一般过程。
(2)了解机械系统的总体方案设计。
(3)了解机械系统执行机构的设计和原动机的选择方法。
(4)了解机械传动系统设计的方案设计。

引 例

水运仪象台是把浑仪、浑象和报时装置结合在一起的大型天文仪器,是北宋科学家苏颂、韩公廉等人在开封设计制造的,如图11-1所示。公元1086年开始设计,到公元1092年全部制造完成,是世界上最早的天文钟。整个水运仪象台高12米,宽7米,共分3层,体积相当于一幢四层楼的建筑物。最上层的板屋内放置着1台浑仪,屋的顶板可以自由开启,平时关闭屋顶,以防雨淋;中层放置着一架浑象;下层又可分成五小层木阁,每小层木阁内均安排了若干个木人,五层共有162个木人,它们各司其职:每到一定的时刻,就会有木人自行出来打钟、击鼓或敲打乐器、报告时刻、指示时辰等。在木阁的后面放置着精度很高的两级漏刻和一套机械传动装置,可以说这里是整个水运仪象台的"心脏"部分,用漏壶的水冲动机轮,驱动传动装置,浑仪、浑象和报时装置便会按部就班地动作起来。

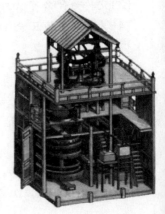

图 11-1　水运仪象台

水运仪象台的构思广泛吸收了以前各家仪器的优点,尤其是吸取了北宋初年天文学家张思训所改进的自动报时装置的长处;在机械结构方面,采用了民间使用的水车、筒车、桔槔、凸轮和天平秤杆等机械原理,把观测、演示和报时设备集中起来,组成了一个整体,成为一部自动化的天文台。

水运仪象台代表了我国11世纪末天文仪器的最高水平。它具有三项令世界瞩目的发明。首先,它的屋顶被设计成可开闭的,是现代天文台活动圆顶的雏形;其次,它的浑象能一昼夜自动旋转一周,是现代天文跟踪机械——转移钟的前身;此外,它的报时装置能在一组复杂齿轮系统的带动下自动报时,其中的锚状擒纵器是后世钟表的关键部件,因此它又是钟表的祖先。英国著名科技史专家李约瑟曾说水运仪象台"可能是欧洲中世纪天文钟的直接祖先"。水运仪象台反映了中国古代力学知识的应用已经达到了相当高的水平。

机械系统是指由若干个零部件根据功能要求和结构形式所组成的一个有机系统。现代机械种类繁多,结构复杂,但是从实现系统功能的角度看,机械系统可以分为动力系统、传动系统、执行系统、控制系统等若干个子系统,每个子系统有不同的功能,各子系统结合时必须服从整个系统的功能要求,互相协调,彼此适应。

现代机械是传统机械技术与不断涌现的相关科学技术创新成果综合集成的产物,光、电、液、气、计算机技术在现代机械中得到了广泛的应用。现代机械系统既要考虑运动和动力的传递,也要考虑信息传递、传感检测、控制管理等方面。

机械系统方案设计是指根据客观需要,确定预定目标,经过规划、构思、设想、分析及决策,建立能够满足预定目标的技术系统的活动。通过对各个子系统的工作原理、运动方式、力和能量的传递方式、结构尺寸、材料、润滑方式等进行设想,分析和计算,形成具体的数据资料、技术文件及工作图样。机械系统的优劣最终体现在系统的整体功能上,因此设计时要考虑整个系统的布局和运行,确定各个子系统的功能和其相互之间的联系,使整个系统获得理想的效果。

11.1　机械系统的设计过程

设计机械产品的目的是利用它代替人们的劳动。机械产品设计是一个通过分析、综合与创新获得某些特定要求和功能的机械系统的过程。根据设计的内容和特点,可以把机械产品设计分为三种类型:①开发性设计。在工作原理、结构等完全未知的情况下,针对新任务提出新方案,开发设计出以往没有的新产品。这是一种完全创新的设计,例如,最初的蒸汽机设计就属于开发性设计。②变形设计。在工作原理和功能结构不改变的情况下,对已有产品的结构、参数、尺寸等方面进行变异,设计出适用范围更广的系列化产品。例如,由于需要传递的转矩或传动比改变而重新设计减速器的传动系统和尺寸,就属于变形设计。③适应性设计,也称反求设计。针对已有的产品设计,在消化吸收的基础上,对产品作局部变更或设计一个新部件,使产品更能满足使用要求。例如,内燃机增加一增压器后可以使输出功率增大,加一节油器就可以节约燃料,增压器和节油器的设计就属于适应性设计。开发设计是探索创新,变形设计是变异创新,适应性设计是在吸收中创新。创新是各种类型设计的共同点。

机械系统设计的一般过程包括产品规划设计、总体方案设计、结构技术设计及生产销售四个阶段。

1)产品规划设计

(1)选题。根据产品发展规划或市场需要提出设计任务书或由上级主管部门下达计划任务书。

(2)调查研究。进行市场调查,收集技术情报和资料,掌握外部环境条件,预测市场发展趋势。

(3)可行性论证。对市场前景、投资环境、生产条件、生产规模、生产组织、成本与效益等进行全面的分析研究,提出可行性研究报告。

(4)确定任务。明确设计任务、目的及要求,指定系统开发计划。

2)总体方案设计

(1)目标分析。根据设计任务,进行系统功能分析,工艺动作分解,明确各子系统工作原理。

(2)方案的拟定与评价。选择工作原理,拟定总体方案,对方案进行有关计算,做模拟试验,进行功能评价和技术、经济评价。

(3)方案决策。对各候选方案进行分析比较,确定最佳方案(必要时应针对所选方案进行前期试验研究),绘制系统运动简图,编写总体方案设计计算说明书。

3)结构技术设计

(1)结构设计。考虑加工工艺、装配工艺等因素,设计零部件的结构形式及其连接方式。

(2)尺寸设计。分系统进行子系统的设计,计算和确定主要尺寸、公差、精度及制造安装的技术条件(必要时进行中期试验研究)。

(3)绘制图样。绘制系统总装配图,全部零件工作图,编写各种技术文件和说明书。

4)生产销售

(1)样机试制及样机试验(后期试验)。

(2)设计的改进。对不能满足要求的技术、经济指标进行分析,根据样机的鉴定和评审意见进行修改和完善,同时进行工艺装备的准备工作。对单件生产的产品,经修改、实验、调整后,投入运行考核,并在运行中不断改进和完善;对大批量生产的产品,通过小批试制进一步考核设计的工艺性,并不断修改和完善设计,同时进行工艺装备的准备工作。

(3)定型设计。完善全部零件工作图、设计技术文件和工艺文件。

(4)销售。

对于设计过程中进行的前期试验和中期试验,可部分或全部使用虚拟样机技术进行机械系统仿真分析,可以缩短设计周期,减少设计开发成本。

在实际的产品开发设计过程中,常常需要改进甚至推翻原设计方案进行再设计,即在每个设计阶段或在各设计阶段之间,存在反复循环链式的设计过程。具体设计时,不但要满足机械产品本身的功能要求,还要考虑与其他系统之间的关系,从技术、经济、社会三个方面综合,提出针对主要零部件设计参数要求,以保证满足总体方案设计的各种约束条件。例如,在总体方案设计阶段可能提出增加或改变某些功能要求,则初期规划设计阶段提出的设计任务就要改变,为完成这些功能,总体方案中执行机构的设计方案也需要改变;在结构技术设计阶段,也可能因结构处理的需要,改变原设计方案;即使在生产加工、安装调试或售后服务中,也会因为发现质量或功能问题而提出改进设计方案的建议。因此,机械设计是一个各阶段紧密相连、前后呼应的系统过程,是一个不断创新、变革的发展过程,特别是在机械总体方案设计阶段,创新显得尤为重要。

特别提示

机械系统的总体设计过程没有严格的规定,一般来说,一开始总有一个产品目标设想,然后进行总的可行性论证和技术经济分析。

知识链接

系统是由具有特定功能的、相互间具有有机联系的许多要素构成的一个整体。系统具有两重含义：系统由相互联系的要素组成；系统与环境发生关系，不是孤立的。

系统具有的几个特性：①整体性。由各要素按一定的要求和结构组织起来构成一个整体，获得各个孤立要素所不具备的新功能。②相关性。系统的要素之间、要素与整体之间、系统与环境之间互相制约，互相影响。③环境适应性。由于系统结构的有机性及系统具有反馈功能，因此系统能够适应环境的变化。④目的性，即完成特定的功能。⑤优化原则。通过要素的重组、自我调节，使系统达到一定环境下的最佳结构。

11.2 机械系统的总体方案设计

机械产品的设计是继承和创造的过程。机械系统总体方案设计时，设计人员从系统的功能分析和使用要求出发，运用所掌握的知识、经验以及所搜集的全部资料，通过分析对比，寻求组合作用原理，建立功能结构，构思出能满足功能要求的总体设计方案。机械总体方案设计的过程是一个反复迭代优化的过程，设计时一般提出多个方案，对它们进行分析比较，以便选择。

11.2.1 机械总体方案设计的目的和内容

1. 总体方案设计的目的

在新产品开发设计的四个阶段中，初期规划设计阶段进行的市场调研和可行性论证，为所开发的新产品是否具有生命力和市场竞争力提供准确的信息，而要实现初期规划阶段提出的设计目标，其关键就在于系统总体方案的设计。

机械系统总体方案设计的目的在于：根据设计任务，运用现代设计思想和方法，全面考虑产品全生命周期各个阶段的不同要求，通过目标分析、创新构思、方案拟定、方案评价与决策，使所设计的产品功能齐全、性能先进、质量优、成本低、能够迅速占领市场，提高企业的市场竞争力和生命力。

2. 总体方案设计的内容

总体设计是机械系统内部设计的在主要任务之一，也是进行系统技术设计的依据。总体设计对机械的性能、尺寸、外形、质量及生产成本都具有重大的影响。总体设计时必须在保证实现已定方案的基础上，尽可能充分考虑与人—机—环境、加工装配、运行管理等外部系统的联系，使机械系统与外部系统相互协调适应，以使设计更加完善。

机械系统主要由原动机、传动系统、执行系统和控制系统组成，因此，机械系统总体方案设计的内容主要有：

（1）执行系统的方案设计。主要包括系统的功能原理设计、运动规律设计、执行机构的类型设计、系统的协调设计以及系统的方案评价与决策。

(2)传动系统的方案设计。主要包括系统传动类型及传动路线的选择,系统运动传动链中各机构顺序的安排以及各级传动比的分配。

(3)原动机类型的选择。

(4)控制系统的方案设计。

(5)其他辅助系统的设计。主要包括润滑系统、冷却系统、故障检测系统、照明系统以及安全保护系统等的设计。

在机械总体方案设计中,从原动机到传动机构再到执行机构的整个系统的设计一般称为机械系统的运动方案设计,其结果是给出一份满足运动性能要求的运动简图。

知识链接

机械系统设计的第一个环节是总体设计,是在具体设计之前对所要设计的机械系统得各个方面,本着简单、实用、经济、安全、美观等基本原则所进行的综合性设计,是一个从整体目标出发,实现系统整体优化设计的一个阶段。总体设计给具体设计规定了总的基本原理、原则和布局,指导具体设计的进行,而具体设计是在总体设计基础上的具体化,并促成总体设计不断完善。

11.2.2 机械总体方案设计的思想与方法

总体方案设计是产品设计中最关键的阶段。除了需要扎实的理论知识、丰富的实践经验、第一手资料和最新的信息外,更需要科学的设计思想和方法,需要设计者具有现代设计、系统工程和工程设计的理念。

1. 现代设计理念

现代设计是传统设计的延伸和发展。科学技术迅猛发展,学科的交叉和综合现象越来越明显,随着优化设计、可靠性设计、工业设计、计算机辅助设计、价值工程、系统工程等现代设计理论及现代设计方法的出现和发展,现代机械设计已不是单纯的工程技术问题,而是自然科学、人文科学和社会科学相互交叉,科学理论和工程技术高度融合的一门现代设计科学。现代设计的理念主要体现在以下几个方面:

(1)社会性。现代设计的过程,以面向社会、面向市场、面向用户为主导思想,全面考虑解决从产品的概念形成到报废处理的全生命周期中的所有问题。设计过程中的功能分析、原理方案、结构方案和造型方案确定等,都要按市场经济规律进行尽可能定量的市场、经济和价值分析,以并行工程方法指导企业生产管理、体制改革和新产品的设计,以相似性设计、模块化设计来更好地满足快速变化的市场需求。

(2)创造性。现代设计突出创新性。机械设计的本质是创造性思维与活动的体现,特别是在方案设计阶段,设计者有充分发挥创造力的空间,构思设计独具匠心的新颖设计方案。

(3)广义性。现代机械系统是计算机控制的机、光、电、液一体化的综合系统,仅凭单一的机械专业的知识难以完成具有高新技术的机械产品设计。广义设计是现代科学技术高度交叉、渗透、创新的综合。

(4)宜人性。现代设计注重产品的内在质量与实用性,美观性与时代感,充分考虑人—

机—环境之间的协调关系。在保证产品功能的前提下,还能让用户有新颖舒适的精神感受。

(5)最优化。现代设计寻求最优设计方案和参数。在产品性能指标、技术经济、制造工艺、使用环境及可持续发展等各种约束条件下,通过计算机高效综合集成最新科技成果,寻求最优设计方案和参数。

(6)动态化。现代设计考虑机械工作时随机变量对动态性能的影响,静态设计的同时进行动态设计,使设计更加符合实际情况,确保工作时的可靠性。

(7)数字化、智能化。广泛应用计算机技术,以计算机为主模仿人的智能活动进行分析,对信息进行数字化处理,提高设计的准确性和效率,设计出高度智能化的产品。

2. 系统工程理念

应用系统工程理论解决设计问题的基本指导思想是从产品的整体目标出发,将系统的总体功能分解成多个子功能单元,拟定出各个子功能单元的技术方案,对技术方案进行分析、评价及选择。

现代机械产品不论大小都可以看作是一个系统。按照系统工程的理念,组成系统的子系统以实现产品的整体技术性能为目标,彼此依赖和制约,充分发挥各自的特定功能,最终体现系统的整体功能。现代设计要求以系统工程的理念及基本思想来指导设计的全过程,以此来提高产品的总功能和质量。

3. 工程设计的理念

工程设计是强调应用性的"发明与创新"活动,除技术成分外,还包括很多非技术成分。在系统总体方案的拟定中,既要充分运用自然科学的原理,还要考虑一些非自然科学的因素,如自然环境、社会、人文艺术等众多因素的影响和制约。

从工程设计的理念评价产品总体方案的优劣,不仅应从技术方面评价其功能是否符合要求,还应从市场的适应性、设计的规范性、生产经济性、系统的安全与可靠性等方面进一步进行评价。

☞ 特别提示

根据系统预期的功能要求,拟定的总体方案可能是一个,也可能是多个,为了进行决策,必须对各种方案进行评价。系统评价至今并无统一的方法,系统评价时应考虑的因素有:系统的功能、性能指标、可靠性、经济性、使用寿命及人机工程学等。

一个实际的机械系统可能有很多个子功能系统,而每一个子功能都有若干个解,它们可以形成若干个总体方案。方案设计的过程就是对子功能方案进行综合的过程。一般采用形态学矩阵法来解决总体方案中功能匹配的问题。在形态学中,将各子系统的功能及基本可能实现的方法列入一个矩阵形式的表中,这个表就称为形态学矩阵。如表 11-1 所示,若子功能为 A、B、C,对应的功能解为 3、5、4 个,则在理论上可综合出 $3 \times 5 \times 4 = 60$ 个方案。

表 11-1　形态学矩阵

		功能元解				
功能元	A	A_1	A_2	A_3		
	B	B_1	B_2	B_3	B_4	B_5
	C	C_1	C_2	C_3	C_4	

11. 2. 3　机械系统总体方案设计准则

1. 执行机构必须满足工艺动作和运动规律的要求

这是确定机械运动方案的首要准则。一般来说,高副机构比较容易满足所要求的运动规律或运动轨迹,但制造比较麻烦,并且高副元素容易磨损而造成运动失真。低副机构往往只能近似实现所要求的运动规律或运动轨迹,尤其当构件数目较多时,造成累积误差大,设计也比较困难,但是低副机构制造比较容易,且能承受较大的载荷。比较而言,设计时应优先采用低副机构,高副机构往往只用于运动的控制与补偿。

有些机构中,为了增加机构的刚度或强度,消除运动的不确定性或考虑构件受力平衡等因素,加入了虚约束,从而会导致生产成本的提高和装配的困难,尤其是当尺寸不合理或加工精度不高时,还会引起构件的内力,出现楔紧或卡死等现象。

制造安装过程中,机构不可避免的会产生误差,使其不能达到原有的设计要求;生产过程中,有时为了使所选用的机构适用范围更广,必须根据实际情况调整某些参数,基于以上原因,对所选择的机构应考虑有调整环节,或选用能调节、补偿误差的机构。

2. 动力源的选择应有利于简化机构和改善运动质量

原动机的输出运动形式有转动(如各种电动机、内燃机、液压马达、气压马达等)、往复移动(如活塞式气缸、液压缸或直流电动机)、往复摆动(如双向电动机、摆动式液压缸等)及步进运动(如步进电动机)。在机构选型时应充分考虑生产和动力源的情况,有液、气压动力源时,尽量采用液压油缸,以简化传动链和改善运动,且液压油缸具有减震、易于调速、操作方便等优点,特别是对于具有多执行机构的工程机械、自动机、其优越性更加突出。

3. 机构的传力性能要好

此原则对于高速机械或载荷变化大的机构尤为重要。对于高速机械,机构选型时要尽量考虑其对称性,对机构或者回转构件进行平衡使其质量合理分布,以求惯性力的平衡和减小动载。对于传力大的机构要尽量增大机构的传动角或减小压力角,来防止机构自锁,增大机器的传力效益,减小原动机的功率及损耗。

4. 机器操作方便,调整容易,安全耐用

拟定机械运动方案时,应适当选用一些开、停、离合、正反转、制动等装置,使操作方便,调整容易。有时为了防止机器因载荷突变造成损坏,可选用过载保护装置。

5. 机器的质量轻,结构紧凑

满足使用要求的前提下,机构应尽可能简单、紧凑,构件的数量及运动副的数目也尽可能减少,使运动传动链尽可能短。这样不仅可以减少制造和装配的困难,减轻重量,降低成本,还可以减少机构的累积误差,提高机器的运动效率和工作可靠性。

6. 加工制造方便,成本低

降低产品的生产成本,提高经济效益是产品有足够的竞争力的有力保证。在机构类型选择时,应尽可能地选用低副机构,且最好选用以回转副为主构成的低副机构。在满足使用要求的前提下,应尽可能选用结构简单的机构,尽可能选用标准化、系列化、通用化的结构元器件,以最大限度的降低成本,提高经济效益。

7. 具有较高的生产效率与机械效益

选用机构时,为节约能源提高经济效益,要考虑到机构生产及其机械效率。具体选用时,应尽量减少中间环节,即传动链要尽可能的短,且尽量少用移动副。

机械系统总体方案设计是决定机械的质量、使用性能、经济性及市场竞争力的重要阶段,是实现创新设计的跃变阶段。系统总体设计方案要满足总功能要求,可运用各种科学原理或借助各种先进技术手段进行设计构思,创造新机械产品。

知识链接

机械系统总体方案中的创新设计体现在以下几个方面:①发明新工作原理。总体方案的新颖性和独创性,涉及设计人员知识的广度和深度。凭借设计人员的知识、经验、思维、灵感,应用成熟的科学技术,突破常规惯例发明新工作原理,也可以通过融合不同学科知识和综合技术,结合不同层次不同类型的机构组合,形成新的工作原理。②机构创新。进行总体方案设计时,对完成各工艺动作和功能的机构运动方案进行构思,对各机构的机构尺寸参数等进行综合与变异,重新构筑机构形式,设计出具有高科技含量的新机构。③多方案优选。系统总体方案是众多设计方案中的优选方案,具有新颖性、实用性及可操作性。创新设计从所方面、多视角寻求解决问题的途径,通过综合指标对总体方案的评价,确定出最佳设计方案。

实例 11-1 单缸洗衣机的总体方案设计。

(1) 功能分析。

从洗衣机的总体功能出发,分析实现"洗衣"功能的手段,可以得到"盛装衣物""分离脏物""控制洗涤"等几个基本子功能。

(2) 功能求解,并用形态许矩阵对功能进行方案综合。

在上述的三个分功能中,"分离脏物"是最关键的功能。为列举功能形态,应进行信息检索,密切关注各种有效的技术手段和方法,在考虑利用新的方法时,还要进行必要的实验,以验证方法的可利用性和可靠性。建立的形态学矩阵如表 11-2 所示。

表 11-2 单缸洗衣机的形态学矩阵

		功能元解			
		1	2	3	4
A	盛装衣物	铝桶	塑料桶	玻璃钢桶	陶瓷桶
B	分离脏物	机械摩擦	电磁振荡	热胀	超声波
C	控制洗涤	人工手控	机械定时	电脑自控	

根据表 11-2,理论上可以有 48 种方案。

某些方案是明显不太合适的,例如 A_1—B_4—C_1,这些方案可以直接去掉,下面简要分析五种具有代表性的方案。

方案 1:A_1—B_1—C_1 是一种最原始的洗衣机。

方案 2:A_1—B_1—C_2 是最简单的普及型单缸洗衣机。这种洗衣机通过电动机和 V 带传动使洗衣桶底部的波轮旋转,产生涡流并与衣物互相摩擦,再借助洗衣粉的化学作用达到洗净衣物的目的。

方案 3：A_2—B_3—C_1 是一种结构简单的热胀增压式洗衣机。在桶中装热水并加入洗衣粉，用手摇动使桶旋转增压，达到洗净衣物的目的。

方案 4：A_1—B_2—C_2 是一种利用电磁振荡原理进行分离脏物的洗衣机。这种洗衣机可以不用洗涤波轮，把水排干后还可利用电磁振荡使衣物脱水。

方案 5：A_1—B_4—C_2 是超声波洗衣机的设想。考虑利用超声波产生很强的水压使衣物纤维振动，同时借助气泡上升的力使衣物运动而产生摩擦，达到洗净衣物的目的。

11.3　机械系统的执行构件设计和原动机选择

11.3.1　执行构件的运动设计

执行系统是整个机械系统的动力与运动的输出部分，应能够准确、快速地实现预期的动作要求。因此，执行机构应具有响应速度快、动态性能好、运动准确度高、易控制且可靠性好等特点。

从运动与力的功能要求出发，常将机械系统划分为如图 11-2 所示的功能结构：驱动系统、传动系统、执行系统、控制与信息处理系统。

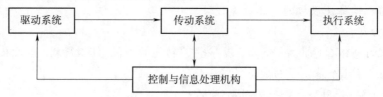

图 11-2　机械系统的常用功能结构

执行系统通常处于机械系统的末端，包括机械的执行机构及执行构件，直接对作业对象进行操作，执行系统工作性能的好坏，直接影响整个系统的性能。所以，执行机构的运动设计是机械系统设计的关键问题之一。

1. 执行构件的设计要求

1) 实现预期的运动或动作

为了完成工作任务，执行构件必须能实现预期精度的运动或动作，即不仅要满足运动或动作形式的要求，还要保证一定的精度。

2) 具有足够的强度、刚度

机构中每一个零部件都要具有足够的强度及刚度要求，尤其是对于动力型执行机构更加不能忽视。强度不够会导致零部件损坏，造成工作中断，甚至发生人身事故。刚度不够会产生过大的弹性变形，也会导致系统不能正常工作。

☞ **特别提示**

强度、刚度计算并非对任何执行机构都是必需的，例如某些动作型执行机构，如包糖机，主要功能是实现预期的动作，受力很小，这种场合下，零部件尺寸通常由工作和结构的需要而定。

3）各执行机构间动作配合要协调

设计相互关联的多个执行机构时，要确保各执行机构间的运动要互相协调配合，防止由于运动不协调而造成构件互相碰撞、干涉或者是工序倒置等事故。

4）结构合理，外形美观，制造安装简单

设计时充分考虑零件的结构工艺性能，使其既能满足强度、精度、刚度等方面的要求，又便于制造和安装。同时，还要考虑设计造型的美观。

5）工作安全可靠，有足够的使用寿命

工作安全可靠是指在一定的使用期限及预定环境下，机构能正常地进行工作，不出故障，使用安全，且便于维护、管理。足够的使用寿命是指在给定的使用期限内能够正常地工作。

除以上要求外，根据执行机构工作环境的不同，可能还有防锈、防腐、耐高温等要求。由于执行机构通常都是外露的，是机械系统工作的危险区，因此常需要设置必要的安全保护装置。

2. 执行构件的功能原理设计

机械系统执行构件的运动设计是根据工艺要求或使用要求进行的。当要求确定之后，首先要考虑的是采用何种功能原理来实现给定的运动要求。选定了功能原理后，才能根据功能原理设计构件的工艺动作以及完成这些动作的执行构件的运动规律。

执行机构的功能原理设计是指根据预期的工艺要求或使用要求，构思出多种可能实现给定要求的功能原理，加以分析比较，从中选出既能很好地满足功能要求，而工艺动作简单的功能原理。

例如，要加工螺栓上的螺纹，可以采用车削加工原理、套螺纹工作原理及滚压工作原理。不同的螺纹加工原理适用于不同的场合，满足不同的加工需要及加工精度要求，其执行机构的运动方案也不一样。

功能原理设计过程是一个创造性的设计活动，功能原理设计的方法主要有：

1）综合创造法

综合创造法是最常用的一种设计方法。把预期要实现的功能要求分解为各子功能单元，进行各个子功能单元的原理设计，最后把各个子功能原理综合起来，形成总体功能原理。也可以把已知的功能原理进行优化组合，如数控机床是机械技术与电子技术的优化组合，同步带传动是摩擦带传动技术与链传动技术的优化组合。

2）还原创新法

还原创新法是指跳出已有的创造起点，重新返回到创造的原点，围绕机构预期实现的功能要求另辟蹊径，构思出新的功能原理的设计过程。例如家用缝纫机的发明。最初设计缝纫机的目的就是为了缝合布料，这是缝纫机要实现的预期功能。一味地模仿人手的穿针引线的动作，将其作为发明创造的起点，使得发明缝纫机的梦想迟迟不能实现。通过总结与思考，突破模仿人手穿针引线动作的思路，回到创造的原点，大胆采用摆梭，使底线绕过布面线将布料夹紧的工作原理来实现缝纫机预期的功能要求，成功的发明出家用缝纫机。

3）思维拓展法

思维拓展法要求设计人员能够转变思维方式，从传统的定向思维向发散思维转变。如设计进给装置时,可以采用丝杠螺母的机械式运动原理,也可以采用液压、气动的运动原理。

3. 执行机构的运动规律设计

执行机构的功能原理确定后,就可根据机构预期实现的功能要求,确定机构工作原理所提出的工艺要求,构思出能实现该工艺要求的各种运动规律,从中选取最简单适用的运动规律作为机械执行机构的运动方案。运动方案的选择直接关系到机械运动实现的可能性、整机的复杂性以及机械工作性能的好坏,对质量及经济性能指标有重大的影响。

1)运动方案设计的一般原则

运动方案设计的目的是绘制出一份主要从运动学角度考虑的机械运动简图,它应能完全满足机械的性能要求。首先,要选择好执行机构。往往不止一种机构可以实现所需要的运动。其次,要选择好动力源。不同的动力源对于同一部机器的设计有着非常显著的影响。最后,传动系统的设计影响着执行机构的性能,又是整个运动方案设计中最复杂的部分。在具体设计中,没有一成不变的要求,通常考虑的设计原则有:

(1)传动链尽可能短。

一部机器传动链过长的主要原因有:①中间传动环节过于复杂,一部电动机带动多条传动链;②动力源安装位置距离执行机构过远;③变换运动形式及转动方向的环节过多,等等。传动链过长会使传动精度和传动效率降低,增加成本,机器的故障率增加。因此,设计中尽量避免过长的传动链。

(2)机械效率尽可能高。

蜗杆传动、丝杠传动的效率均较低,而齿轮传动效率则较高。一部机器的效率取决于组成机械的各机构的效率,因此合理选择传动机构非常重要。在主传动中,因其传递功率较大,更应使用传动效率高的机构。但也不能因为某些机构传动效率低而完全不在主传动中使用,所占空间的大小,成本的高低,使用寿命的长短等都应作为比较条件。

(3)合理分配传动比。

总传动比确定之后,应将其合理地分配到整个传动链中的各级传动机构。各级传动比的大小不应超出各种机构的常规范围。传动链为减速时,传动比的分配从动力源到执行机构由小到大,有利于中间轴的高转速低转矩,使轴及轴上零件尺寸较小,从而使得机构结构紧凑。

(4)合理安排传动机构的顺序。

传动机构的顺序安排有很大的灵活性,并非一成不变,它与机器的功用、运转速度等有密切的关系。例如,带传动不宜传递大转矩,因此多安排在传动链的最高端;凸轮机构易实现复杂的运动规律,但不能承受太大的载荷,常用于传动链的低速端。

(5)保证机械的安全运转。

机械的运转必须满足使用性能要求,但安全问题决不可忽视。例如,起重机械不允许在重物作用下发生倒转,因此,可使用自锁装置或使用制动器。

2)运动方案的选择

机构运动方案是在确定工作原理后,以工艺方法和工艺动作的分析为前提的综合选择。一个复杂的工艺过程需要多个动作,任何复杂的动作都是一些简单运动的合成。一个工艺动作可以分解为若干种简单运动。工艺动作分解的方法不同,得到的运动方案也不同。在进行运动方案的选择时,要根据实际情况对各种运动方案进行分析比较,综合考虑各种因素,从而选择出最佳运动方案。

例如,要设计一台加工平面或成形表面的机床,可以选择刀具与工件之间相对往复移动的工作原理。为了确定该机床的运动方案,需要依据其工作原理对工艺过程进行分解。一种分解方法是让刀具作纵向往复移动,工件作间歇的横向进给,即刀具在工作行程中工件静止不动,而刀具在空回行程中工件作横向进给,工艺动作的这种分解方法,就得到了牛头刨床的运动方案,它适用于加工中、小尺寸的工件;工艺过程的另一种分解方法是让工件作纵向往复移动,刀具作间歇的横向进给运动,即切削时刀具静止不动,而不切削时刀具作横向进给,工艺动作的这种分解方法,就得到了龙门刨床的运动方案,它适用于加工大尺寸的工件。

再比如,某些周期性运动一般可分解为一个匀速运动和一个附加的往复运动,并可分别用比较简单的机构予以实现,然后进行合成。附加的往复运动一般可用凸轮机构或连杆机构实现。

知识链接

实现同一工作任务,且满足工艺要求和性能指标时,可以设计出多种机械运动方案,经过分析比较,保留的方案应该是最优方案。建立评价体系是量化评价的方法之一。评价体系可以将机构评价指标划分为五大类型:机构的功能,机构的工作性能,机构的动力性能,经济性以及机构的结构紧凑性。运动平稳、加速度小、无冲击和噪声是对大型机械十分重要的评价指标;机械的结构简单、尺寸紧凑、质量轻、传动链短、工作可靠是又一重要的评价指标;制造的难易程度、调整及维修的方便性直接影响着机构及机械的经济性,这是不可忽视的第三方面的评价指标。

3)运动规律的设计

执行机构运动规律设计常用的方法是仿真法和思维拓展法。运动规律设计中采用仿真法模仿人或动物的动作,对所要实现的工艺动作进行分解,构思出实现预定工作原理的运动及其运动规律。例如挖掘机,其运动规律就是模仿人手挖土的动作设计出来的。

思维拓展法是在设计过程中避开传统思路另辟蹊径的创新设计方法。例如,设计一个花生分选装置,为了分选出不同大小的花生进行分级,设计人员将花生的运动考虑在内,当花生沿着一组倾斜放置、距离不等的圆柱条滚动时,小花生由于不能被圆柱条夹住而靠自身的重力先行落下,大花生可以多移动一段距离。

运动规律设计与执行机构中执行构件的工艺参数的确定是同步进行的。工艺参数一般分为两种,一种是设计任务明确提出的,即预先已经确定下来。另一种是经分析后确定的。执行构件的工艺参数包括运动参数和力参数。运动参数包括运动形式(直线运动、回转运动)、运动特点(连续运动、间歇运动、往复运动)、运动范围(运动的极限尺寸、转角及位移)、运动速度(匀速运动、变速运动)等。运动参数和力参数(如牛头刨床中切削力的大小)都是由机械的工艺要求决定的。机构形式主要由运动参数来确定,但力参数的大小对机构型式的选取也有一定的影响,因为某些机构无法承受较大的作用力。

4)执行机构的协调设计

执行系统大多包含多个执行构件。执行机构的协调设计是将各执行机构统一成一个整体,形成一个完整的系统,使这些机构以一定的时间关系、时序关系和位置关系协调动作,互相配合,完成机械预定的功能和生产过程。执行机构的协调设计是机械系统方案设计中不可缺少的一环。如果执行机构的动作不协调,则会破坏整机的工作过程,实现不了设计的目的,甚至会损坏机件和产品,造成生产和人身事故。因此,应重视执行机构的协调设计工作。

(1)执行机构协调设计的原则。

执行机构协调设计应遵循的基本原则是:满足各执行构件动作先后顺序的要求;满足各执行构件时间同步性要求;满足各执行构件在空间布置上的协调性要求;满足各执行构件操作上的协同性要求;各执行构件的动作安排要有利于提高劳动生产率;各执行构件的布置要有利于机构的能量协调和效率的提高。

(2)执行机构协调设计的方法。

根据生产工艺的不同,机械的运动循环可分为两大类:一类为各执行构件的运动规律是非周期性的可变运动循环,它随工作条件的不同而改变,具有很大的随机性,如起重机等;另一类为各执行构件的运动循环是周期性的固定循环运动,即以一定的时间间隔各执行构件的位移、速度和加速度等运动参数周期性的重复。生产中的大多数机械都属于后一类运动循环。主要介绍这类机械执行机构协调设计的方法。

对于固定运动循环的机械,当采用机械方式集中控制时,通常用分配轴或主轴与各执行机构的主动件连接起来,或者用分配轴上的凸轮控制各执行机构的主动件来达到系统协调的。各执行机构主动件在主轴上的安装方位,或者控制各执行机构主动件的凸轮在分配轴上的安装方位,均是根据执行机构协调设计的结果来确定的。

执行机构协调设计的步骤:

①确定机械的工作循环周期。

②确定机械在一个运动循环中各执行构件的各个行程及其所需时间。

③确定各执行构件动作间的协调配合关系。

11.3.2 机构的选型

1. 机构的形式设计

执行机构的形式设计又称为机械的形式综合,根据机械的基本动作或功能要求,选择、组合变异出合适的机构形式来实现这些动作。这些基本动作是由机械的整个工艺过程所需的动作或功能分解而成。据此,可确定完成这些基本动作或功能所需的执行构件数目和各执行构件的运动规律。

执行机构形式设计应遵循的基本原则:满足执行机构的工艺动作要求和运动要求;尽量简化和缩短运动链,选择较简单的机构;尽量减小机构的尺寸;选择合适的运动副形式;选择合适的原动机;具有良好的传力性能和动力性能;具有调节某些运动参数的能力;保证机械的安全运转。

2. 机构类型的选择

为了实现要完成的基本动作,必须合理地选择执行机构的类型,并进行机构类型的综合。机构的选型,将影响到机械系统的总体布局、机械系统的工作性能。机构类型的选择,没有一定的模式,它是在对各种典型机构的性能及应用场合有了充分的了解和认真的调查研究、反复实践的基础上,在多种方案中选择较合适的方案。进行方案的比较时,不仅要满足运动和动力的要求,还要考虑到制造的难易程度、生产成本的高低、操作是否方便、运行是否安全可靠、传动是否平稳等。

连杆机构、凸轮机构、齿轮机构等都是最简单的基本机构,各自具有不同的运动特性和动力特性。机构的工作对象及其工作条件千变万化,工艺动作要求也各不相同,单个基本机构往往不能满足复杂多样的要求,因此,可将基本机构通过变换机架或改变机构运动副的形式或改变某些零件的结构来获得各种各样的运动特性。也可以将某些基本机构组合在一起,形成组合机构,来完成预期的复杂运动。

3. 执行机构的运动类型及典型机构

机器中最接近被作业工件一端的机构称为执行机构,执行机构中接触工件或执行终端运动的构件称为执行构件。机器通过执行构件完成作业任务。

执行构件的五种主要运形式为:直线运动、回转运动、任意轨迹运动、点到点的运动以及位到位的运动。又可以分为连续运动、间歇运动、往复运动等。实现不同运动形式的典型机构主要:

1)实现直线运动的机构

直线运动机构能将主动件的旋转或摆动运动转换为从动件的直线运动。能够实现直线运动的机构很多,各类基本机构均可做成直线运动机构。

齿轮—齿条机构、螺旋机构、曲柄滑块机构是最常用也是最简单的直线运动机构。如图 11-3 所示齿轮—齿条机构中,当齿轮做等速回转时,齿条做等速直线运动;螺旋机构中,丝杠的旋转可以使螺母实现往复直线运动;曲柄滑块机构中,曲柄等速连续回转时,滑块可做不等速往复直线运动。

（a）齿轮—齿条机构　　　　　（b）螺旋机构　　　　　（c）曲柄滑块机构

图 11-3　实现直线运动的几种典型机构

连杆机构中以铰链四杆机构为基本形式,特定尺寸的连杆机构也能实现直线运动轨迹。图 11-4 所示为曲柄摇杆机构,当各个杆件的尺寸满足:$BC = CD = CM = 2.5AB, AD = 2AB$ 时,曲柄 AB 绕 A 点转动,B 点在左半圆时,M 点的轨迹为近似直线 $a_1b_1d_1$。此外,直动从动件凸轮机构及圆柱凸轮机构也可以实现从动件按一定规律变化的直线运动。

2)实现回转运动的机构

车床、铣床主轴的回转,水泥搅拌机滚筒的旋转,起重

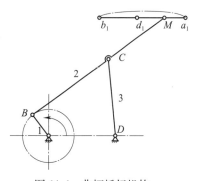

图 11-4　曲柄摇杆机构

葫芦的转动,直升机螺旋桨的高速旋转,电风扇的转动等等都是机械中执行构件作回转运动的。

实现回转运动的主要机构有齿轮机构、连杆机构、带及链传动等。液动及气动的回转运动一般都是用摆动油缸和摆动气缸来实现。

连杆机构结构简单,某些连杆机构可以实现从动件的变速运动,在输出运动规律要求不严格的情况下可以广泛应用。图 11-5 所示的反平行四边形机构中,$AB = CD$ 是短杆,为曲柄,$AD = BC$ 是机架和连杆。当 AB 等速转动时,CD 为变速转动。反平行四边形机构常用于车门开闭等的联动机构中。图 11-6 为利用双曲柄机构驱动的惯性筛,AB、CD 为曲柄,当 AB 匀速转动时,CD 为变速转动,使得偏置滑块 E,即筛体,产生较大变化的加速度,从而利用加速度产生的惯性力来提高筛选效果。

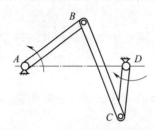

图 11-5 反平行四边形机构

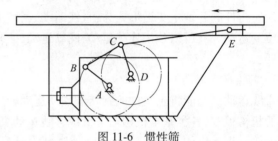

图 11-6 惯性筛

3)实现任意轨迹运动的机构

机器中的执行构件有时需要按照特定的轨迹运动,比如搅拌机构和印刷机构中的送纸机构等。任意运动轨迹通常用连杆机构中的连杆曲线来实现,四杆机构的连杆上的每一点均可以实现一定的封闭运动轨迹。任何开式链机构上的端点都可以实现一定的运动轨迹,工业机器人操作机大多是由开式链机构组成的。

4)实现点到点运动的机构

执行构件点到点的运动是指只对起点和终点的某些运动参数有严格的要求和限制,而中间过程任意的运动。只关心起点和终点,对中间过程无特殊要求时,均认为是点到点的运动。例如搬运机器人的运动可看作是点到点的运动。

曲柄滑块机构中滑块的两个极限位置可以看作是机构的点到点的运动,凸轮从动件运动的两个极限位置也可以看作是构件点到点的运动。

5)实现位到位运动的机构

对于执行构件的运动不只是考虑一个点时,称其为一个位置到另一个位置的位到位运动。例如汽车车门的开闭,飞机起落架的收放,摄影平台的升降等。图 11-7 所示为飞机起落架机构,带有轮子的摇杆在飞机起飞和降落时分别占有收起和放下两个位置。图中实线表示飞机降落时轮子的位置,虚线表示飞机起飞后轮子收起时的位置。

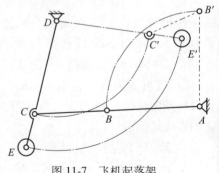

图 11-7 飞机起落架

在机构运动方案设计中,除了上述基本运动形式须通过不同的机构满足外,还有许多其他功能要求,也必须通过各种机构予以满足,如间歇运动机构、差动机构、行程放大机构、增力机构等。

知识链接

间歇运动分两种情况:一为执行构件在一定行程的运动过程中有间歇停顿;二为执行构件单方向的时停时续的运动,这种运动常称为步进运动。差动机构可将两个运动合成一个运动,或将一个运动分解为两个运动,以实现微调、增力、均衡或补偿等目的。增力机构能使传递的力或力矩增大,以达到省力的目的。增力机构也常用于物件夹紧或夹持机构中。各种减速传动装置都有增力功能,如齿轮、带、链等传动。

11.3.3 原动机的类型及其运动参数的选择

原动机是机械设备中的驱动部分,合理的选择原动机也是系统方案设计的重要问题之一。只有组成机器的各个部分选择和设计得当,才能保证整部机器的性能优良。

1. 原动机的类型及特点

原动机的动力源主要有电、液、气三种。电动机是最常用的原动机,交流异步电动机、直流电动机、伺服电动机等都有广泛的应用。液压马达、液压缸是主要的液压原动机。气动马达及气缸是主要的气压原动机。

1)电动机

电动机是机械系统中最常用的原动机,与其他原动机相比,具有较高的驱动效率,且种类及型号较多,与工作机连接方便,具有良好的调速、启动、制动和反向控制性能,易于实现远距离、自动化控制,可满足大多数机械的工作要求。根据使用电源的不同,可分为交流电动机和直流电动机两类。

(1)交流电动机。又分为同步电动机和三相异步电动机。

同步电动机是依靠电磁力的作用使得旋转磁极同步旋转的电动机,其结构复杂,成本高且转速不能调节,一般用于长期连续工作且须保持转速不变的大型机械中,如大功率离心式水泵。

三相异步电动机使用三相交流电源,是生产中广泛应用的一种电动机。根据转子的结构形式,可分为笼型电动机和绕线型电动机。笼型结构简单,易维护,价格低,使用寿命长,连续运行特性好,但是启动和调速性能差,广泛用于无调速要求的机械中,如风机、水泵等。绕线型结构复杂,维护麻烦,价格较高,但是启动转矩大,可进行小范围内调速,广泛用于启动频繁、启动负载较大以及小范围内调速的机械中,如起重机。根据外壳的结构形式,三相异步电动机又可以分为开启式、防护式、封闭式和防爆式。开启式电动机散热性能好,但水滴、灰尘等外界杂物极易进入电动机内部,适用于干净、干燥的室内环境;防护式电动机能防止外界杂物从上方落入电动机内部,适用于较清洁的环境;封闭式电动机能防止外界杂物从任意方向进入电动机内部,适用于灰尘、风沙较多的环境;防爆式电动机将电动机中可能引起爆炸的因素与外部环境隔离,适用于有可燃性气体或者易引起爆炸的危险场合及井下等特殊环境。根据安装方式可分为立式、卧式两种。

(2)直流电动机。直流电动机使用直流电源。按励磁方式可分为他励、并励、串励及复励等形式。直流电动机调速性能好,调速范围宽,启动转矩大,但结构复杂,维护麻烦且价格较高。

(3)伺服电动机。伺服电动机是指能精密控制系统位置和角度的一类电动机。伺服电动机体积小、质量轻,具有宽广而平滑的调速范围及其快速响应能力,广泛应用于数控机床、工业机器人等工业控制、军事、航空航天等领域。

2)内燃机

内燃机是指燃料在气缸内部燃烧,直接将产生的气体所含的热能转变为机械能的装置。

根据燃料种类可分为柴油机和汽油机;根据冲程可分为二冲程内燃机和四冲程内燃机;根据气缸数目可分为单缸和多缸内燃机;根据运动形式可分为往复活塞式和旋转活塞式内燃机;根据点火方式可分为压燃式和点燃式内燃机。

内燃机是一种结构复杂的机械,从整体结构而言,主要包括机体、曲柄滑块机构、配气机构、燃油供给系统、点火系统、润滑系统、冷却系统及启动装置等。内燃机功率范围宽、操作简便、启动迅速;但是结构复杂、污染环境、噪声大。一般用于工作环境无电源的场合,工程机械、农业机械、车辆等流动性机械中。

3)液压马达

液压马达是把液压能转变为机械能的一种能量转换装置。液压马达的主要特点是操作控制简单,能快速响应,易进行无级调速,能获得很大的动力和转矩,易实现复杂工艺过程的动作要求。缺点是制造、装配精度要求高,要求有高压油的供给系统。

4)气动马达

气动马达是把气压能转变为机械能的一种能量转换装置。常用的有叶片式和活塞式。气动马达的工作介质为空气,容易获取且成本低廉,无污染,易远距离输送,能适应恶劣环境,动作迅速,反应灵敏。缺点是工作稳定性差,噪声大,输出转矩小,只适用于小型轻载机械。

2. 原动机的选择

原动机的选择包括类型的选择、转速的选择及功率的选择。选择原动机时要考虑的几个方面有:首先,原动机的机械特性必须和机械系统的负载特性相匹配,必须满足机械系统启动、制动和必要的过载能力及发热要求;其次,原动机必须满足环境要求,如能源供应、降低噪声和环境保护等;再次,原动机必须有最优的性价比,运行稳定可靠,使用寿命合适,经济性能指标合理。

1)原动机类型的选择

影响原动机类型选择的主要因素有驱动效率、运动精度、负载大小、调速要求、原动机外形尺寸、控制的难易程度、使用环境要求以及购置、使用和维修费用等。

(1)在工作机械要求有较高的驱动效率和较高的运动精度的场合下,应选用电动机。一般情况下多用卧式安装的电动机,只有特殊需要才用立式安装的电动机,如立式深井泵,为简化传动装置立式钻床也用立式安装电动机。在特殊情况下电动机可制成两端轴伸,以供安装测速电动机或同时拖动两台工作机械。对于负载转矩与转速无关的工作机械,可选用同步电动机、普通交流异步电动机或直流并励电动机;对于负载功率基本保持不变的工作机械,可选用调励磁的变速直流电动机或带机械变速的交流异步电动机;对于无调速要求的机械,尽可能选用交流电动机;对于工作负载平稳,对启动和制动无特殊要求且长期运行的生产的机械,可选用笼型异步电动机,容量较大时则选用同步电动机;对于工作负载为周期性变化、传递大中功率并伴有飞轮或启动沉重的生产机械,可选用绕线型异步电动机;对于需要调速的机械,可选用多速笼型异步电动机或直流串励电动机。

(2)在要求易控制、响应快、灵敏度高的场合下,宜选用液压马达或气压马达。功率相同的情况下,要求外形尺寸小、重量轻时宜选用液压马达。要求负载转矩大、转速低或要求简化传动系统的减速装置,使原动机与执行机构直接连接时,宜选用低速液压马达。

(3)要求对工作环境不造成污染时,宜选用电动机或气动马达。在易燃、易爆、多尘、振动大等恶劣环境中工作时,宜选用气动马达。

(4)在要求启动速度快、便于移动或在野外工作的场合下,宜选用内燃机。

2)运动参数的选择

(1)电动机的选择。

① 转速的选择。电动机的额定转速一般是根据工作机械的要求而选择的。电动机转速的选择主要考虑执行系统的调速范围要求和传动系统的结构和性能要求。比如功率一定的情况下,选用高速电动机具有尺寸小、重量轻、价格低的优点,但若电动机转速选择过高,会导致传动系统传动比增大,效率降低,结构复杂;若原动机转速选择过低,则会造成价格高、体积大等问题。故应综合考虑多方面因素,合理选择转速。

② 电压的选择。电动机额定电压应与电网供电电压一致。一般生产车间电网为 380 V低电压,因而中小型交流异步电动机可采用 220/380 V 及 380/660 V 两种额定电压。大型交流异步电动机可选用 3 000 V 以上的高压电源。直流电动机由单独直流发电机供电时,额定电压常为 220 V 或 110 V,大功率直流电动机可用 600~870 V。

③ 工作制的选择。国家标准规定三相异步电动机的工作制共分 9 类:连续工作制(S_1)、短时工作制(S_2)、断续周期工作制(S_3)、包括启动的断续周期工作制(S_4)、包括电制动的断续周期工作制(S_5)、连续周期工作制(S_6)、包括电制动的连续周期工作制(S_7)、包括负载和转矩相应变化的连续周期工作制(S_8)、负载和转矩非周期变化的周期工作制(S_9)。连续工作制电动机的工作时间较长,温升可达到稳定值,短时工作制电动机的工作时间较短,间歇时间相对较长,我国制造的这类电动机的工作时间规定为 15 min、30 min、60 min 和90 min 四种。具体选择时,尽可能选择与工作机械相近工作制的电动机。

④ 功率的选择。选择了电动机的类型及额定转速后,即可根据工作机械的负载特性来计算电动机的功率,确定电动机的型号。电动机的功率由负载所需的功率、转矩及工作制来决定的。可参考有关手册进行各种工作制负载情况下电动机功率的计算。

当具有变速装置时,电动机转速可高于或低于工作机的转速。选择电动机功率需要留有一定的裕量,以适应负载波动、起动或瞬时过载等情况。

(2)内燃机的选择。

在选择内燃机时必须了解内燃机的运行工况和特性,使其能很好地与被驱动工作机的负载特性相适应。内燃机的工况主要有固定式工况、螺旋桨工况和车用工况。

① 固定式工况。内燃机的转速由变速器保证而基本不变,功率则随工作机的负载大小可由小变大。例如,驱动发电机、水泵等工作机的内燃机就属于此种工况。

② 螺旋桨工况。内燃机功率与曲轴转速近似成三次幂的函数。例如船用驱动螺旋桨的内燃机。

③ 车用工况。内燃机的功率和转速都可独立地在很大范围内变化。例如汽车、拖拉机等用的内燃机,它们的转速可在最高速和最低速之间变化,且在同一转速下,功率可以在零和全负荷内变化。

(3)液压马达的选择。

齿轮式、叶片式、轴向柱塞式等高速小转矩马达的共同特点是结构尺寸和转动惯量小、换向灵敏度高,适用于转矩小、转速高和换向频繁的场合。一般来说,对于低速且稳定性要求不高、外形尺寸不受限制的场合,可以采用结构简单的单作用径向柱塞液压马达。对于要求转速范围较宽、径向尺寸较小、轴向尺寸稍大的场合,可以采用轴向柱塞液压马达。对于要求传递转矩大、低速稳定性好的场合,常采用内曲线多作用径向柱塞液压马达。根据矿山、工程机械的负载特点和使用要求,目前低速大转矩马达应用较普遍。

(4)气动马达的选择。

选择气动马达要从负载特性考虑。在变负载场合使用时,主要考虑速度范围及满足所需的负载转矩。在稳定负载下使用时,工作速度是一个重要的因素。叶片式气动马达比活塞式气动马达转速高、结构简单,但起动转矩小,在低速工作时耗气量大。当工作速度低于空载速度的25%时,最好选用活塞式气动马达。

11.3.4　机械的工作循环图

用来直观的描述在一个工作周期内各个执行构件各阶段所对应的位置和时间相互协调关系的图表称之为机械的工作循环图。

绘制工作循环图前,首先要搞清楚各个执行构件在完成工作任务时的作用和动作过程,运动或动作的先后次序、起止时间和运动范围,有必要时还要给出构件的位移、速度和加速度。绘制工作循环图时,通常选取机械中某一主要的执行构件作为参考件,取其工作循环周期的起始点作为基准,依次画出执行构件相对于该主要构件的动作顺序关系和配合关系,完成工作循环图的绘制。

工作循环图的主要功能有:保证各个执行构件的动作互相协调配合,使执行系统顺利实现预期的工艺动作;为精确设计各个执行构件的运动尺寸提供依据;为机械系统的安装、调试和维修提供依据。

绘制工作循环图的步骤是:确定所有执行构件的运动循环;确定所有运动循环的各个阶段;确定运动循环内各个循环阶段的时间及分配轴的转角;绘制执行机构的工作循环图。

常用的机械工作循环图有三种形式:直线式、圆周式、直角坐标式。

(1)直线式。将机械在一个运动循环中各个执行构件各行程区段的起止时间和先后顺序,按比例绘制在直线坐标轴上。直线式绘制方法简单,能够清楚的表示出一个运动循环内各个执行构件运动的相互顺序和时间关系。缺点是直观性较差,不能显示各个执行构件的运动规律。

(2)圆周式。以极坐标系的原点为圆心作若干个同心圆环,每个圆环代表一个执行构件,由各相应圆环分别引出径向直线表示各个执行构件不同运动状态的起止位置。圆周法能够比较直观地看出各个执行构件主动件在主轴或分配轴上所处的相位,便于各机构的设计、安装和调试。缺点是当执行构架数目较多时,由于同心圆环太多无法一目了然,同直线式一样也无法显示各执行构件的运动规律。

(3)直角坐标式。用横坐标轴表示机械主轴或分配轴的在转角,用纵坐标轴表示各个执行构件的角位移或线位移。为简明起见,各个区段之间用直线连接。直角坐标式不仅能清楚地表示出各个执行构件动作的先后顺序,而且能表示出各个执行构件在各区段的运动规律。便于指导各执行构件的几何尺寸的设计。

知识链接

为了表示机械各执行构件的运动时序,除了常用的直线式、圆周式以及直角坐标式外,还有其他方法,例如以线段代替直线式和圆周式工作循环图中的文字等。只要能更加清楚的表示出所要求的运动时序关系,可以自己去创造工作循环图。多执行构件的复杂机械的工作循环图可以进行拆分,不同执行构件分别组合,也可以采用多种形式表示。

在机械运动方案设计中,工作循环图常需要进行不断的修改。工作循环图标志着机械动作节奏的快慢。一部复杂的机器由于动作节拍多,对时间的要求严格,这就要求某些执行构件动作同时发生,但又不能在空间上相互干涉,这期间就存在着反复调整与反复设计的过程。在自动机械中,工作循环图是传动系统设计的重要依据,在较复杂的自动机及多部机器同时参与工作的自动生产线上,工作循环图又是电控设计的重要依据。因此,工作循环图的设计,在机械运动方案设计中显得尤为重要。

图 11-8 所示是牛头刨床的三种运动循环图。它们都是以曲柄导杆机构中的曲柄参考件,曲柄回转一周为一个工作循环。由图 11-8 所示的直线式工作循环图中可以看出工作台的横向进给是在刨头空回行程开始一段时间以后开始,在空回行程结束以前完成。

刨头	工作行程		空回行程	
工作台	停　　止			进给	

曲柄转角 $\phi 0°$　　　　90°　　　　　180°　　　270°　　　360°

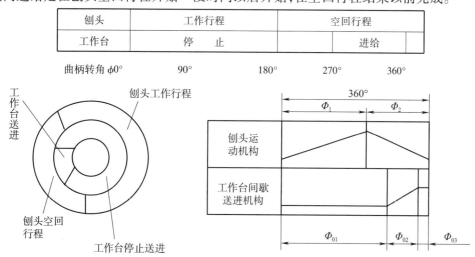

图 11-8　牛头刨床工作循环图

实例 11-2　在摆放好的一叠纸张中,依次由下至上将纸张一张张送至印辊前某处等待印刷。印刷量为每分钟 30 张。不允许有同时送两张纸的情况发生。

1. 任务分析及运动参数的确定

从直观分析看,任务很简单,完成一张张纸张的送出即可。但实际上进行运动方案设计之前,有许多问题必须考虑清楚,甚至应最后确定。如:①纸张送至多远的距离,不同的距离应采用不同的传送方式和传送机构;②如何将最上面的第一张纸与第二张纸分开,是采用摩擦移位分离,采用吸附,还是其他什么方式?此处有气源吗?为使第一、二张纸分开,是否需要当第一张纸提起时,压住第二张纸以下的纸张,通过什么机构来压?与提纸机构如何配合?③驱动送纸机构是用电驱动还是液、气驱动?如果采用电动机,电动机的位置摆放在哪里?有多远的传动距离?除送纸机构外,还带动什么机构,如翻页机构、印刷机构等等,这些机构之间应如何配置才能最有利于印刷机的工作?如何实现电动机至送纸机构的传动?④送纸机构的执行构件应该按照什么样的轨迹运动,应不应有严格的速度和加速度要求等等。在设计任务到来之后,许多与设计相关的问题,如周围环境、运动要求、特殊要求(纸张要分离等)都必须了解并分析清楚,同时应考虑出粗略的实施方法。在设计之初,任务分析十分重要。有时由于疏忽而忽略了某一点,哪怕是不甚重要的要求,也会给追加设计带来不小的麻烦,甚至会使已形成的设计方案推倒重来。

运动参数分两种,一种是用户明确提出的,如印刷量为 30 张/min,当然送纸也应30/min;另一种是经分析后确定的,如送纸机构的运动轨迹,用户不曾给出,设计者必须根据工作任务要求(工艺要求)自行确定执行构件的运动轨迹。因为后者的运动参数不是不可改变的,只要能满足工艺要求,可选用不同的执行机构,它们将会是想不同的运动规律。图 11-9 所示的运动轨迹均可满足送纸的要求。

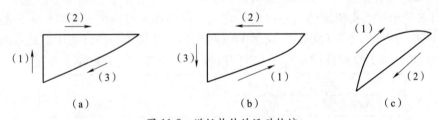

图 11-9 送纸构件的运动轨迹

2. 原动机的选择和执行机构的确定

印刷机构的驱动力不大,且在印刷环境中不应有油液出现,否则将会使印刷品沾染油污,因此该印刷机应选用电动机驱动。整个印刷机设备较庞大,为保证各机构协调一致工作,应由一台电动机驱动多个机构,所以送纸机构距电动机安装位置较远(约 2.5 m),传动系统设计较复杂。选择小型异步电动机中同步转速为 1 500 r/min 的一种,它的满载转速为 1 440 r/min。整个传动链的减速比为 48(1 440/30),这种数值的传动比对于有多个减速环节的较长的传动链是合适的。如选用同步转速更低的电动机,则电动机尺寸将会加大。

因纸张质量很轻,所以通常采用真空吸盘提起纸张。气动节拍快,能实现快吸快放。而且气动元件较小巧,节省空间,与液压比较不会出现油污。在印刷车间里总是有气源存在的,所以在送纸机构中采用气吸附方式是合理的。

根据图 11-9 的运动轨迹分析,并参考已在使用的印刷机械,采用连杆机构或者是凸轮—连杆组合机构易实现上述运动轨迹。另外,此送纸机构应该由回转运动产生送纸运动轨迹,而电动机恰恰能给出连续回转,所以采用电动机带动凸轮—连杆机构是合适的。凸轮的运动规律易于调整,所以末端执行器的轨迹易于实现。再者,压脚必须与吸纸动作紧密配合,要求同步性好,利用凸轮机构来协调这些运动,不会出现配合失误的现象。因此,最后采用了图 11-10 所示的执行机构设计方案。

在上述机械运动方案设计中,可以提出多种设计方案,通过计算机仿真,可以发现其运动性能(运动轨迹、速度、加速度)的优劣。

3. 绘制机构的运动循环图

以图 11-10 为例,凸轮轴 O 上安装有三个凸轮:凸轮 1、2 及 3,凸轮 1 及凸轮 2 与七杆机构 4 组成组合机构①,凸轮 3 与四杆机构 5 组成组合机构②。凸轮 1 主要负责运动轨迹的上升段,凸轮 2 主要负责运动轨迹的水平段,凸轮 1、2 共同负责运动轨迹的返回段。组合机构②完成对第二张以下纸张的压紧功能。

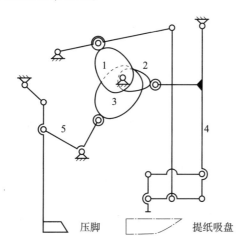

图 11-10　印刷机送纸机构运动方案

机构①与②之间具有确定的运动配合关系,即在最上面的一张纸被机构①吸起时,同时机构②的压脚压住下面的一叠纸张,以防被吸起的纸将下面的纸带走。机构①中凸轮 1 与凸轮 2 之间也有准确的角度相位关系,其值依照执行构件的运动轨迹确定。

以轴 O 回转一周为一个运动循环,以凸轮 1 的推程起点为绘制运动循环图的起点,可得到如图 11-11 所示的直线式运动循环图。

表 11-3　印刷机送纸机构直线式运动循环图

凸轮 1	推程	远休		回程		近休
凸轮 2	近休	推程		回程		近休
凸轮 3	近休	推程	远休		回程	近休

每个凸轮中推程、回程及休止角度的大小取决于运动轨迹及完成某一段轨迹段的时间。当运动轨迹和动作时间调整后,相应的凸轮转角应随之发生变化。

从图 11-10 中还可以看出,凸轮在轴 O 上的安装相位角与各自的从动件所在空间位置有关,与运动循环图中的角度值并非一致。各凸轮间在轴 O 上的相位安装错误,将会完全破坏执行构件原已设定的运动规律及配合关系。

11.4 机械传动系统的方案设计

为了保证执行机构能够实现预期的动作和功能,需要进行运动和动力的传递。传动系统就是将原动机的运动和动力传递给执行机构或执行构件的中间装置。在运动和动力的传递过程中,实现运动速度、运动方向或运动形式的改变,进行运动的合成与分解,实现分路传动和远距离传动,实现某些操纵控制功能及吸振、减振等。

机械的种类繁多,用途也各不相同,各种机械的传动系统也千变万化,通常来说,传动系统包括变速装置、启停和换向装置、制动装置及安全保护装置等。变速装置是传动系统中十分重要的组成部分,其作用是改变原动机的输出转速和转矩以适应执行机构的工作需要;起停和换向装置用来控制执行机构的启动、停车以及改变运动方向,对启停和换向装置的基本要求是启停和换向方便省力、操作安全可靠、结构简单并能传递足够的动力;由于运动构件具有惯性,启停装置断开后,运动构件不能立即停止,而是逐渐减速后才能停止运动,为了节省辅助时间,对于启停频繁或运动构件惯性大、运动速度高的传动系统,应安装制动装置,其基本要求是工作可靠、操纵简单、制动平稳且时间短、结构简单、尺寸小、磨损小、散热性能良好;机械在工作中若是载荷变化频繁、变化幅度较大、可能过载而本身又无保护作用时,应在传动链中设置安全保护装置。

11.4.1 机械传动系统方案设计的内容与步骤

传动系统方案设计是机械系统方案设计的重要组成部分,在完成执行系统的方案设计和原动机的选择后,即可根据执行机构所需要的运动和动力条件及原动机的类型及性能参数,进行传动系统的方案设计。其设计的内容与步骤为:

(1)确定传动系统的总传动比。根据执行机构的运动要求和原动机的性能参数,确定传动系统的总传动比。

(2)选择传动类型。根据设计任务规定的功能要求,执行系统对动力、传动比或速度变化的要求及原动机的工作特性,选择合适的传动装置类型。

(3)拟定总体布置方案。根据空间位置、运动和动力的传递路线及所选传动装置的传动特点和适用条件。合理拟定传动路线、各传动机构传动的先后顺序,完成从原动机到各执行机构之间传动系统的总体方案布置。

(4)分配传动比。根据传动系统的组成方案,将总传动比合理分配到各级传动机构。

(5)确定各级传动机构的基本参数和主要几何尺寸,计算传动系统的各项运动学和动力学参数,为各级传动机构的结构设计、强度计算、传动系统方案评价提供依据。

(6)绘制传动系统运动简图。

知识链接

原动机的性能一般不能直接满足执行机构的要求,如:

（1）原动机的输出轴一般只作等速回转运动，而执行机构往往需要多种多样的运动形式，如等速或变速、连续或间歇等。

（2）执行机构所要求的速度、转矩或力，通常与原动机不一致，用调节原动机的速度和动力来满足执行机构的要求往往是不经济的，甚至是不可能的。

（3）一个原动机有时要带动若干个运动形式和速度都不同的执行机构。

传动系统通常是机械系统的重要组成部分，其功能是连接原动机与执行机构，并把原动机的运动和动力适当进行变换，以满足执行机构的使用要求。如果原动机的工作性能完全符合执行机构的使用要求，传动系统可省略，将原动机与执行机构直接相连。

进行传动系统设计时应考虑的要求有：

（1）原动机与执行机构的匹配，使它们的机械特性相适应，并使它们的工作点接近各自的最佳工况点且工作点稳定。

（2）满足执行机构在起动、制动、调速、反向和空载等方面的要求。

（3）传动链尽可能短。采用构件数目和运动副数目最少的机构，以简化结构，减小整机的重量，降低成本，提高效率，有利于提高传递精度和系统的刚度。

（4）尽可能减小系统的尺寸，减小所占空间。

（5）当载荷变化频繁，且可能出现过载时，考虑过载保护装置。

（6）考虑安全防护措施，保护操作人员的安全。

11.4.2　机械传动类型的选择

传动类型的选择与机械的传动方案设计相关联，选择的传动类型不同，得到的传动系统的设计方案也不同。为了获得理想的方案，需要合理选择传动类型。按传动方式的不同，主要有以下几种：

1. 机械传动

利用机构实现的传动称为机械传动。机械传动的优点是工作平稳、可靠，对外界环境的干扰不灵敏；缺点是响应速度慢，控制不够灵活。常用的机械传动机构有：

（1）齿轮传动。齿轮传动具有承载能力大、瞬时传动比恒定、传动比范围较大、节圆圆周速度和传动功率变化范围大、传动效率较高、结构比较紧凑、适用于近距离传递，应用十分广泛。直齿圆柱齿轮与斜齿圆柱齿轮都有实现较大的传动比和传递动力的作用；直齿圆柱齿轮易实现齿轮变速中的换挡，斜齿圆柱齿轮传递运动更为平稳；圆锥齿轮主要用来改变运动方向，其装配精度的调整比较困难；齿轮—齿条可实现回转运动与直线运动的相互转换；蜗杆传动可以实现较大的减速比，并且具有反向驱动的自锁性能，但其传动效率较低。

（2）螺旋传动。螺旋传动主要用于将回转运动转变为直线运动。最常见的是螺旋滑动传动，由于滑动螺旋传动的接触面间存在较大的滑动摩擦阻力，因而其传动效率较低，磨损快，精度不高，使用寿命短，已不能适应现代机械设备在高速度、高效率、高精度等方面的要求。为了适应数字控制机械系统的要求而发展起来了一种新型的传动机构——滚珠螺旋传动。在许多精密设备中已大量应用滚珠螺旋传动，与一般螺旋传动相比，其最大的优点是摩擦阻力大大减小，传动效率大有提高，适用寿命提高。由于丝杠与螺母间采取了消隙措施，使其正反向旋转时传动精度显著提高。许多搬运、焊接机器人的关节驱动就采用了滚珠螺旋传动。

（3）带传动和链传动。带传动和链传动多用于中心距较大的传动。带传动是把各种环行带套在主动轮和从动轮上，依靠摩擦力进行传动的一种传动方式，常用的有 V 带、平带等。V 带传动应用广泛，可以传递较大功率。与其他传动形式相比，带传动结构简单，易于制造，在过载时具有打滑保护的功能，传动平稳，噪声较小；缺点是传动过程中皮带会发生弹性变性，无法保证准确的传动比，传动效率较低。带传动多用于传动链的高速段，电动机与减速装置之间。

链传动兼有齿轮传动和带传动的特点，其安装精度和制造精度的要求比齿轮传动要低，承载能力大，缓冲减振能力强。与带传动相比，链传动的传动比精确，传动效率高，尺寸紧凑。链传动常用于运动速度及运动精度不很高的场合。

（4）连杆传动与凸轮传动。连杆机构是由刚性连杆或杆件通过刚性运动副元素互相连接而成的机械传动装置，在机械设备及生活用品中均有大量应用。连杆机构结构简单，容易制造，能实现多种运动规律。连杆机构各构件间通过低副连接，传递动力范围大，但是低副连接对机构的传动精度有一定的影响。在工程实例中，用地较多的是平面连杆机构。

凸轮机构是高副接触，主要用于传递运动。其最大优点是可以实现从动件的任意运动规律。凸轮机构本身不易实现运动的远距离传递，但与其他机构，如连杆机构等组合在一起形成组合机构后，其优点即可得到充分的发挥。

按照传动比与输出速度的变化情况，机械传动又可分为定传动比传动、变传动比传动、有级变速传动和无级变速传动等。

2. 液压传动

液压传动技术是指利用液压传递能量或者进行控制的方法。液压传动易于把旋转运动转化为往复直线运动；速度、转矩和功率均可连续调节；调速范围大，能迅速换向和变速；传递功率大；结构简单，易实现系列化、标准化，使用寿命长；易实现远距离控制、动作迅速；能够实现过载保护。缺点主要是传动效率低；制造安装精度要求高；易发生泄漏、污染环境等。

3. 气压传动

气压传动系统的组成与液压传动系统类似，只是其工作介质为空气。气压传动能快速实现往复移动、摆动和高速转动，调速方便；气压元件结构简单，适合标准化、系列化，易制造、操纵；响应速度快、可以直接用气压信号实现系统的控制；管压损失小，适用于远距离输送；经济、安全且不易污染环境，能适应恶劣的工作环境。其缺点是传动效率低，不能传递大功率；由于空气的可压缩性，载荷变化时，传递运动不太平稳；噪声大等。

4. 电气传动

电气传动是指利用电动机和电气装置实现的运动和动力的传递。其特点是传动效率高、控制灵活、易于实现自动化等。

随着科技的发展，传动系统也在发生着深刻的变化。在传统系统中作为动力源的电动机虽仍在大量应用，但已出现了具有驱动、变速与执行等多重功能的伺服电动机，从而使原动机、传动机构、执行机构朝着一体化的最小系统发展。

知识链接

除了按照传动方式的不同进行分类外，传动类型还可以按照传动比变化情况、驱动形式等进行分类。

1. 按传动比变化情况分类

(1)固定传动比的传动系统。对于执行机构或执行构件在某一确定的转速或速度下工作的机械,为了解决原动机与执行机构或执行构件之间转速不一致,常需增速或减速,其传动系统只需固定传动比即可。

(2)可调传动比的传动系统。很多机械需要根据工作条件选择一最经济的工作速度。例如机床在切削金属时,需根据工件的材料、硬度等选择适当的切削速度;又如在驾驶汽车行驶时,需根据道路的情况选择适当的行驶速度。能调节速度是通用机械的特征之一。变传动比传动可分为:①有级变速传动。只能在一定转速范围内输出有限的几种转速。变速级数少或变速不频繁时,常采用交换带轮或交换齿轮传动;变速级数较多或变速频繁时,常采用多级变速齿轮传动。②无级变速齿轮传动。有些机器的工作速度按周期性规律变化,输出角速度是输入角速度的周期性函数,这在轻工自动机械、仪表中应用较多,常用非圆齿轮、凸轮、连杆机构或组合机构等实现周期性变速运动。

2. 按驱动形式分类

(1)独立驱动的传动系统。当只有一个执行机构、有运动不相关的多个执行机构或者是由数字控制的机械通常用由一个原动机单独驱动一个执行机构的方案。

(2)集中驱动的传动系统。当执行机构或执行构件之间有一定的传动比要求、动作顺序要求或者是构件之间的运动互相独立时,常采用由一个原动机集中驱动多个执行机构的传动方案。

(3)联合驱动的传动系统。由两个或多个原动机经各自的传动链联合驱动一个执行机构,主要用于低速、重载、大功率、执行机构少而惯性大的机械。

在选择传动类型时,一般需遵循以下原则:

(1)执行机构的工况和工作要求与原动机的机械特性相匹配。若原动机的性能能够满足执行机构的工况和工作要求,可采用无滑动的传动装置保证两者同步或采用联轴器直接连接。

当执行机构要求输入速度能够调节,而又选不到调速范围合适的电动机时,应选择能够调速的传动系统;或采用原动机调速和传动系统调速相结合的方法。当传动系统起动时的负载扭矩超过原动机的起动扭矩时,需要在原动机和传动系统间增设离合器或液力耦合器,使原动机可以空载启动。当传动系统要求能正反向工作、停车反向、快速反向时(如电梯、提升机械等),应充分利用原动机的反转特性。若原动机不具备此特性,则应在传动系统中增设反向机构。当执行机构需要频繁启动、停车或频繁变速,而原动机不能适应此工况时,则设计的变速装置中应该设置空挡,让原动机脱开传动链空转。此外,传动类型的选择还应使原动机和执行机构的工作点都能接近各自的最佳工况。

(2)满足工作要求传递的功率和运转速度。

(3)有利于提高传动效率。大功率传动时,在满足系统功能要求的前提下,应优先选用效率高的传动类型,以节约能源,降低运转和维修费用。在满足传动比、效率等技术指标的条件下,应尽可能选用单级传动,以缩短传动链,提高传动效率。

(4)尽可能选择结构简单的传动装置。在满足工作要求的传动比的前提下,尽量选择结构简单、效率高的单级传动;若单级传动不能满足工作对传动比的要求时,采用多级传动。

(5)对传动的尺寸、质量和布置方面的要求。应根据原动机输出轴与执行机构输入轴的相对位置和距离来考虑系统的结构布置,并选择传动类型。

(6)经济性和标准化要求,首先考虑选择使用寿命长、标准化、系列化的传动类型,其次考虑费用问题。

(7)考虑机械的工作环境条件,如在工作温度较高、潮湿、多尘、易燃易爆的场合,易采用链传动、闭式齿轮传动、蜗杆传动,不能采用摩擦传动。

(8)考虑机械的操作和控制方式。

具体选择传动类型时,由于使用场合不同,考虑的因素也有所不同,或对以上选择原则的侧重不同,会有不同的选择方案。为获得理想的传动系统方案,还需要对各传动系统方案的技术指标和经济指标进行综合分析、对比权衡,合理选择传动类型,以确定最后方案。

11.4.3 传动链的方案设计

根据系统预期的工作要求及各项技术、经济指标选择了传动类型后,对传动机构作不同的顺序布置或作不同的传动比分配,会产生出不同效果的传动方案。只有合理安排传动路线、恰当布置传动机构和合理分配各级传动比,才能使整个传动系统获得满意的性能。

1. 传动路线的选择

根据功率传递,即能量流动的路线,传动系统中的传动路线可以分为以下几类:

(1)串联式单路传动。当系统中只有一个执行机构和一个原动机时,多采用这种传动路线。它可以是单级传动,也可以是多级传动。所选的传动机构必须具有较高效率,以保证传动系统较高的总效率。

(2)并联式分路传动。系统中含有多个执行机构,各个执行机构所需要的功率之和并不很大的现况下多选用此种传动路线。例如牛头刨床,由一个电动机同时驱动工作台的横向送进机构和刨刀架的纵向往复移动。

(3)并联式多路联合传动。系统中只有一个执行机构,但是需要多个低速运动且每个低速运动传递的功率都很大时采用猜中传动路线。多个原动机同时驱动有利于减小整个传动系统的体积、转动惯量和重量。

(4)混合式传动。是串联式和并联式几种传动路线的组合。

2. 传动链顺序的布置

传动链中各传动构件顺序的布置对整机的工作性能和结构尺寸有很大的影响。在安排各机构在传动链中的顺序时,应遵循以下原则:

(1)传动链尽可能短,有利于提高传动系统的效率,减少功率损失。传动链过长会导致成本增加,中间传动环节过多,会使传动精度和传动效率降低,也会使故障率增加。

(2)有利于机械运转平稳和减少振动及噪声。带传动应安排在传动链的高速级,凸轮机构、链传动应布置于低速级。

(3)合理分配传动比,有利于传动系统结构紧凑、尺寸均匀、便于加工。

(4)保证机械运转安全。考虑机器运转安全,操作人员的人身安全等。

除此之外,还要考虑传动装置的润滑和寿命、装拆的难易程度、对产品及环境的污染等因素。

3. 各级传动比的分配

传动系统的总传动比确定后,需要进行各级传动比的分配。将传动系统的总传动比合理分配至各级传动装置,是传动系统方案设计中的重要一环。合理分配传动比可使整体优化,使各级传动机构尺寸协调、传动系统结构匀称紧凑,减小零件尺寸和机构重量,降低造价,降低转动构件的圆周速度和等效转动惯量,从而减小动载,改善传动性能和减小传动误差。传动比分配通常要考虑的几个方面有:

(1)每一级传动比应在各类传动机构规定的传动比的合理范围内选取。对于较大的传动比,通常采用多级齿轮传动或将周转轮系与定轴轮系相互结合。

(2)对于要求传动平稳、起停频繁和动态性能好的减速齿轮传动链,按最小转动惯量的原则进行设计。若要求重量尽可能轻,可采用优化方法求最佳传动比。

(3)中间轴有较高转速和较小扭矩时,轴以及轴上的零件可以取较小的尺寸,从而使得结构紧凑。在分配各级传动比时,若为增速传动,则应在开始几级就增速,增速比逐渐减少;若为减速传动,应按传动比逐级增大的原则分配,但相邻两级传动比之差不要太大。

(4)对于承受变载荷的齿轮传动装置,各级传动比应尽可能采用不能约分的分数,且相互啮合的两个齿轮的齿数最好为质数。

(5)对于提高传动精度、减小误差为主的减速齿轮传动链,设计时输入端到输出端的各级传动比按照“前小后大”的原则选取,最末级传动比应尽可能大。

特别提示

传动比的分配方案因考虑问题的出发点不同,结果亦不同。应根据具体要求和使用、加工等条件进行选取。设计过程中,传动系统的方案拟定和传动比的分配往往是交叉进行的。

实例 11-3　现通过一个热处理车间的零件清洁用输送机传动系统的设计实例说明传动系统设计的过程。已知传动系统为两班制工作,户内使用,由 Y132M-4 电动机驱动。输送带的卷筒直径为 350 mm,输送带的运行速度为 0.85 m/s,输送带从动轴所需的转矩为 650 N·m。传动比误差不能超过 5%。

设计过程如下:

1. 拟定传动系统设计方案

根据热处理车间零件清洁用输送机的功能要求和工作条件,初步确定电动机作为原动机,经传动系统减速后将运动和动力传递给输送带,从而实现输送机的工作。图 11-11 所示为所设计的两个传动方案的运动简图。

由图 11-11 可知,方案 1 采用的传动路线是电动机 1 通过联轴器 2 与减速器 3 的输入轴连接,将电动机 1 的运动和动力传递给减速器 3,经两级圆柱齿轮传动减速后输出,再经带传动将减速器的运动和动力传递给输送机的卷筒,由卷筒带动输送带运动。方案 2 采用的传动路线是在电动机 1 的轴上安装小带轮,经带传动 4 将运动和动力传递给减速器 3 的输入轴,经两级圆柱齿轮传动减速后,由减速器输出轴通过联轴器 2,把运动和动力传递给输送机的卷筒,由卷筒带动输送带运动。

由于 Y132M-4 型电动机的额定转速是 1 440 r/min,为减小减速器的外形和重量,将减速器内的齿轮传动分为两级圆柱齿轮传动,且考虑到输送机的工作环境,采用闭式减速器。

对图 11-11 所示两传动方案进行分析,可以看出方案 1 和方案 2 最大的不同是前者将带传动放在传动链的末端,后者则是放在最前。显然将传动转矩较小的带传动布置在高速级有利于整个传动系统结构紧凑、匀称。同时,也有利于发挥其传动平稳、缓和冲击、减少振动、降低噪声,过载时打滑对其他传动零件可以起到保护的特点。而将带传动置于传动系统的尾部,使带传动的转矩增大,带的根数势必增多,导致结构尺寸过大。因此,方案1不如方案2好。另外,方案2的减速器输入轴齿轮与输出轴齿轮都远离输入端和输出端,这种布置可以缓解轴的变形引起的载荷分布不均匀。方案1则与之相反,输入轴齿轮与输出轴齿轮都靠近输入端和输出端,易造成轴的变形引起载荷分布不均匀。综合分析比较,应选择方案2作为确定的设计方案。

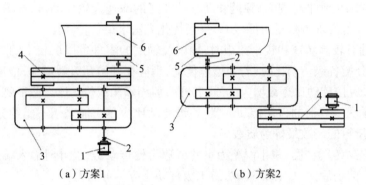

（a）方案1　　　　　　　　（b）方案2

图 11-11　传动设计方案

1—电动机;2—联轴器;3—减速器;4—带传动;5—卷筒;6—输送带

热处理车间零件清洗用输送机的传动路线如图 11-12 所示。

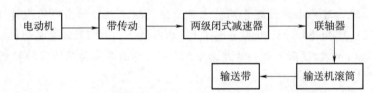

图 11-12　热处理车间零件清洗用输送设备传动路线图

2. 输送机传动系统的传动比分配

已知卷筒直径 $D = 350$ mm,输送带运行速度 $v = 0.85$ m/s,输送带从动轴所需转矩 $T = 650$ N·m。输送机卷筒的转速为

$$n_w' = \frac{60 \times 1\,000 \times v}{\pi \times D} \text{ r/min} = \frac{60 \times 1\,000 \times 0.85}{3.14 \times 350} = 46.38 \text{ r/min}$$

由设计手册查得 Y132M-4 电动机的额定转速 $n_d = 1\,440$ r/min,因此,总传动比

$$i = \frac{n_d}{n_w'} = \frac{1\,440}{46.38} = 31.048$$

将总传动比分配到传动链的各级传动比。传动链中含有两级传动机构:第一级为 V 带传动机构;第二级为两级圆柱齿轮减速器传动。传动比的分配可按前述分配原则进行。为使传动零件获得较小尺寸整个结构紧凑,减速传动链的传动比应逐级增大,相邻两级之差不要太大。因此,若初步分配传动比,选取 V 带传动的传动比为

$$i_v = 2.5$$

减速器的传动比为

$$i_j = \frac{i}{i_v} = \frac{31.048}{2.5} = 12.42$$

高速级的传动比应比低速级的高,同时为使两级大齿轮的浸油深度相近,取高速级齿轮传动比 $i_1 = 1.3i_2$,则 $i_2 = \sqrt{\frac{i_j}{1.3}} = 3.09$,故 $i_1 = 4.02$,各级传动比均未超过各类机构的最高传动比。

根据小带轮转速和带传动的计算功率,查得带型为 A 型。A 型带轮的最小直径为 75 mm。选取小带轮基准直径 $D_1 = 80$ mm,则大带轮基准直径 $D_2 = i_v D_1 = 2.5 \times 80 = 200$ mm。若取减速器高速级的主动轮齿数为 19,那么相啮合的齿轮的齿数为 62;若取减速器低速级的主动轮齿数为 21,那么与之啮合的齿轮齿数为 80。则减速器各级实际传动比为

$$i_1 = \frac{62}{19} = 3.26, \quad i_2 = \frac{80}{21} = 3.81$$

实际总传动比为

$$i_s = i_v i_j = i_v i_1 i_2 = 2.5 \times 3.26 \times 3.81 = 31.052$$

校核传动比误差

$$\Delta i = \left| \frac{i_s - i}{i} \right| \times 100\% = \left| \frac{31.052 - 31.048}{31.048} \right| \approx 0.013\% < 5\%$$

符合要求。故输送机卷筒轴的实际转速为

$$n_w = \frac{n_d}{i_s} = \frac{1\,440}{31.052} \text{ r/min} = 46.374 \text{ r/min}$$

实际输送带运行速度

$$v = n_w \times \frac{\pi d}{1\,000 \times 60} \left(46.374 \times \frac{\pi \times 350}{1\,000 \times 60} \right) \text{ m/s} = 0.849\,85 \text{ m/s}$$

至此,热处理车间零件清洗用输送机传动系统的传动比和各轴转速已确定。但拟定的传动方案还需经过结构设计等做进一步的调整和修改,直到满足要求为止。

本章小结

机械系统设计的一般过程包括产品规划设计、总体方案设计、结构技术设计及生产销售四个阶段。机械系统的方案设计包括机械系统总体方案的设计、机械系统执行机构设计和原动机的选择以及机械传动系统的方案设计。

机械系统的总体方案设计设机械系统设计的主要任务之一,其设计的内容包括执行系统的方案设计、传动系统的方案设计、原动机类型的选择、控制系统的方案设计、其他辅助系统的设计等。

机械执行机构是一种机械区别于其他机械的主要标志,是一个机械系统的核心组成部分。机械执行机构的方案设计显然是机械系统总体方案设计的核心。

传动系统方案设计是机械系统方案设计的重要组成部分,其设计的内容包括确定传动系统的总传动比、选择传动类型、拟定总体布置方案、分配传动比等。

习题

1. 判断题

(1)机械系统是指由若干个零件根据功能要求和结构形式所组成的一个有机系统。

（　　）

(2)根据设计的内容和特点,可以把机械产品设计分为:开发性设计、变形设计和创新设计三种类型。 （　　）

(3)机械产品设计的最初环节是针对产品的主要功能提出一些原理性的构思,称为功能原理设计。 （　　）

(4)机械系统总体方案的创新设计体现在发明新工作原理、机构创新和多方案优选三个方面。 （　　）

(5)原动机的动力源主要有电、液和气三种类型,最常用的原动机是内燃机。 （　　）

(6)工作循环图有直线式、圆周式和直角坐标式三种形式。 （　　）

2. 选择题

(1)机械产品设计中,各种类型设计的共同点是(　　)。

A. 开发性　　　　　B. 适应性　　　　　C. 变形　　　　　D. 创新

(2)下列机构中,属于点到点运动机构的是(　　)。

A. 曲柄摇杆机构　　B. 齿轮齿条机构　　C. 曲柄滑块机构　　D. 螺旋机构

(3)下列传动机构中,应用最广泛的是(　　)。

A. 螺旋机构　　　　B. 齿轮机构　　　　C. 带传动　　　　D. 凸轮机构

(4)最常用的原动机类型是(　　)。

A. 电动机　　　　　B. 液压马达　　　　C. 内燃机　　　　D. 气动马达

(5)下列创新设计方法中,不属于变异创新设计方法的是(　　)。

A. 机构的倒置　　　　　　　　　　　　B. 机构的扩展

C. 机构结构的移植　　　　　　　　　　D. 机构的并联组合

3. 简答题

(1)简述机械系统总体方案设计的内容。

(2)机械系统常用的原动机类型有哪些? 各有什么特点?

(3)传动系统设计中,传动比的分配原则有哪些?

(4)运动循环图的形式有哪些? 各有何特点?

参 考 文 献

［1］杨家军．机械原理［M］．武汉:华中科技大学出版社,2009.
［2］毕艳,刘春．机械原理［M］．北京:清华大学出版社,2014.
［3］安子军．机械原理［M］．北京:国防工业出版社,2015.
［4］赵自强．机械原理［M］．北京:机械工业出版社,2016.
［5］吴洁,宗振奇．机械原理［M］．北京:冶金工业出版社,2010.
［6］陈修龙．机械原理［M］．北京:中国电力出版社,2019.
［7］江京亮,杨勇．机械原理［M］．北京:科学出版社出版,2020.
［8］陆宁,樊江玲．机械原理［M］．北京:清华大学出版社,2012.
［9］张东生．机械原理［M］．重庆:重庆大学出版社,2014.